LOCUS

LOCUS

LOCUS

LOCUS

mark

這個系列標記的是一些人、一些事件與活動。

mark 25 **晚班裸男**
(The Nudist on the Late Shift)
作者：布朗森(Po Bronson)
譯者：趙學信
責任編輯：陳郁馨
美術編輯：謝富智
法律顧問：全理法律事務所董安丹律師
出版者：大塊文化出版股份有限公司
台北市105南京東路四段25號11樓
www.locuspublishing.com
讀者服務專線：0800-006689
TEL：(02) 87123898　FAX：(02) 87123897
郵撥帳號：18955675　戶名：大塊文化出版股份有限公司

總經銷：北城圖書有限公司　地址：台北縣三重市大智路139號
TEL：(02) 29818089 (代表號)　FAX：(02) 29883028　29813049
排版：天翼電腦排版印刷有限公司　製版：源耕印刷事業有限公司
初版一刷：2001年6月

定價：新台幣350元
Printed in Taiwan

晚班裸男

發生在矽谷的眞事，以及你從來沒有機會認識的人

The Nudist on the Late Shift

Po Bronson 著
趙學信 譯

說明

本書所述均爲眞人眞事，但是書中某些人物要求勿以本名發表，他們的顧慮因素詳列如下：

第一章稱爲麥可．齊利（Michael Zilly）的人，對於他籌措創業資金的奇特方法（種植及販賣大麻）不但非常坦誠，而且也願意具名發表，不過後來他進入一家知名企業，不希望他的背景會影響到目前工作。能用來辨識身分的個人資料都已經改過。他的產品的名稱和用途（書中稱爲「超新星」），以及他的生意夥伴，小亨利．席瓦（Henry Silva, Jr.）、馬克．柯能根（Mark Conegan），也都是化名。

基於類似的理由，同章中稱爲約翰／大衛．佛斯特（John/David Foster）的人，也在他的原雇主陷入意外的財務困境之後，要求把他和他雇主改成化名。所以佛斯特，以及凱文．諾斯（Kevin North）、eFree、eFree/Global 都是化名。

我同意了不使用他的眞名之後，第五章稱爲馬爾斯．加洛（Mars Garro）的甲骨文公司業務代表，在未尋求長官許可的情形下，答應讓我假充他的助理，隨他一起拜訪客户。同一章所提到的「E-Shop 商務系統」也是化名。

在第八章中，稱爲克勞迪亞．戈梅芝（Claudia Gomez）的小姐要求使用化名。因爲僞裝身分騙取總機說出員工姓名有可能會被視爲詐欺行爲。同章中，設計出巧妙謀殺計畫的B，也要求不用本名，其理自明。另外，諾亞．阿曼斯（Noah Ames）也是化名，因爲在撰寫本書時，他的網路電話產品仍在研發中，他不想在尚未推出前洩露消息。本書的最後一個人物，我僅稱爲路易（Luis），是爲了保護他的父親。

目錄

楔子
遇見青年億萬富翁

初次遇見一位億萬富翁時，你會眞心期待他做些有億萬富翁架勢的事。你不知道當億萬富翁是什麼滋味，但你忍不住好奇。它會像什麼呢？從這個角度來看，億萬富翁有點像是動物園中的野獸，特別是憑空崛起的億萬富翁，因爲那是大衆的共同幻想。讓人著迷的不是那些五十五歲的財閥——他們靠著鐵石心腸和不斷壓榨小人物二十五年才攢得億萬家產；眞正有吸引力的是那些還夠年輕、可以享受自己的財富、而且不是藉由殘害員工來致富的人。未滿三十五歲的青年億萬富翁，眞的是一種新生物，是一種在生氣蓬勃的資本主義池沼裡突然演化出來的經濟變種。就像是恐龍突然在聖荷西（San Jose）外的阿維索濕地（Alviso mudflats）孵化出來。「青年億萬富翁」這個新物種，俘獲人們想像的魅力絕非一般動物園野獸所能及

——他們是雷龍！

所以，當你第一次有機會遇見青年億萬富翁時，你當然希望地點是在他的棲息地，因為這樣最可能看到他自然而然呈現億萬富翁的本色。你不會挑剔，你看到任何古怪的舉止都會把它當成是青年億萬富翁的行事特徵。你只求能在那時刻看到一些光輝，就像看到鑽石折射出光芒來證明它是眞品。

正是出於這種心態與目的，凡是造訪雅虎（Yahoo!）公司位在聖塔克拉拉（Santa Clara）總部的人，總會找一些藉口，繞一點路，穿越二樓由辦公隔間所形成的迷宮，好探頭看看或觀察那位未滿三十五的億萬富翁：公司創辦人之一的大衛·菲洛（David Filo）。我有位朋友自從一九九六年六月（雅虎股票上市後一個月）就在那兒工作，我最近去找他吃午飯，我想我最好去問問菲洛本人，他是不是還睡在桌子底下。我朋友陪伴過數不清的訪客走這一小段路，他說，大多數人離開時都說：「我太分心了，根本沒得到任何印象。我只是一直看到一張十億的支票在他頭上飄來飄去。」大多數來觀察大衛·菲洛的人（和大多數觀察矽谷的人），他們的視線都無法穿越鈔票。情況就像有人對香菜特別敏感，只要放一小撮在沙拉裡，他們滿口就只嘗到香菜味，感覺不到別的東西。然而，兩者間仍然大有不同：對香菜敏感的人是例外，但對十億美元特別敏感則是常態。換句話說，那些少之又少的、能夠看穿閃亮的$型霓虹燈的人，反倒是怪人。被金錢影響是很正常的，變得不自在或是變得異常興奮都很正常。

金錢，實在是出奇的閃閃動人。

我就是那少數的怪人之一。面對或大或小的數字，我仍能保持如同會計師一般的專業的冷靜沈著：我不會被金錢干擾，而且，有我在，人們也較不會爲財所惑而舉止怪異。這就像擁有夜視能力，只不過我的能力不是在黑暗中看淸物體，而是能看透九個零，這能力讓我比較能不驟然對矽谷的見聞妄下評斷。我做新聞報導的能力還很生澀，也不擅長問出尖銳的問題，但我有看透金錢的能力。

所以，我並不想問菲洛擁有十億美元的滋味如何，我只想問他是否仍睡在桌子底下。此事的緣起是這樣的：有段時間我在尋找一個能代表矽谷的象徵——一個人們只要見過、到過，就能具體而微、深有體會的影像、事物或場所。在尋找的過程中，《聖荷西信使報》（*San Jose Mercury News*）的影像編輯指給我看一張梅利・賽門（Meri Simon）所拍的照片，標題是「矽谷夜未眠」（Sleepless in Silicon Valley）。照片背景是一個又亂又擠的辦公室，有個程式設計師用一條灰毯裹著瘦弱的身軀，睡在地毯上，他的頭擠到桌子底下。等我知道了照片主角正是菲洛本人，這張照片就變得更有意義。然而，它是在菲洛身價只有五億時拍的，我想我得親自求證：未滿三十五歲而身價十億，跟不到三十歲就價值五億，過起日子來究竟有無不同。

菲洛甚至沒有自己的辦公室，他和另一個人共用一個兩單位寬的辦公隔間。那個位置靠窗，但因爲正好有根大柱子擋在中間，所以只在柱子兩側各露出幾呎有色玻璃。我到的時候，菲洛正好從泛濫成災的紙張垃圾堆當中站起身來。我用「垃圾堆」這幾個字並不只是比喻而已，那一堆可眞是壯觀——還未讀過的備忘錄、促銷文件、辦公室雜七雜八的東西，堆起來足足一公尺高，紙張多得可以塞滿好幾個冰箱，不小心碰它一下必定會造成山崩。這個垃圾堆並不是爲了抗議浪費紙張而演出的行動劇，菲洛也不是用它來代替垃圾筒，以收容滿溢的垃圾（因爲裡面沒有健怡可樂空罐，也沒有披薩紙盒）。那是他的收件匣及歸檔系統。想來多麼諷刺：這傢伙設計出網路上最受歡迎的目錄系統，把混亂的全球資訊網整理得井井有條，但他想不出辦法來管理自己的文書。這堆垃圾是不能扔的。它就是一個陳年垃圾堆，是媽媽會大聲嚷嚷逼你非收拾好不可的那類東西。

另一個諷刺：大衛・菲洛穿了一件白色的T恤，因爲常穿，已經磨得有些老舊；問題在於它是雅虎的頭號競爭者Excite的贈品。雅虎的創辦人穿著對手的衣服？這是嘲弄，還是幽默？我不懂。聽到我向他指出這一點，他低頭瞄了一眼，禮貌性地表示知道了，但似乎根本沒有放在心上。**他的心思在別的事情上**。如果能夠明確判定他到底是出於嘲弄，或者是一時大意穿了件幫對手打廣告的T恤，這可會成爲一個發亮的時刻。然而我只得到個大冷場。

我們之間的對話也一樣冷。全文記錄如下：

〔我的朋友隨便介紹我了幾句。〕

菲洛：〔咕噥咕噥〕〔眼光呆滯，彷彿我是一部轉到了購物頻道的電視機。〕

〔朋友提到我的小說。〕

菲洛：〔咕噥咕噥〕噢，嗯。〔以微弱跡象表示知道。〕

我：〔不知該說什麼，試圖表現友善〕你還睡在桌子底下嗎？

菲洛：〔往下瞧，桌底下是垃圾堆〕很少了。沒位子。

我自首，這不是**完整的**記錄，而接下來的對話也無甚精采之處。不過我覺得相當有趣的一點是：他不再睡在桌底下，原因不在於財富加倍，而是因爲垃圾加倍，把他的人給擠了出來。他接著補充說他很快會搬到另一個隔間去。菲洛並不高傲、並不嚴肅、並不反社會，言辭也並不閃爍；但他有點像是所有上述事物的綜合。看不出什麼個性。我很難寫下具體描述，只能說他「普通」。任何方面都普通。多麼不像億萬富翁的樣子！他別的都不想當，只肯當一個辛勤工作的工程師。他當然不是偶像。他並沒有釋放出那種閃亮、耀眼、震撼、「未來就在眼前」的刺激感，那種會讓一般人聯想到這個蓬勃產業的感覺。對於他，我所能說的只是：就錢這件事來說，他也是屬於少數的那種怪人；十億美元沒有讓他變得奇怪。

他已經夠怪了，金錢不可能把他變得更奇怪。

代表矽谷的象徵

我之所以會尋找能代表矽谷的象徵，是因爲ABC新聞節目《夜線》(Nightline)的某位製作人有天打電話找我幫忙。他們想製作一段關於矽谷的迷你報導。他們的目標模糊，但頗開放，根據該時段製作人莉莎・柯妮(Lisa Koenig)的說法：「我們想捕捉那兒正在發生的事物。」我喜歡他們的態度。這裡**的確有**某些事情正在發生，而且我很高興聽到他們沒有裝出什麼都懂的樣子。在搭機前往西岸之前，他們預先以電話訪問過所有受訪者。通訊記者克魯維契(Robert Krulwich)決定以一家叫做@Home的有線網路服務公司爲影片主角。因爲是全國性的節目，所以儘管CEO們通常行程緊湊，但要他們騰出兩小時給克魯維契和攝影小組倒也不難。

第一天結束後，我問柯妮進展如何。她說訪談還不錯，但是另有一個問題：她和克魯維契，乃至攝影小組的其他人，沒有人來過這裡。一直到當天早上走出飛機之前，他們從未見過矽谷的實際景象。所以他們希望能有一個明確宣告「你在這裡！」的鏡頭，就像紐約市的天際線，或是好萊塢立在山上的大字。他們需要用一些影像上的小故事來捕捉矽谷生活的精髓：甘冒高度風險、不眠不休的工作、快速成長造成的壅塞、憑空乍起的財富。更重要的，他們必須拍下一些能夠捕捉那種「大聲嗡嗡響」(tremendous buzz)的東西。

然而一整天下來，他們看到的只是漫無止境的郊區，寧靜而淡漠，地形平坦得根本不配叫做「谷」。沿著半島而行，路邊景致就像卡通片背景一樣不斷重複——每隔幾哩就有一家百視達影帶出租店（Blockbuster Video）、一家雪佛萊汽車經銷商、一家豐田經銷商。夾雜其間的，是安靜地蹲踞在烈日之下的辦公園區。如果你問：「那裡有什麼？」答案會殘酷得令人失望。

因爲我自從一九八二年念大學起就待在矽谷一帶，已經非常習慣這裡的風土人物，以致從未察覺這項明顯的特點。然而，等我透過攝影小組的眼光來看時，其中呈現的反諷是很尖銳的：這個產業給了我們麥金塔的笑臉，以及滿螢幕讓電腦變得和藹可親的圖像，但它從來不曾交出一個能代表矽谷全盤現象的影像。它沒有一個具體而微的代表地點，沒有可以讓你感受特色的場所。

一九八〇年代中期，當我在第一波士頓（First Boston）這家投資銀行工作時，有時朋友會要求我帶他們參觀，「看看是怎麼一回事」。我會把他們帶到交易廳，那地方的鮮明意象從來不曾讓他們失望：牆上的液晶跑馬燈快速閃過股票價格；價值數千美元的西裝外套像是T恤似的亂扔在椅背上；出身尊貴世系的男男女女對著電話嘶吼，站在猶如戰情室般的電腦螢幕之間，他們滿臉是汗，眼珠亂轉，深知數百萬美元正暴露在一個快速變動的市場裡。這是一幅附有配樂的影像：公共播音系統呼應著網路空間裡瞬息萬變的氣氛，播報全美各營業廳的交易動態，五十隻電話同時響著。

矽谷也有一些代表場所，而且雖然這些場所會傳播各自的信念，但他們只是輕聲細訴，從不大聲吶喊。你聽說過矽谷極爲誘人，待在這兒很棒，但它的誘人和刺激處很難一語道盡。你可以在周五晚上到弗萊電腦用品店（Fry's Electronics），看著人們對電玩搖桿和呆伯特漫畫流露無盡的戀慕。你可以到帕洛阿圖（Palo Alto）的傅尼義大利餐廳（Il Fornaio）用早餐，明知在場的人約有半數待在高科技業，但怎麼也看不出來到底是哪一半。你可以去舊金山市的莫斯康尼會議中心（Moscone Center），聽一場由業界巨人向忠誠的商展觀衆所發表的演說，但同樣的場景在同樣的地點，隨著一個又一個的商展每周重複上演。

我從未找到一個能夠表達這一切的場所。對矽谷的了解得花時間慢慢形成，藉由許多瑣碎的事物，累積成許多層理。在視覺上，可以使用的手法是蒙太奇，這也是《夜線》節目所採取的作法。我指引他們去看一〇一公路旁、刊登矽谷公司求才廣告的十一米寬大看板；指引他們去看視算科技（Silicon Graphic）的園區。視算科技的建築似乎體現了混亂衝突的管理原則：磚塊、玻璃及未整飭的鋼條等等原始材質彼此搭接，形成不規則的多邊形，其間又點綴著鮮黃及艷紫的十面體。攝影小組並且找到了那個以拖車爲家的牙醫，他每周開車到網景公司（Netscape）幾天，好讓公司員工不必丟下工作即可看診。他們也在 Excite 發現了洗衣和乾衣設備，這可以讓忙得沒時間洗衣服的員工在公司就可以洗。

我喜歡這些用影像呈現的細節。因爲它們能夠穿過金錢的表相，傳達出矽谷的生活方式是如何模糊了工作與「非工作」之間的界線。這種趨勢其實全美各地都有，而且時間已達二十年之久，但是別的地方沒像矽谷走到這麼極端。什麼叫「辦公園區」？還不就是一個把室內與戶外、建築與森林、工作與休息之間的分際給弄模糊的好聽說法？而它似乎使得工作更多，休息更少。矽谷則將這個「園區」的概念擴大到整個地區：矽谷是一個超大的辦公園區。矽谷以其乏味的平靜，提供了工作者可以長時間心無旁騖的工作環境，以確保工作能成爲一個人視線所及之處最有趣、也最不得不做的活動。

但不管是洗衣機、拖車住家或辦公園區，都沒有發出任何嗡嗡聲。

沒什麼話好說

有個曾經有過好一會兒嗡嗡響的地方，它是 Mae West。大約一九九五至九六年間，網際網路正在快速成長，人們還直言質疑它的系統是否穩定，那時很流行在酒會時擺出一副宣布內幕消息的姿態說：「我聽說 Mae West 今天當機。」儘管依理來說，網際網路應該是一張覆蓋了全國的大蜘蛛網，但實際的情形像是東岸、西岸各有一張蛛網，兩端之間再用粗大的光纖幹線連接。東岸的輻輳中心是 Mae East，這兒當然就是 Mae West 了。衆人聊了一大堆 Mae West，大多不知道“Mae”代表的是“Metro Area Exchange”（都會地區交換中心），也不知道它位於何處。（在聖荷西。）但是它很能激發想像力：嘿，半個網際網路經過一個房間呢！那要有多少精密設備，要發出喀喀嘎嘎的聲響，要進行交換和轉接；網際網路的咆哮可把歐威爾（Orwell）及庫柏力克（Kubrick）對電腦力量所做的任何描寫都比下去了！

然後，開始有人被允許入內參觀。到了一九九七年後半，如果你在聖荷西鬧區附近辦晚會，最酷的一件事就是：跟你的客人一起跳上接駁巴士，帶他們到 Mae West 走一遭。假如你把這個參觀節目寫在邀請函上，那麼回覆說要參加的人數必定加倍。然而就我所知，我所認識的參加過這類活動的人，事後都不會提起 Mae West 如何如何，彷彿他們發誓保密似的。

某種程度上，確是如此。Mae 是一個通訊業的合作組織，由 WorldCom 管理，但是係屬各大電話公司及網際網路服務供應商所共同擁有。我打電話給 WorldCom 要求參觀，但得先簽署他們傳眞給我的保密同意書。這份同意書要求我不得報導被這個通訊社群的任一成員視爲業務機密的事項，但概略描述倒是無所謂。此外，也不准拍照。

每秒有三十億位元（3 gigabits）的資料流經 Mae。在這兒，在這網際網路的祕密中樞，想必可以找到高科技產業脈動的轟然聲響。它座落在聖荷西鬧區一幢金光閃閃的建築裡，內部的備用能源系統多到陪同我上樓的工程師開玩笑說：「如果這房屋有輪子，我們可以把它開到亞歷桑那州的沙漠去。」我在大廳又簽了幾份文件以滿足入口警衛，然後搭電梯到十一樓。

還沒進房門，我得到的第一印象是聲音——風扇的高音哼唱，以及嘈雜的空調設備發出的低音轟轟，連踩在油氈地板的雙脚都感覺得到。我們進到一座由鐵灰色鐵絲籠所組成的龐大迷宮，籠子的門都被馬蹄鐵形的自行車對號鎖鎖住。固定在籠子底部的，是疊起來快頂到天花板的 Cisco 7500 路由器（router）及 FDDI 中樞器（concentrator），另外還有一排排的數據機，擺得像書架上的書本。所有設備的線路都纏捲如藤蔓，向上攀爬到懸吊的管線架，然後再沿著天花板，穿過遠端牆上的洞，一路通往 Mae 去。

走出迷宮後，我們繞著備用電力室走一圈。裡面大約有二十台冰箱大小的蓄電箱，爲了防止它們的重量壓壞地板，每台都安置在兩道工字型鋼梁上。我戰戰兢兢走近裝了有色玻璃的窗子。不知基於什麼考量，備用電力系統室的角落處居然有一間辦公室，由此向北眺望矽谷所得的景觀，絕不遜於你在其他任何地方可看到的景象——不過，誠如先前提過的，其實無甚可觀。燠熱的天氣下，半島的低窪處籠罩著褐色煙霧，煙霧中唯一可辨識的物體是向北而行的公路。它提醒了我爲何來到此處，於是我轉身，最後終於要一探 Mae 本身。

終於，最深層的祕室。

兩把鑰匙開了門上的鎖孔，一一開了鎖，然後我們進到……呃，有點像《綠野仙蹤》的桃樂西見到了歐茲國的巫師。又是同樣殘酷的失望。原來，Mae West 是三部十億位元交換器（gigabit switch），每台的大小約如一部小型微波爐。每台都有一些光纖線路接在它的正面，而這些光纖線路——再一次打擊——看起來就跟一般的電話線完全相同，差別只在它的外皮是亮橙色的，好讓人不會把它和電話線弄混了。這房間是絕對的安靜。Mae West，位於矽谷心臟地帶，網際網路偉大的核心的核心，其實是由並不比大多數人家中客廳更爲高科技的設備所構成的。

爲什麼來過這裡的人事後都沒什麼話好說，現在我懂了。

一個人，一台電腦，一份工作

以下兩點是在描繪矽谷時所遇到的問題：

1. 可講的事情非常非常少。
2. 若有的話，也都隱藏起來。

如果不是對矽谷確有所知，光看媒體對高科技業所做的大量報導，你大概會以爲這個地方像本打開的書，非常樂於成爲媒體寵兒。它像是個輕鬆而百無禁忌的世界。事實上，新聞記者每進入一個工作場所，都被要求簽署保密同意書：要報導我們下周推出的這台小機器當然沒問題，但如果你碰巧旁聽到任何跟我們明年推出的大機器有關的事，而萬一它的消息見報，我們會對你採取法律行動。公司會派公關代表全程陪同。如果沒有書面許可，不可以提到我們客戶或顧客的名字。除非是經過我們核准的員工，否則你不可任意採訪公司人員。換句話說，「頭手一律不准伸出車外。」

舉例來說，我有幾個朋友把他們的公司賣給微軟（Microsoft），人也跟著公司一起搬到瑞德蒙（Redmond）去。他們邀請我過去，等下班後跟他們一起去華盛頓湖滑水。後來他們又打電話來取消邀約，很不好意思地告訴我：微軟那邊堅持要派公關代表跟我們一起上船！

矽谷運作的機制，其守密的程度恐怕是我們社會上最嚴密的。它被保護在層層的法律防火牆之內。因爲其中牽扯的金錢利益實在太大，在商業世界裡，再也沒有別的地方所涉及的金錢利益高過這裡。離職合約、保密同意書、雇用契約、投資條款文件、審理中的股東訴訟案、和解書、載明原製造商不負因使用產品所造成的任何相關損失之責的「排除責任」協議（"hold harmless" agreement）、正式投訴——凡此種種，把每個人的嘴都縫得緊緊的。你不能談論最近剛發生的事，以免被控毀謗或是違反保密同意書。你當然也不能談論即將發生的事，因爲證券交易委員嚴格規範著公司發布的預測消息。假如某公司想購併另一家公司，法律嚴格禁止雙方對外談論磋商過程。智慧財產權及商業機密都被小心看管著。凡是有任何會談，員工在會前、會後都得匯報再匯報。

儘管如此，仍然有絮絮聒聒的新聞報導從矽谷發出來，而且此地的公司也都急切於「讓自己的聲音被聽到」。這便產生一種詭異的兩難：各家公司都急著想跟我說話，但我眞正想聽的正是他們被禁止討論的。非但我不喜歡，他們同樣也不喜歡。天性使然，他們也愛玩樂、不想被拘束，並且覺得自己生活的點點滴滴是分外迷人。他們樂於公開內幕。他們想要知道自己是過著電影情節般的生活，知道自己的工作確實像自己所感覺的那樣充滿戲劇性。他們經常在相當封閉的環境下工作好幾個月，此時，有什麼比得上有位記者出現對他們說「你真是重要人物」能更令他們窩心？更正：還是有比這更好的。那就是有位記者出現，對他們說：「你的生活可以拍成一部很棒的電影。」

然而有時候，連灌這種迷湯都無法從他們身上騙出好東西。有時得要經過一些奇特的儀式才能讓消息來源自在說出他們的故事，想來不覺令人失笑。我現在想到的例子是吉娜。吉娜最近剛從股票上市不久的 Pixar 辭職，如今她正等待心情冷靜、壓力紓解，好重新檢視人生。她正處於那種人生的敍事條理正逢故障的階段，腦中滿滿的故事，沒法子把它們井然有序地一則一則傾瀉出來。想從她那兒得到一個完整的故事，猶如用雙手抓魚：我離故事很近很近了，然而她察覺到我的興趣，便立即竄到另一個話題。我得和她耗上很長的時間，偶爾會等到好故事蹦了出來。

我們之間必須發展出互信。有一天我們漫步在諾伯山恩典堂(Grace Cathedral of Nob Hill)的靜思迷宮裡。展現了必要的肅穆之後，我推進到下一階段的測試：腹部按摩。我們穿越馬路，進入一座熙來攘往的公園。我在溫暖的混凝土長凳上伸展身子、曬太陽。據這位即將自告奮勇爲我服務的按摩師說，腹部肌肉的作用在於保護器官，所以是最難放鬆的；願意讓某人碰觸你的臟器，是信賴的終極測試。她會拿我的腹肌當測謊器。

她開始按著我的腹腔，然後，在談話間，她說起在某家和 Pixar 合作的動畫公司裡，有位在夜班工作時脫光衣服的軟體工程師。叮咚！我的興趣被挑起了，我的腹肌收緊，她察覺出我的急切之情，遂跳到別的話題。我求她多談談這位裸男，她隨便幾句就打發了：每個人都知道的嘛，他是一則都會傳說。經我懇求，她才答應等有時間再說吧。

其後一年，我經常想起這位裸男。我不知此事是否爲眞，但它夠聳動、夠格當「嗡嗡響」。如果見到有人赤條條坐在辨公隔間裡，沒有人眼中還只看到鈔票。就我的解讀，夜班裸體工作是此間人們在工作中宣示自我價值的終極象徵——象徵工作和玩樂如何緊密交織在一起(比起拖車診所和公司洗衣機，這個象徵可好上太多倍)。被某些人視爲足以代表企業無盡貪婪的科技矽谷，在他來說卻是一座伊甸樂園。而且裸體意味了暴露在外、缺乏保護，總有點純眞無邪的成分在。這幅景象中沒有金錢、沒有法拉利、沒有檯燈、沒有防扒口袋、沒有T恤——沒有分散注意力的東西。就是一個人、一台電腦，以及一份工作。

我放出探測信號，詢問幾個做動畫與影像處理的朋友。偶爾我會收到回音說：「噢，我聽過那傢伙的故事。」但我所探詢的對象裡面沒有人看過他、認識他，或是證實這並不只是查無實據的都會傳說。

有機會vs.現在就是

最近我一直被問到相同的問題：「你怎麼不加入某家你所報導的新創公司，狠狠賺它一筆？」這看起來像是顯而易見的選擇，說到這兒，就得提起我透視金錢的異稟所帶來的壞處：我不太會為金錢所動。當我真的在考慮這個問題的時候，我所想的不是錢，而是接觸的機會。我想要的是一舉穿越法律防火牆的門路。我已用盡一切我能做的狡獪伎倆了（但我可沒做不該做的）：冒充業務助理，混進辦公大樓，假裝應徵工作，與人攀談許久而不透露記者身分……到處追新聞帶給我許多樂趣，那麼，找一份工作豈不是能帶來真正的內幕？

我不覺得。矽谷可以提供各式各樣的歷練，一切任君擷取。當一個自由工作的Java程式設計師，跟當一個搜尋網站的業務開發主管，這兩者的經驗截然不同。Java工程師和談生意的人講的根本是不同的語言——他們有各自的俚語。打個比方，在蘋果公司（Apple）工作的經驗就大不同於在英特爾（Intel）。蘋果公司的文化是相信人類潛能的新時代（New Age）文化；英特爾的員工則得歷經所謂的「對峙訓練」，學習如何直接面對他人，毫不拐彎抹角就講出自己的看法，因為英特爾相信，唯有透過衝突，好的想法才能浮現。而去當一個自食其力、靠著一張張信用卡預支資金的創業者，其經驗必定迥異於以克萊納・柏金斯㊟創投基金為後盾而快速奔馳的新創公司。能夠歷經公司股票上市，這種經驗其實非常稀罕，而即使是在上市公司裡，往往也沒有機會目睹幕後的談判細節，組成上市案執行小組的，僅限於公司最高層的三、四人而已。而所有前面提到的人，還根本不知道這一行是怎麼推銷產品的。

如果，在矽谷三年賺到一百萬美元的機會是七分之一，那麼我藉由工作而得到一則絕佳內幕故事的機會，大概不會好到哪裡去。為了要描繪矽谷經驗的全貌，我覺得，當一個無賴記者所能取得的視點好過眞的進去工作——好處甚至可能僅次於創投資本家。

所以到頭來，爲了捕捉這個區域的神情，我採用與《夜線》班底相同的策略：把矽谷工作與生活歷險過程的核心經驗，拼貼、跳接成一組蒙太奇。因爲法律防火牆之故，有些地方必須把我的消息來源冠上化名，凡是遇到這種情形，我在文中會註明。

本書刻意不寫成一本歷數矽谷巨頭、風雲人物、一線明星的點將錄。我對這類人士不太有興趣，而且我覺得，這種配方像是把東岸模式硬套到西岸現象上。矽谷彌足珍貴之處，在

譯註：克萊納．柏金斯（Kleiner Perkins）成立於一九七二年，是最大的創投基金公司之一，目前全名 Kleiner Perkins Caufield & Byers。它所投資的領域廣泛，其中上市公司已逾二五〇家，最有名的是網景和亞馬遜網路書店。KP除了業績輝煌之外，並以政商關係良好、人際網絡綿密出名，它也不吝於使用這種優勢作爲營運手法，並將之稱爲「系列」（源於日語），詳見第四章。在資訊領域，KP最有名的合夥人是約翰．多爾（John Doerr），本書第七章將他稱爲「權力掮客」。

於有機會成爲風雲人物，而不在於現在是風雲人物；正是這種機會，使得遠自伊利諾州、印度和加拿大的年輕人源源湧入矽谷。

或者換個說法，「風雲人物」這字眼傳達的是權力的集中，而矽谷內在的運作模式卻是權力的分解。要建立「風雲人物階級」或是「一線名單」，則必得安置神祇，賦予不容置疑的教條，並且頂禮膜拜。

在目前這個時代，比較幸運的人可以在世界舞台上自由揮灑。我們以自由意志爲憑依，又有急迫的道德責任來行使自由意志，而不必去跟隨那些被奉若神明者的脚步。在我們的生命中，沒有什麼風險是太高的，沒有什麼野心是太大的。這才是眞正的創業者精神。

在矽谷，上百萬的年輕人有幸可以每天一睜眼就看到這樣的機會。來觀察我們，是一件怪有趣的事——我們這一代深受罹患嘲弄與反諷態度之苦，這些不馴的態度似乎只有在高薪工作的面前才可能極其緩慢地點滴消解。但結果往往相反：待得愈久，反倒變得愈頑強。我四處窺探了那麼多人的工作，也全程目睹不少恐怖故事和成功例證的演變過程，如今的我不像剛著手的那天那麼意興闌珊。

買一送一的人生交易

事情大約是從四年前開始的。

很久以前，我們有一個作家小組，四個人而已。我們每周找一個晚上，聚在某位成員所租的便宜公寓。我們喝一大堆廉價紅酒，以頑強的毅力討論我們的作品。我們非常像一個社團，因爲是基於共同興趣而結合在一起，所以不可能不以爲我們的作爲是浪漫的。這絕對像是富有酒神氣質的青年在二十幾歲的時日**應該做的**：住在波希米亞式的城市裡，熬夜、吟詠、歌唱、抽菸、喝酒、創作。

這番寫作經歷把我們送進了研究所，其中某人開始得獎，起初是地區性的獎，然後是全國性獎項。我並不眞的很確定該如何描述接下來的遭遇，但我想我們都被時代的狂熱掃到了，或說是著了道。四人當中有一個開始爲科技公司寫新聞通訊，然後寫了幾本蠻新潮的電腦書，再來成爲齊夫達維斯（Ziff-Davis）出版集團某本雜誌的專欄作家，接著很快成爲一位全方位的高科技導師，走在科技研討會上身旁會有一小撮信徒緊緊跟隨，而公關人員向他鼓吹最新的流行辭彙，期望他們負責的產品能獲得他的青睞。

另一個成員轉行改學電腦，成爲圖形介面的程式設計師，這是目前市場最搶手的。如今，他以當年專注在索爾．貝婁（Saul Bellow）上面的滿腔熱情，大談電腦使用性理論。

第三個，也就是那位得獎者，開始在矽谷工作，希望能靠儲蓄或是員工購股權存夠錢，好讓他休息一年，專心寫小說。如今他替人抓刀，寫著關於當紅網路新貴的暢銷書。

我則開始記錄從矽谷聽來的故事。我們這一代被貼上了天生愛嘲弄／被動的標籤，對我而言，這種說法在矽谷是最不能成立的。矽谷讓人有機會在這個已被劃上太多痕跡的世界，留下一點成績。我開始造訪各式工作場所，訪問朋友的朋友，反正就是浸在整個環境裡。關於工作這個範疇，往往是由埋頭苦幹的呆板傢伙所盤據，在美國大型企業裡尤其如此。但我不斷遇見一些正面臨生涯關鍵時刻的年輕人，願意賭上自己的一切，逸出常軌，而其結果不是大紅大紫，便是一敗塗地。讓我感興趣的不是他們成功的故事，而是他們生活的方式：勇於冒險，創造未來，凡事都有可能。對年輕人而言，不能預見自己的命運是很重要的，覺得自己的前途沒有被預先命定是很重要的。

我知道爲何這類故事會引起**我的**興趣。我知道自己哪幾根神經被挑起。有些新聞從業者擁有所謂的「狗屎偵測器」(bullshit detector)，我則擁有我自稱的「雞皮疙瘩計」(Goose Bump Meter)。如果我聽了誰的故事或是跟他走過一趟後沒起雞皮疙瘩，我就會把筆記丟進垃圾筒裡。我只對一種事情有興趣：追求不尋常生活的人。

依照浪漫的觀念來看，作家的工作是記錄下渾沌、失序的狀態，並提醒我們此類狀態的存在，所謂的向上進步只是謊言。生命是瘋狂，是掙扎，是著了魔的。依照浪漫的想法來看，作家的工作是放縱一個人的狄奧尼索斯能量，讓它掌控我們的阿波羅能量，讓我們對於探險能有敏銳的嗅覺。(狄奧尼索斯是酒與逸樂之神，阿波羅則駕駛載著太陽的馬車，以其無比的規律、無比的秩序，橫越天際。）但同樣顯而易見的是，商業現象已經接掌了全世界，硬要衆人接受它的秩序形態。阿波羅再度復活，身著西裝，把金錢投資在指數基金（index fund）上，而且受歡迎的程度令人難以置信。身爲作家，若忽視了本爲文化的那些東西已轉化成「娛樂事業」，若忽視了商業爲自己挑選新文化的明顯方式，等於是對最應徹底洞察的現象視若無睹。

在矽谷，幾年來我發現這兩種脈動的喧鬧表情。它是高度動盪的渾沌亂局。它不斷地把自己撕裂。它在自我毀滅的邊緣搖搖欲墜。但這是不同於任何其他渾沌的渾沌。它是**運作順暢**的渾沌。它是產生無止盡成長的渾沌。它是辛勤努力的渾沌，而不是滿足需求的渾沌。

而我個人認爲，釋放這兩種脈動的潛力，正是最能誘惑我們這一代的地方。

倘若我只能說一件關於矽谷的事，我會這樣說：先於我們來到西岸拓荒的每一世代，都必須在追求安穩的生涯與追求驚險旅程之間，作一人生抉擇。

在矽谷，這種兩者僅能擇一的得失權衡，又再被接在一塊兒了。

只要在原本乏味的灰西裝商業世界裡注入多得嚇死人的高風險，年輕人便**再也不必作抉擇了**。這是買一送一的交易：生涯道路變成了邁向未知的探險。此地所發生的事物更多也更快，可滿足每個人嗜求新奇的癖好。短短六個月之內，你可能從找到一個工作，然後被解雇，然後新開一家公司，再把它賣掉，改行當顧問——接下來呢？誰知道。

想來我們公司嗎？

我眞的不知道在何時、何地，矽谷詭異的生活方式會突然彰顯它的眞相。

三月底某個溼答答的星期天早晨，我在舊金山西日落區（West Sunset）足球場，玩著代代流傳的、定期舉行的非正式友誼賽：自一九七〇年代以來，每星期的同一時間開賽，迄今二十多年不歇。幾乎所有參加者都是外來人口，理論上任何有興趣的人都可以下場，但倘若你球技不佳，可要禁得起其他球員不假辭色的辱罵。

那個星期天，有人拿著市政府的許可證在我們面前揮了揮，把我們從平常使用的場地趕走。我們在球場旁的草坪繼續比賽。穿著橡膠雨衣的人把場地重新劃線，掛上全新的球網，場地四角插上亮橙色的旗子，然後主裁判隨著兩位邊審出現了——邊審倒眞的是少見的奢侈。這些年下來，我們已認識主審。

「嗨，海爾，是誰要比賽？」

海爾不知道，但他說不管是誰，反正付了他一大筆錢。

然後球隊出現了。球員是男女混合，全部都是成年人。他們開始比賽，每當我偷空觀察時，可以看得出來他們手腳蠻笨拙的。於是我猜想，這可能是公司爲了勞資皆大歡喜而辦的員工聯誼，不管毛毛雨照常舉行。

我們這邊的比賽結束後，我走過去。此時可以看見藍隊的球衣在胸口寫著 Scopus，白隊則寫著 Siebel。我才在報紙財經版讀到它們是兩家軟體公司，Siebel 剛買下 Scopus。

我和一位蹲在邊線的球員聊起來，問他兩家公司是不是藉此來認識彼此。他說是，然後才好好兒把我打量了一番——我提出的問題顯示我對軟體業或許略知一二——接著問：「嘿，你幹哪行的？」但我還未回答，他已講到重點：「想來我們公司嗎？」

我簡直不敢相信，但事情確實如此。**想來我們公司嗎？**他的話在我耳中迴盪。我，一個從未謀面的人，穿著一件濕透了的T恤，膝蓋上沾著泥巴，只因爲認得他公司的名字，就被邀去應徵工作。這是怎麼回事？買下整家公司的人還不夠？還得加薪加柴才夠旺——給我更多人！他似乎一點也不覺得有何古怪。或許他一向如此，到哪兒見了人都問：「想來我們公司嗎？」

我說我是作家。這讓他有點失望，不過只是一點點。他說：「我們最缺的是程式設計師，不過我們也需要編寫技術文件的人。你寫過科技嗎？」

我說我寫過一些，只是偶爾寫。

他伸手指著一個金髮女子，說她是人力資源部門的，要我去跟她談談。然後他又回到程式設計師的話題，問我可有認識的人？

帶著一點捉弄的心態，我指向我的一堆朋友，他們大約在七十碼外，正在卸下鞋釘，收拾袋子。「看到那些傢伙嗎？他們大部分是程式設計師。」這當然不是眞的，但那人的眼睛睜得好大，他立刻派金髮女子去和那群人談談。

這類場合正是大多數極度敏感的文化預測家所謂的「市場頂點」（market top）的徵兆，其意義等同於股市熱到老祖母把畢生積蓄從床墊下取出，拿去購買共同基金。當有人願意向渾身濕透的陌生人提供工作，這或許表示矽谷已經到達市場頂點了。

稍後我開始研究軟體業務人員，也花了些時間跟在Siebel的競爭者身邊，我才知道，Siebel有著業界最積極而強悍的業務隊伍。大約那個時候，我收到一封自稱是Siebel業務的人寄來的電子郵件。他讀了我的書，正在思考他的人生走向，因爲他再也受不了要達成超高配額的無情壓力；這些壓力毀掉了他的生活、他的人格。Siebel絕非一家以慵懶著稱的公司，它每季的營收都遠遠超過財務分析師的預測。

這是怎樣的人生？在一家會對你微笑、和你握手、給你工作，然而一等你開始上班，卻會逼到你筋疲力竭的公司上班？**沒問題，下場來玩吧，快點來！你不會講我們的話也不打緊。人人都歡迎。不過，該死的，蠢蛋，給我快點！把那該死的球傳給我！射門！**

穿牛仔褲的銀行員

矽谷高科技業這種來者不拒的球賽，能不能永遠持續下去？倘若新創公司的起落與失敗所造成的亂局超過了標準化技術協定的穩定力量，由此而生的騷亂程度，難道沒有一個天然的容忍限度？它自我毀滅的速度，會不會快過它成長的速度？這個產業建立在空氣中（沒有營收，沒有辦公室，沒有實體的產品），這難道不意味著到了某一點，它會失去飄浮的能力？難道經濟學原理是在太空中運作，不必受地心引力的拘束？在那兒有氧氣嗎？一股股的風潮，事後證明都不過是一時狂熱而已，然而令人驚訝的，人人都還是有工作，都還是每周工作六十小時爲下一股狂熱奔忙。沒錯，沒錯，會崩盤的。不是那種可藉由重訂購股價格來補救的快速向下修正，而是眞正的崩盤。

它的基本面在哪裡？這是一個完全建立在創意上的產業，因而也不可能是穩定的。更何況，不是所有好點子都被人用掉了嗎？

在圈子外，每個人都這樣想。隔著一段距離來看，這產業似乎是無法維持的。

不過，在這兒是從內部看。

我在研究公司上市的過程中，有家公司邀我去見見投資銀行輔導上市的人員，因爲我得經過他們同意才能與聞整個上市過程。我到了公司所在的大樓，進了門廳，搭電梯到三樓。跟在我後面一同進電梯的，是兩個稍稍比我年輕的傢伙，穿著牛仔褲及條紋馬球衫。他們同樣是到三樓，兩人比較著在昇陽的 Solaris 作業系統及微軟的 Windows NT 作業系統上開發軟體的優缺點。我隨身帶著記者用的小記事本，以便隨時記下別具意義的小故事；當時我心想：

好極了，現在是工程師，待會兒則要見銀行人員。

到了三樓，兩人去洗手間，我則進公司。我見到了CEO、公司法律顧問及創投金主，一起坐在會議室裡。

CEO說：「銀行的人應該已經到了。」我的咖啡也送了上來。

然後銀行人員走了進來——正是那兩個穿著牛仔褲及條紋馬球衫的傢伙。

矽谷的改變相當大。我也在投資銀行做事過，我們當時是和惠普（Hewlett-Packard）及生化科技公司Genentech打交道。事情順利的時候，在廠商面前，我們會假裝懂一點科技的東西；事情順利的時候，我們也許可以在餐巾紙上隨手畫張草圖。但其實我們根本不懂。我們只會改變話題。當沒有外人在場時（譬如搭電梯時），我們談的是運動。如果不是那一身西裝和頭銜，根本沒人會認爲我們行。

如今迥異於以往的是，每個人都非常嫻熟他人的領域，甚至連通才也都有相當程度的專業知識。僅僅幾年前，大約在我爲撰寫小說《第一個兩千萬最難賺》（*The First $20 Million Is Always the Hardest*）而研究矽谷時，金主、工程師及行銷專家之間存在著大陸版塊般的隔閡。尤其是工程師，他們對於經手金錢的人懷著深深的憎恨。若不是非懂不可，絕不去碰其他領域的知識。但在競爭的壓力之下，現在你得什麼都懂。

在和穿牛仔褲的銀行人員會面之後（之間我被一再告誡，不准再旁觀進一步的過程），我由公關人員陪同，參觀工程師的工作空間。有些工程師用好幾個電腦螢幕在工作，在這一邊的螢幕寫程式，在另一邊的螢幕連到 E-Trade 之類的線上證券商買賣股票。除了股票之外，他們還交易買進和賣出的選擇權期貨，以進行避險操作，他們根本不覺得這有什麼。他們向我保證，這是很常見的。甚至陪同的公關也有做科技股的選擇權。她問：「難道你沒有嗎？」

以下是我的想法。我想，儘管專家之間曾經有著斷層般的隔閡及憎恨（以致每次溝通都會漏失許多原意，遂也造成許多本位主義的扞格），如今這種隔閡都消失了。現在，既然銀行人員可以把工作站作業系統當聊天話題，程式設計師可以買賣選擇權，餐桌上人們辯論著創業構想是否愚蠢，那麼我們或許正處於一個前所未有的爆炸性成長的邊緣。我們爬過了陡峭的學習曲線，從丟臉的愚昧想法和老鼠會式的財務騙局活了過來。我們懂得更多了。如果這個產業是靠創意來推動的，那麼它的基本面是再好不過了。接下來五年，必定是矽谷迄今爲止最高的創意成長期。

我很了解，像這樣的宣告會被誤認爲是對網路股的預測。網路股另有它們自己的玩法。雖然人人願意下注，可沒人假裝它們的股價是合理的。如今非常明顯的，全美國的注意力都沉迷在那些又迅速又輕鬆就致富的人——因而也使得這個國家很難看到$符號背後的東西。網際網路是九〇年代的套利工具，它是人們用來發財的手段，就像七〇年代的石油和房地產，八〇年代的股票和債券。一般人對 Java 語言純度的重要性的理解，絕不會多過對高利率的

Ginnie Mae不動產抵押債券或納稅時石油鑽探成本扣除額的理解。公車上的人可以告訴你TheGlobe.com的上市價格訂在每股九美元，而交易第一天的收盤價是六十四美元，但他們沒法子告訴你進了TheGlobe.com網站可以看到什麼。美國的中產階級錯過了在一九七五年買Data Genera的股票和在一九八六年買微軟股票的機會，所以當他們聽說又發生了另一波全面的電腦革命，他們買軟體的興致還比不上買那家出軟體的公司的股票。

但這對此地的人而言無所謂。能賺你的錢，他們當然高興。

晚上八點零六分

我收到一封電子郵件問我：「你找我嗎？」然後附上一個電話號碼。我送出的某一封郵件轉寄了好幾回，最後到他手中。我在郵件中並未明講我在尋找「晚班的裸男」。我曾遇見的某人似乎記得他的名字，於是我在郵件上寫著這個名字的各種不同拼法，希望能打聽到有誰知道如何和他聯絡。

於是，現在我手中有著某個人的電話號碼，但我仍不確定他是否就是那個裸男。我花了兩天才鼓足勇氣打電話。你會如何問人這種問題？如果他不是裸男，他也許會覺得受到冒犯而掛電話。如果他**正是**那位裸男，也許他認爲這是非常個人的私事，於是可能矢口否認，或是覺得隱私受侵犯而掛電話。我設計出一套策略：如果我愈是明白表示抱歉，則愈可能不會讓他覺得不爽，也因此可能可以聊久一點。想妥，我開始撥號。正在此時，我又突然省悟：最好的策略或許是根本不必致歉，表現得像這沒什麼大不了的——不要顯出這或許很聳動。我掛掉電話，根據這種無所謂的語調重寫一套提問題的腳本。

兩小時後，我重新撥號。喉嚨好似有東西哽著，緊張得頭暈了起來。他的聲音透過電話線傳來：輕鬆、友善、言辭有禮。他親切地直接喚我的名字，於是我們開始交談，話題逐漸認眞起來。然後我問起這個可怕的問題，他笑了起來。「噢，我的天！它已經演變到都會傳說的規模了。」

「是眞的嗎？」我問。

「它〔喀〕是眞的。」「喀」是我的電話顯示有插撥的聲音，我事先忘了關掉設定。就在這緊要關頭！那他是怎麼說的？我聽到「它」，也聽到「是眞的」，但夾在中間的是一小段暫停還是「不」字呢？究竟是「它……是眞的」抑或「它不是眞的」？該死的喀！如果他現在掛我電話怎麼辦？我好不容易追到這麼近，難道要錯失嗎？

他開始說起各版本的都會傳說，說起人們的轉述如何失眞，每個人是如何把發生的事情解讀錯誤。因爲如此，他的名聲如何在他之前搶先到達他所去的每個地方。看來沒這回事，我開始覺得洩氣了。他想知道我聽說的是哪個版本，我說了我所聽到的資訊，非常有限、也非常粗略，此外也說了我是如何得知的。

「很標準。」他喃喃自語。

「所以不是眞的囉，對嗎？」我問。這是我的最後希望。

「不，不。」他說：「這是眞的。」

在程式設計師的圈子裡，怪異才是常態。所以，大衛・昆斯（David Coons）跟他太太打算舉辦裸泳會時，他也邀請在工作上認識的朋友參加。因此，當他在公司裡晚上十點過後脫掉衣服，沒人覺得有啥大不了。這麼晚了，公司裡除了追進度的程式設計師和動畫人員外，已無旁人；還在場的都是心胸開闊的，根本不會在乎。此外，昆斯不是普通的工程師。爲了做好工作，他順手發明了別人也可以使用的工具，譬如他發明了最早的一種膠捲數位掃描器，以及曾得獎的數位墨水和顏料系統。

當時昆斯已像奴隸似的連趕了兩個星期的工。那家公司忙著要完成一部即將上映的劇情片。他在下午四點左右進公司，忙到凌晨兩、三點。如此辛勤而專注地工作，像匹蒙上眼罩、猛往前衝的馬匹。有天晚上他看看時鐘，鐘面顯示「20:06」，他已經倦極的腦子把時間換算錯了。他想：「好極了，已經過了十點。」雖然仍在辦公室，他把衣服脫了。

大約半個鐘頭後，他下樓到CGI部門去找朋友畢瓊討論事情。回來時，他看到影片沖印室還有位女士——工會員工固定在十點以前下班，這麼晚不應該還會有人。這時昆斯才明白他錯看了時鐘，多加了兩個小時。問題就出在：她是工會員工。在工程師文化裡稀鬆平常的事情，卻完全不被影片工會員工手冊接受。昆斯先前跟工會小有過節：爲了保障會員的權益，工會不准任何非工會的勞工去碰膠捲，所以他甚至不能使用他所發明的影片掃描器。

昆斯仍然不覺得有什麼不對勁，他回到座位，繼續工作。一、兩個小時後，兩名警衛敲他的隔板門。除了叫他把衣服穿上，他們也不知該拿他怎麼辦。然後他老闆從家裡打電話過來，要他回家去，今晚收工了。昆斯還抗拒了一陣子：「我正忙著呢！」他必須把工作做完。

他被囑咐來一場「迷你冬眠」，隔離在家一個星期。影片工會向管理階層施壓，要求把他開除，但每個曾被昆斯幫忙抓過蟲，還有每個和他合作時能夠如期完工的人，全都站在他這邊。整件事的經過，他一邊講一邊笑。

儘管發生波折，他仍如期完成計畫。這才是最重要的。鬧劇最後也平息了。

「整件事好笑得要死。我被扯進企業口角的小小歷險記。如果他們因爲我光著身子而不要我，這種地方我也不想待了。他們沒有幽默感。你得在工作場所注入樂趣，否則秩序的僵化力量會扼殺創意。建立規則、程序的管制者會把想像力慢慢吃掉。我們的全部生命都在工作場所裡，所以現在的工作必須是一半工作、一半娛樂。

「你懂這道理的，對吧？」

□

若要探究到底，矽谷眞正的工作是發生在腦子裡——在那些坐在位子上、緊盯螢幕、苦思難題的工作者的腦子裡。那是創意發生的地方。那是「嗡嗡響」的所在。那是你可以領略矽谷全盤面貌之處。每思及此，我便想起卡夫卡的這句話：

你不必離開房間。繼續坐在桌前傾聽。甚至不必聽，只需等待。甚至不必等，只要獨自坐著不動。這世界將會自願前來，聽憑你揭開它的眞面目。它別無選擇，它將會喜孜孜地在你脚前打滾。

1

新人種

就是這個地方

倘若對命運最嚴酷的折磨
是將心靈緊緊禁錮，
有誰了解？
倘若生命的靈藥總是出現在奮鬥的過程中，
而不是在獲得的那一刻，
有誰了解？
若你寧可下場一賭，不願坐待成果，
每七次才有一次中彩，
有誰了解？

搭車，搭飛機，他們來了。他們就這樣出現。他們放棄別處的生活來到**此地**，爲了偌大的機會而來。他們相信如今世上除了此地，再也沒有別的地方能讓人光憑才智、努力及好點子就能達成如此成就。在這裡，成功與否跟你的關係多好、多麼有錢毫不相干。他們來，因爲這兒沒人計較他們太年輕、大學沒畢業、膚色深，或是口音重。即使非法，他們照樣來。他們來，是因爲覺得如果不試它一次的話，他們會一輩子遺憾。他們來參與歷史，來創造五年十年後將全盤改變人類生活和工作方式的科技。他們來找刺激，來參一腳。他們來，是因爲天性好強，無法眼睜睜看著別人比他們成功。他們來，是想賺飽了錢，可以日後再也不用爲錢費心。

他們是新的人種，創業旅人（Venture Trippers），爲了追尋抽血似的暈眩經驗而來。這是瘋狂而豐饒的時刻。在這塊追求高成就的土地，工作是不折不扣的運動：人們被競爭的快感和失敗的危險所驅策，遊戲規則每年在改，好讓比賽的節奏更快、難度更高、總得分更驚人。

他們所來自的地方只是X－Y軸地理座標上一個抽象的點。在那兒，生命的開展猶如以慢動作播放的影片；而劇情的節奏步調沉悶得讓他們不相信脚本。他們試著照那種劇情來活，但不斷逸出常軌，不斷發現自己在抱怨：「我爲何要浪費生命在這些事情上？」

他們來，是因爲他們已可預見，如果還留在原來的地方，他們所過的將是躲也躲不掉而徹頭徹尾乏味的生活。人生再也沒有什麼比乏味更慘的了。他們覺得這個社會在和他們做浮士德式的交易：生命的無垠面向，全都會被導引至生涯道路的窄窄通道。

創業旅人並不就此懈怠，他們跟怠工者選擇了相反的策略。他們說：如果非得交易不可，媽的，你以爲我不敢？我還年輕，再下注啊，要賭就賭大的。**大家來玩嘛**。全部都押黑的，開始賭吧。

於是，他們來了。

之一

我在一月時收到一封郵件：

> 我最要好的朋友去年夏天搬到這裡。他住的地方離海邊只有五分鐘，但他四個月＝去海邊兩次。我聽到眞興奮死了！我們眞病態。我現在正準備去陽光地帶好好地烘烤一番，看看是否會想要花點時間享受陽光。

一月某個星期五的下午，提瑞・李維（Thierry Levy）站在聖地牙哥「網際網路櫥窗」(Internet Showcase）研討會的走道上，這是一個創業構想的大雜燴，專爲一大群急著砸錢的投資者籌畫暨演出。受邀演出者裡面僅有兩個外國人，李維是其中之一，但他把今天上午的簡報徹底搞砸了：整個營運模式根本湊不攏，賣點也乏善可陳。他不知道自己在幹嘛。現在他了解，要帥、裝酷並不足以取代專業能力。回巴黎的班機預定在下午六點二十分起飛。

他的腦子完全被一個念頭抓住。他不斷感覺到現在就是決定一生命運的時刻。「我可以留在這裡，或許做得成，或許做不成。我也可以回家，但那就百分之百確定成不了事，而且還會後悔一輩子。」他緊張得胃部抽搐。沒有人喜歡在這種情況下當場作決定，但在他的故鄉，「法籍創業家」一詞是個怪話——「法國」和「創業」根本擺不到一塊兒。一、兩年前，有家巴黎報紙以「什麼是最佳的致富方式」爲題進行民意調查，結果「繼承遺產」以百分之七十遠遠勝過「創業」的百分之二十。李維家境貧苦。他想到父親的話：「在美國，如果你家裡很窮，這是光榮的事，這是榮譽徽章。你可以說：『嘿！我是白手起家的！』」他父親在二次大戰時加入法國反抗軍，曾被美軍士兵拯救，所以一提起美國總是這麼說：「那是出英雄的地方。」

李維向人借了行動電話，打給航空公司，把回程機票的目的地換成到舊金山。他在晚上十一點十分抵達舊金山國際機場南側航空站的二十二號門。身上穿著牛仔褲和綠色馬球衫，行李只有手上的一只手提箱。好了，第一步踏出去了。再來呢？他的第一直覺是：去看矽谷，招待他的雙眼享受這個充滿機會的黃金之鄉景致。他租了一輛 Geo 小型車，沿著一〇一公路往南開。柏林根（Burlingame）、聖馬太歐（San Mateo）、紅杉市（Redwood City）、阿瑟頓

（Atherton）、曼洛公園市（Menlo Park）、帕洛阿圖、山景市（Mountain View），然後到了郡界。當時下著雨，他等著看到萬里長城之類的東西，等著某種分界線告訴他：**你在這裡**。下了公路，他只看到郊區和低平的辦公園區，偶爾會有燈光從窗戶流曳出來，透露出裡面的人還沒下班。於是他又回到公路，但在下一個出口，還是同樣的情景。沒有可供慶祝的地方，沒有可舉杯致意的東西，沒有到達的感覺。沒有歡迎委員會。週遭又暗又濕又平坦，無法給他場所感及方向感。嘿，我**來了**！我，提瑞．李維，**來了**！——但是矽谷根本沒理會。最後他發現自己在一條叫做大美國林蔭道（Great America Parkway）的道路，路本身令他很興奮，但路名的文法令他困惑——不是該用“American”嗎？這條路既不特別偉大，也不特別美國。他不知路通往哪裡，或許是陽光谷（Sunnyvale），但他進了天天客棧（Days Inn），選擇最後一個一晚五十八美元的普通客房。喝了兩杯水，然後鑽進毯子，試著入睡。

在護照上的旅遊簽證到期之前，他還有七十天可用。

□

根據朋友提供的情報，我打了一個麻薩諸塞州的電話號碼，找一個我後面將會稱爲麥可．齊利（Michael Zilly）的人，伶牙利齒的齊利告訴我：有，他下星期要從麻州搬過來。他說，矽谷很「夠勁」，而且「帥透了」，他像混幫派的人那樣叫我「兄弟」。他想**做做**矽谷，諸如此類。他想徹底溶入這裡，這表示除了雪地滑板和釣馬子之外，他還打算當個很悍的創業者。他已經打造好一種只有紙板厚度，輕如羽毛的「鍵盤」，它用的是觸摸式螢幕科技，而非塑膠按鍵，非常容易攜帶，可以接到 Palm Pilot 或其他掌上型電腦，當成輔助輸入工具。他把它命名爲超新星（SupraNova），此名隱約影射到《裸體午餐》（*Naked Lunch*）那本小說。他的嗜好包括跑山路和抽大痲煙。他聽的樂團是 Ice-T、Body Count、Parliament。他說我們到時再一起混混，一起玩玩。「哪兒有樂子？哪兒有馬子？哪兒有銀子？」我們來回通了幾次郵件，信末他都簽上「繼續在這自由世界縱情搖滾」。

他必須在三個月內籌到八萬美元。

□

豆子咖啡店（Café Bean）是新人的聚集地，它位於舊金山頗受敬畏的「嫩肉區」（Tenderloin）㊟邊緣，主要客層是住在附近的住宿型旅館的外籍滯留型觀光客。在這類住宿型旅館，

譯註：此區位於舊金山市東北部，在聯合廣場（Union Square）與凡耐斯大道（Van Ness Avenue）之間，以治安不佳著稱。"tenderloin" 本指牛、豬腰部脊骨兩側下面的肉，通常既軟且嫩。此區得此「嫩肉」之名，因區內多不法情事，而墮落的警察可從中撈到好處。作者所說的「頗受敬畏」是反話。

以每周兩百九十七美元的價錢可以買到一個床位、一間浴室，還有一份熱騰騰的早餐。如果這些外籍滯留型觀光客在豆子咖啡店多出現幾次，或者他們的笑容特別甜美，或者他們主動以還能聽得懂的英語攀談，櫃台小姐就會拿出拍立得相機替他們拍照，然後把照片釘在滿是這類照片的牆上，登錄進成員永遠在變動的豆子咖啡店家庭族譜。這個場所根本像公共澡堂一樣友善，而也沒比澡堂大多少。它的座位氾濫到人行道上，伸向一條滿含青春、希望與期待的河流。

在小小的圓桌上，夾雜在咖啡杯和煙灰缸之間的，是他們迎向新生活的線索：市區地圖、火車乘車證、零錢腰包、證明文件、塑膠打火機、隨身罐、字典等。有張桌子坐了個年輕男子，一副男性時裝雜誌調調的打扮，推得很短的頭髮染成金銅色，手中拿著一台露出粗短天線的 Apple Newton。

他說他的名字是約翰·佛斯特（John Foster），但我應該叫他大衛。照他的說法，他所待的前一家公司有太多約翰，但我心中覺得這是他想展開新生命的徵兆。約翰把我介紹給諾拉、姬斯坦、米雪兒，以及一些我記不得名字的仙女。她們都叫他大衛，所以從此開始，我也遵照辦理。當他跟我交談時，那群女郎一一起身離去，每位都在大衛臉上某處印上一記離別的吻。

他的臉色蒼白，和他微突的藍色眼睛和深紅色嘴唇恰成明顯對比。他裹著一件黑色的羊毛厚大衣，脚下一雙配上銀色扣環的上等皮鞋，黑色的皮料被照顧得很好。想必是很有女人緣、很注重外表的時髦男子。他貌似飽經世故的萬事通，但有一副理想主義者的心腸。他說：「除非有充分的理由可懷疑，否則我信任每一個人。」語氣彷彿是在回答問題，但我其實沒問。他是在推銷。

大衛原先在鹽湖城一家四十人的電子商務軟體公司，可是待到後來他覺得不好玩，就跳船了。他四天前來到這裡；來這兒，是因爲矽谷就是該來的地方。他已在此地一家大概有十五人的電子商務軟體公司找到工作，一開始年薪只有兩萬一千美元，外加購股權及誘因極高的獎勵條款。過了幾分鐘，他自己招認，爲了讓公司更賺錢以吸引投資者，他自動放棄薪水，公司只需負擔他的生活開銷，主要是用一千四百七十五美元在街對面租下一間工作室公寓。他已連續四天都只以煎餅當晚餐。

我問他何不去網景，他們的待遇應該較好。

「聽好，對程式設計師而言，大學沒畢業是一種榮譽徽章。但對業務不是，懂嗎？大學學歷是壓倒一切的最大變數，懂嗎？所以聽好，假如一家公司已經大到有人力資源部門，他們是不會雇我的，懂嗎？」

了解。他在大學只待了兩個星期。他因爲母親死於癌症而太過憂鬱，於是心理醫師開了藥給他。大衛說，那藥讓他脈搏跳到兩百四，並且引發輕度的心臟病。他會麻木地坐在教室裡，看似清醒，但頭腦一片空白。還好電腦音樂（wav 檔、MIDI 鍵盤和混音軟體）救了他。要想廉價或免費得到所需的高階電腦，唯一的辦法是成爲高階電腦的授權經銷商。他兜售電腦的生涯於焉展開。

他想像自己是一個身經百戰的業務，在替懷才不遇的程式設計天才打天下。大衛只有二十七歲，他的新老闆則是二十三歲。這是一個浪漫的角色。他那些業務員特有的銳利辭鋒都只是演出，說到內在，他其實是個心軟的好人。在我的筆記本裡，我給他的綽號是「太信任別人的人」。

去年，在去鹽湖城之前，他到澳洲去追尋奇遇，而也確實找到了。他說：「這會是我的下一個奇遇。」

他的獎勵條款：如果能爲他老闆帶進五十萬美元以上的投資資金，據他說，他可以得到十萬美元的年薪。少於五十萬，他們只付他公務開銷。

□

那個月的月底，我收到這封郵件：

去年秋天，我在高中認識的一個朋友從矽谷和我聯絡，他顯然工作得非常賣力，而且賺了不少。我想問你的是：是不是那兒的人每個都像他一樣？他不斷告訴我他擁有什麼又賺到什麼，最近他甚至送給我一瓶好酒，而且還**附上收據**，好讓我知道他花了多少錢。他人很好，但我就是覺得他似乎再也不「眞實」了。我隱隱覺得問題可能是出在整個產業，而不只是他個人。你可不可以說說那兒的人到底發生了什麼事？

星期六晚，我正要離開某場活動，抬頭正好看見一張似曾相識的臉孔，蓄鬚的唇邊漾著笑意，棲息在一張斜倚著牆的高脚凳上。三年前，他來矽谷參加研討會時我曾見過他，當時他還待在田納西的諾克斯維爾（Knoxville），而且大力鼓吹「在遠距通訊的時代，不管在哪兒都能工作」的觀念。

「又來參加研討會嗎？」我問。

「不，我搬家了。來這裡已經一個星期了。」

已經。第一周的經驗已經給他太多精神食糧，足以滿足他想對社會進行廣泛觀察的飢渴。他對遠距通訊理論的立場已經徹底轉向，因爲，發生在工作之外的文化浸潤是無法以其他方式取代的。他反覆推敲著什麼是最可以用來概括矽谷現狀的比喻，究竟是淘金熱，還是文藝復興時期的佛羅倫斯；也就是說，這股熱潮是衝著新財富或是新媒體而來？然後呢——他和自己辯論——如果是淘金熱，這究竟是一八四九年的加州熱潮，還是那之後五十年的阿拉斯加熱㊟。我問他，在思索這一切的當兒，是否也順便找了個工作。

他答，當然有；但他覺得應該不會待很久，那只是個過渡，他想找個更花腦力的工作。從他開始上班的第二天上午，他就開始在找了。

錢當然很重要，但是日子一天天過下來，渴求挑戰的心靈便躍躍欲試了。

幾天後他把我介紹給他在田納西時的朋友，史考特・克勞斯（Scott Krause）。我和克勞斯到位於舊金山市教會區（Mission District）的斜門餐廳（Slanted Door）吃中飯。克勞斯會是人力資源部門夢寐以求的人才。他是現代的叢林王子：穿著從膝蓋位置剪掉的叢林褲和黃色的百慕達格子衫，衣角露在外面。他是田納西大學的企管碩士，今年二十七歲，他的人生目標是創造一種能改變人類生活和工作方式的新科技。很難得再聽到這類理想主義了；克勞斯彷彿是穿越時光隧道從一九九四年過來的人。這是種簡簡單單的理想主義，不帶一絲一毫的

譯註：加州原爲一片荒涼之地，美國在一八四八年從墨西哥手中奪來時，人口僅有一萬五千人。同年發現砂金後，從次年開始引來大量人潮，促使它得以在一八五〇年升格爲州。這股熱潮也隨之帶動其他方面的發展，成爲加州歷史的一個轉捩點。

克隆代克（Klondike）位於阿拉斯加與加拿大交界處，在一八九六年發現砂金，兩年內吸引了約三萬名淘金者。因爲生活條件惡劣，一八九八年冬季甚至幾乎造成饑荒。該地的礦產也在數年後急遽下降，無利可圖的淘金者大多散去，有些移往阿拉斯加定居。

嘲諷，這種觀點或許只有在美國的心臟地帶才會蘊釀出來——他們在那兒根本不知道矽谷的實際狀況。我想它就像口音一樣，頂多三個月就會消失。

「如果要每周工作七十小時，那麼我所做的必須是有意義的事。」他住在斜對面一間在二樓的工作室公寓（上下鋪型的設計），他和另一個室友合租，房租是每月一千兩百美元。因爲待在家裡的時間不多，所以他覺得再貴的房子就不划算了。不過在我來看，花六百元分租一個上下鋪，很難說是划算。他剛來時，以爲會有很棒的工作從天上掉下來；尋覓了六個星期之後，他終於失去耐性，於是進了Intershop。工作名稱叫「業務開發」，其實是在電話行銷部門打電話給未曾接洽過的潛在客戶。過了一陣子，他再也無法說服自己這件事和改變世界有任何關係。

如今他要找一個自己眞正喜愛的工作，他已經找了兩個月。

□

十點鐘時，麥可・齊利應該和一個叫小亨利・席瓦（Henry Silva, Jr.）的人碰頭；這個席瓦或許願意投資齊利所需的八十「大洋」。他們應該在前廳的「老大哥及控股公司」（Big Brother and the Holding Company）樂團海報之前見面，就是我們現在站的地方。

「已經不能回頭了。」他說。

今晚，如同許許多多的夜晚，九○年代末的矽谷想透過六○年代末的綜藝霓虹稜鏡來審視自己。這場聚會是在傳奇性的菲爾摩（Fillmore）夜總會舉行。夜總會牆上懸掛著裱框的海報，紀念吉米・韓德瑞克（Jimi Hendrix）和金姆・莫里森（Jim Morrison）等偉大歌手在此的演出；而在海報之下，今日的媒體新貴（以及他們的幕後金主）肘碰著肘擠在一起欣賞……呃，欣賞彼此的風采。快看，快看，那是湯尼・柏金斯（Tony Perkins）！噢，你錯過了，他現在走到柱子後面去了。在吧台那邊的，可不正是傑瑞・卡普蘭（Jerry Kaplan）(註)？

在藥物的助長之下，齊利覺得這種六○加九○的混合還不錯。他昨天剛到，「快樂地紮營」在他「兄弟」安迪在弗列蒙市（Fremont）家中的沙發。他的衣著明白宣示是照著郵購目錄採購的：生皮製鞋帶的休閒鞋、縫工粗糙的釘鈕襯衫，以及打摺的免燙卡其褲。身高五呎十吋（一七八公分），剪得齊平的牛奶巧克力色頭髮，褐色雀斑，石灰色眼珠，眼窩深陷使得眉梁

譯註：湯尼・柏金斯（Tony Perkins）先後創辦《說明書草案》（*Red Herring*）和《上升趨勢》（*Upside*）兩本高科技財經雜誌，目前任 Red Herring 集團的董事長。

傑瑞・卡普蘭（Jerry Kaplan）是資歷輝煌的軟體人。曾在蓮花（Lotus）公司擔任科技主管，後創辦筆式電腦公司 Go Corp.，產品技術雖獲好評，但筆式電腦的市場並未成熟，最後落得公司關門。接著卡普蘭的發展方向移往剛開始流行的網際網路，創辦的網站 Onsale，成為電子商務的早期成功案例之一。

在眼睛形成陰影。雖然只有二十九歲，太陽穴的位置已長出一道白髮。他說的是一種讓人不太聽得懂的方言，大概是雪地滑板者的雷鬼嘟噥加上高科技耍嘴皮大賽網路行話的混合體。

沉浸在這種場景中，他說：「新商業就是流行文化，對吧？」我有一種飄浮在空中的感覺。我的盤子盛不下這些文化符號的大雜燴。所有在這裡的東西似乎都沒法子決定他們要當什麼。

我們四處逛。我看出齊利的一項性格特徵：他在女性面前很羞怯，但如果對方也很羞怯，那麼他就會突然間變得健談起來。齊利走向包廂，有幾個網站在那裡展示他們的最新功能。在約會服務網站 match.com 攤位的一個女子看來相貌普通，而且特別害羞。她上周才搭巴士從遠在東北部的新罕普夏州橫越美國過來。

她二十二歲，剛從普萊茅斯州立學院（Plymouth State College）畢業，來這兒是想看看，「你知道的——」

齊利：「嘿，這就是該來的地方，對不？」

「嗯，對啊……」

「對啊，我也是呢。」

她住在姑姑位於聖塔羅莎（Santa Rosa）的家中，在舊金山北方，一小時的車程，距離矽谷相當遠，但她的積蓄租不起附近的房子。她是經由人力資源管理顧問公司找到今天晚上的差事，酬勞是每小時十美元，她希望能藉此遇到肯雇用她的人。

但是還沒有。

小亨利・席瓦始終未出現，但齊利倒眞的遇到一個徹底中了新媒體旋風癮的中年婦人，她著迷得甚至不知道《滾石》（*Rolling Stone*）雜誌是否還出紙張版。她邀請齊利周六去參加在柏克萊的「沙龍」，討論爲何新富階級不捐錢給慈善機構。屆時將有九位新富人士圍坐在她的客廳，向她解釋爲何他們寧可將錢投資在新創公司，而不是捐給現代美術館或聯合國兒童基金（UNICEF）。科技**就是**現代藝術，科技**將會**拯救世界。

他說：「然後我會是第十個人，坐在那裡等著接受他們的錢。《不可能的任務》（Mission: Impossible）繼續演出。」

《不可能的任務》，指的是齊利極其驚險的創業手法。最近兩年，他籌募資金的辦法是在麻薩諸塞州西部的沼澤地種植上等大麻，然後把收成整批賣掉。他不負責交易。當年在康乃狄克大學的預備軍官團受訓時，他學會了夜視、僞裝及隱藏行跡等各種軍事技巧，這些讓這位野心勃勃的創業者非常受用。在國殤日（五月的最後一個星期一）假期，他會在夜間背著六十磅重的苔土和一袋品種特佳的大麻種籽潛入沼澤。沼澤濕得根本長不出多少枝葉來遮蔽陽光。他建造了一個小小的苔土島嶼，將種籽埋到四吋深，再樹起僞裝網。等到三個月後的勞動節（九月的第一個星期一）假期，他可以收割八十磅（每磅價值一千美元）上帝賜與人類的禮物：一種能夠撫慰所有苦痛、排除各種喧囂、讓人眞正享受當下的靈藥。所有的收入（除了有些得留下來進行每天兩次不可或缺的「品管測試」之外）都用來雇請兩個兼職工程師，以開發超新星的原型。

放棄那種生活而來到此地，不能算是變節。它可不像放棄高貴的理想轉而投入房地產撈錢。他的冒險移到這裡繼續，或許甚至還更往上調高一級。我想，有了理科學士和企管碩士文憑，再加上四分之三的理科碩士課程，可以讓一個人對奇詭的生涯道路做好充分準備，但我懷疑，他獨特的集資手法恐怕永遠不能成爲商研所的案例教材。

爲了把這段黑暗的過去從他的履歷表中抹除，於是麥可・齊利來到此地。而這段經歷或許是無價的。如果說，在矽谷成功致富的參數在於你敢不敢把自己丟進一般人怯於涉足的險境（譬如敢冒險把我們老爹那種一本正經的經商形態扭轉成必經的現代奇遇），那麼麥可・齊利必定可在一年內成爲紙上的百萬富翁。這就是他的長處：勇於冒險。

之2

「你迷路了嗎？」郵差瞧見我無法決定是否要進電梯，於是如此問道。

「我要找 Quiz Studio。」

「從來沒聽過。」他回答，然後就上去了。

我沿原路退回宛如迷宮的走廊，看到了我要找的門牌號碼。

「哈囉？」我打開辦公室的門，試探性地問。

牆壁發出新塗的白色油漆的氣味，地毯剛用化學藥劑清潔過。六個空置的棕灰色辦公隔間是向前一任房客頂下來的，隔板上原有的任何裝飾都已拆除；會議室的白板還沒有寫過的痕跡。一叢叢尚未接妥的白色電話線跨在一個個隔板之間。

唯一一間有人使用的辦公室，是創辦人提瑞·李維的那間。他今天早上才搬進來。自從他在那個雨夜從聖地牙哥前來，時間已過了四個月。他的桌上放著一台手提電腦，旁邊是行動電話，隔板的架子上是一罐蛋白質粉、一箱盒裝的減肥食品「超快瘦」（Ultra Slimfast），以及半箱的瓶裝水。

今天的矽谷：要精簡，能省就省，克勤克儉。精悍，專注。要當一個鬥士。要堅忍不拔。限定自己每天只能吃一條士力架（Snickers）巧克力，發洩一次，看一則《呆伯特》漫畫。忘掉孳生的愛苗，忘掉令人垂涎的美食。忘掉那種只有到了深夜、開了第三瓶酒之後方能盡興的徹夜長談。忘掉詩情畫意：微語、落葉、一綹長髮。也忘掉政治：雙語教育的抗爭，水壩引水南送。

一切只爲超限資本主義（ultracapitalism）做好準備。

李維說：「等賺到了我的第一個兩千萬，我要把這些都忘掉。」

「全都忘掉？」

「對，全都忘掉。」

「你不留在這裡？」

「不，我要回家。或許每次來這裡待一陣子。你小說裡描寫的那些人賺了兩千萬還嫌不夠。我沒這麼貪心。」

李維已申請了LIA簽證，因此只要他在法國的公司仍然聘用他，他就可以用「公司主管進行業務考察」的理由停留十個月。他在法國的正式雇主，也就是他自己。

因爲沒有在美國的信用記錄，他得爲這個簡陋的辦公空間預付三個月的租金。他的軟體Quiz Studio可以把一般的網頁轉變成互動式的問卷。如果軟體能得到昇陽微系統「100% Java」的認證(註)，他想或許昇陽會將他引介給創投資本家。還剩六個月的時間來證明他自己，或許能成功，或許不能。李維二十二歲時曾在東柏林管理過一年的建築工地，在那裡，六個月根本做不成**任何事**。當時的東柏林，買輛車得排隊等十四年，想裝一線電話得等十五年。那是老

譯註：指完全依照昇陽所制定的 Java 程式語言規範撰寫的程式，經昇陽檢測通過後所頒發的認證。藉此可以確保該程式在各種不同的作業系統上都能執行。

式的探險：到海外去，幫助需要幫助的人。而這裡是新式的探險。這就是他的長處：能綜觀全局。

李維說：「這裡剛好相反。超限資本主義，金錢是唯一的價值系統。」我聽到自我防衛的聲音，我在他的壯膽之辭中聽到恐懼。任務非常艱鉅。

令他格外恐懼的原因是：他最近參加了創業速成課程。他們告訴他，外表印象等於一切；他們告訴他，光靠擁有最好的產品並不能贏，快去找一家公關公司。他們給他三項必守的原則：行銷、行銷，和行銷。除非籌到了資金，否則李維請不起行銷副總；但他又聽說若是沒有行銷副總，創投金主絕不肯拿出錢來。

李維以每月一千元的租金在曼洛公園市某婦女的家中租了一個房間。他在找到這個房間前一直住在汽車旅館，但他對那個得來不易的家可沒什麼依戀之情，不消多久就把他的家私都搬來這裡。他找到了一家整夜營業的健身中心，山景市的 24 Hour Fitness。李維仍保持健美的體態，他的牛仔褲掩蓋不住腿部肌肉，前臂也露出青筋。他並不是那種滿胸、滿臂橫肉的傢伙，你可以看出他全身的肌肉分布非常均勻。他是那種把三角肌分成前、中、後三小塊個別鍛練的人。他的脂肪含量比原味飯糰還低。他已經準備好要進行超限資本主義的搏鬥。他具備工程學士及法國最佳商研所的企管碩士學歷。他最有價值的財產——該說是他**僅有**的財產——是他的輪刀鞋和自行車。因為他的簽證不允許他考駕照，所以他不能買車。他沒有提到朋友。

他說：「我調整得很好。」我想他是對的，但我不知道應該感到高興或悲傷。

又過了一個工作十四小時的一天，晚上李維還練舉重。唯有強者才能生存。

另一個整晚營業的地方是「安全大賣場」(Safeway)，這對他長時間工作的「生活風格」再好不過。他們賣巴里拉牌(Barilla)義大利麵條，他在巴黎就是買這個牌子，一樣的藍、紅雙色包裝，十六盎斯(約四百五十公克)包裝要一點五九美元元。他說，等他募得創業資金——等他有錢後——他要昇級到眞正的食品，狄西可(De Cecco)牌，近乎巴里拉牌的兩倍價錢、貴得可以掏光銀行存款的每包二點五九美元。

他說：「三個月後再來看我，說不定我在煮義大利麵。」

□

我在史丹福公園飯店(Stanford Park Hotel)的酒吧小酌時，和一位非常誠懇的台裔美籍財務會計聊了起來。他提起他有個朋友原先在台灣開ＫＴＶ，但是不想照著那裡的成功模式走，於是跑來矽谷搞網際網路。我立刻很感興趣，想要知道台灣和矽谷哪一個是更爲無情的競爭環境。他答應介紹我們認識。

□

我在說服班・邱（Ben Chiu）談談他在台灣的遭遇。若不先建立某種程度的信賴，是不可能得到這類故事的，所以我問了許多關於他出身背景的問題。班的衣著和他的三名員工完全相同：繫鞋帶的褐色皮鞋、褲管摺起的深色粗布牛仔褲、銀色扣環的黑色腰帶，以及短袖的黑色馬球衫。他二十七歲，寬闊的顴骨有著非常淺的雀斑。他的雙臂從手腕到手肘佈滿疤痕，我始終沒能弄清楚是如何造成的。

班花了好一會兒才了解我是對他本人、而非他的科技有興趣。他並不習慣別人那麼在乎他的故事，當他終於明白之後，喊道「噢——」，然後走出房間去。我們是在一幢「翻起來的」房子的二樓：會這麼叫它，是因爲這類建築在澆灌混凝土時，牆壁的框模是平放在地上的，等到牆壁乾硬之後才立起來。房子隱藏在弗列蒙沼澤地中的幾株猴尾松之間。海灣只在西邊兩哩遠，退潮時可以聞到爛泥的腐味。

班帶了一本素描簿回來，我翻開本子。

「像分析圖，是嗎？」他有點不好意思地問。

他說「分析圖」是因爲畫的是公羊和兀鷹之類的野生動物，筆觸非常細膩，近乎照片的品質，每根羽毛和毛髮都細心描繪出來。這些畫非常驚人，每張必定至少都得花上十數鐘頭。

這就是他的長處：注意細節。

「你最近畫的嗎？」

「來這兒以後就沒畫了。」

「你跳舞嗎？」

「以前每晚都跳，在台灣的時候。在這裡沒有。」

「卡拉ＯＫ呢？」

「噢，當然。現在還有唱。」

「什麼時候？」

他記不起什麼時候。

他消沉嗎？或是筋疲力竭？他寧可把現在的狀況想成是「把創作能量導引到他的公司」，這是讀了太多商業雜誌的人所學會的慣用場面話。

班在台灣出生，在加拿大的多倫多長大。一個人大學畢業以後，通常會花相當長的時間思索自己到底是誰，然後才能決定要成爲怎麼樣的人。班不知道自己是誰，於是回到台灣尋找答案。台灣看起來雜亂無章，房子蓋得像是沒打算用很久，街道如同蜘蛛網，整個島就像場大型集會。他開了幾家舞廳——每家新開的都會熱鬧一陣子，只要熱潮消褪的跡象一出現，他就關掉舊的，再開一家。永遠搶在流行前面一步。聽起來很像網際網路事業。但是還有差別：在台灣，一切行業都得靠關係。即使有很強的能力、很棒的場地、最炫的風格，也不足以把事業做大。到最後，保持領先的唯一辦法還是得認識對的人。

對於開舞廳的人來說，認識「對的人」格外重要；「對的人」會教你如何選對時間，送對紅包給「白道和黑道」（也就是警察和幫派）。如果沒有認識對的人，你甚至沒辦法找對門路，選對時間以及送對對象。

班不想來那一套，於是來到這裡。他來時根本沒有朋友或可聯絡的對象，於是只好回頭找台灣公司籌募資金。他相信，網際網路至少會是個公平的競技場。

他在矽谷無親無故，也從未想過要投靠到別人旗下工作。KillerApp.com是一個購物比價的搜尋引擎，假設你想買一部電腦，你可以到他的網站找出誰的售價最便宜。程式是班自己寫的，但他現在至少已經雇了幾個人。他每天工作十八小時。他看起來很瘦，但他自稱沒做運動。他說他把百分之三百的心力都投注在工作上，以確保有可能得到相同倍數的回收。他仍然沒有任何朋友——也不盡然，不過認識的都只是業務往來的對象。

他陪我走到我停車的地方。氣溫高得把瀝青路面蒸出新鋪時的柏油味。我們又重新複習一遍剛才的談話內容。我覺得他好像不希望我離開。

□

茱莉・布勞斯坦（Julie Blaustein）千方百計趕在一切都還來得及之前來到這裡。她還在波士頓的時候，工作一度是出售醫學研討會的入場券。透過電話，她認識了一位醫師，然後再被引介給在紅杉市一家新創公司工作的朋友。她還沒弄清楚工作性質就接下了，跟她最要好的朋友一起過來，住在聖馬太歐的一間公寓。來到此地的第二天，她到他們破爛的公司去上班，頓時發現她的工作還是打電話推銷。她想做的是出去跑業務。上了一天班，她打電話過去辭職了。

「我媽說，人家是到好萊塢當女演員，而我是到矽谷來當……來當……呃，我們是用什麼響亮的頭銜叫它？」

「業務員。」

「欸，我想是的。」

我們在紅杉市一家私釀啤酒屋喝酒。

她又補充：「非技術人員就只能走業務這條路。」

如果你想打探別人的消息，茱莉是個很好的捷徑，任何人似乎都和她只隔了兩、三層關係之遙。她不只是敲敲每扇門，她簡直把門都敲垮了。透過兩年前一起工作的某個同事的老公的朋友介紹，她到雅虎應徵工作，負責面試的人介紹她認識一堆在玩丟飛盤比賽的程式設計師，設計師又介紹她到 Infoseek、昇陽和齊夫達維斯集團面試。在此同時，她在甲骨文、E-Trade 和思科當過臨時工。只不過四個月，她已對矽谷很有概念。她的專長：人際網絡。「我什麼面試都去。」她如此說道，覺得這是很好的練習。在她所見過的所有地方，她眞正想待的雅虎。

可是目前爲止還沒人錄取她。

徵才公司看了她的履歷表後都說，看起來她每個工作都待不久。他們問她是否缺乏定性。她說她是自己野心的囚徒。她是想篡改一下履歷，但她認爲她該推銷的是眞正的自己，而且應該以此爲榮。

「當我找到了合適的工作，我自然會很有定性，我想。」

茱莉有著大胸脯，滿頭蓬鬆的紅褐色頭髮，高顴骨、丹鳳眼，但整體呈現帶著點立體派的味道。一隻眼比另一眼略高，有顆牙是灰色的。她其實和你見到她的第一眼印象頗爲不同。主要是她的聲音：像是波士頓腔的母音被八〇年代早期的矽谷女郎重新混音和數位處理過，咬字方式頗爲獨特，聽來很甜。她其實比她的腔調所傳達的味道要犀利許多——我很確定，這在面試時會是成交殺手。

同樣的，矽谷其實也和你見到它的第一眼印象頗爲不同：不管你的膚色、國籍、性傾向爲何，不管你是否四肢健全，這些都無所謂，但倘若你是受過高等教育的白人，則各式各樣的偏見都會落在你身上。

茱莉位於食物鏈的最底層，她對待其他位於相同位置的人非常和善。每個星期有幾個晚上，她會到紅杉市的公共圖書館，教拉美裔的小孩讀英文。她有種「我也做得到」的精神。她夢想著搬進城市，夢想著她的薪水付得起租金，且還有餘錢來繳房租押金。她的夢是用小調唱的，但她追求的投入程度，絲毫不亞於創業家。

□

約翰（又名大衛）希望我見見他二十三歲的老闆凱文·諾斯（Kevin North）。諾斯帶著他的女友一起來，三人坐在聖詹姆斯飯店（St. James Hotel）大廳的沙發。約翰（又名大衛）扮演起管家（或主人）的角色，照顧著我們的啤酒杯都是滿的。諾斯念了一年半的大學，就輟學出來創辦電子商務公司 eFree。他父親也是發明家，他們兩人一共擁有二十八項專利，其中包括電動的廁所草紙送紙器。諾斯大部分的「點子兒」都是在蹲馬桶時想出來的。他的女友熱烈地點頭：「我總是得爬起來，拿紙筆給他。」有一顆聰明腦袋不見得能防止你言行粗俗。

大衛插嘴，他開始推銷了。他這一番說辭的聽衆恐怕不僅是我，也包括他自己。看著他的老闆在記者面前暢談排便習慣，大衛需要提醒他自己這並不是蠢事。「你知道 eFree 與衆不同的地方嗎？它是眞實的。眞實的人和眞實的錢。這裡的許許多多企業都不過是蒸汽。你有了想法，登一些廣告，就可以賺到輕鬆錢。這全是演戲。我們公司並不失血，我們有三百萬的營收，我們是賺錢的。這一行有多少家規模在二十人以上的公司敢這樣說？」

在上千家使用 eFree 軟體的網站中，有相當的數量是設在美國境外。海外銀行非常不願意設立這類商店的信用卡帳戶，所以 eFree 開了家替他們處理財務的子公司：eFree 全球（eFree-Global），藉此抽取佣金。全球收了線上消費者的信用卡，給威士（Visa）百分之三，自己留下百分之五到十五，再把剩下的轉帳到海外。全球的利潤會流回 eFree，這就是 eFree 賺錢的方式。

這個商業模式非常穩當，因爲許多海外公司都是色情網站，而色情不會從人類社會消失。

我問大衛五十萬從何而來，他回答正在和洛杉磯的一家銀行洽談。

他的語氣堅定：「一定會成的。」而再一次，他對自己說的成分可能大於對我說。

□

我開始替麥可．齊利擔心。他和那個沙龍不歡而散，因爲他覺得他們太不食人間煙火，他不懂他們到底要談什麼。

他不懂的是這個：矽谷的金錢並不是照常理來花用的，特別是天使投資者（angel investor)[註]的錢。在矽谷，金錢像是沒受過訓練的小狗。而此間人們也不太習慣他們的財富。這就好像每個人都穿著過度時髦的新西裝，但不確定自己是否只是暫時保管的人罷了。所以他微微有種自覺，隨時準備脫下西裝。這裡的金錢固然貪婪，但它有著各式各樣的古怪動機。在這裡，有人花錢只是爲了沾一沾那種捭闔縱橫的快感；因爲朋友參加，所以他們也要加入；因爲他們認爲你的產品很重要，所以他們也要加入；因爲有東西在冒風險是很刺激的事，所以他們也要加入；因爲你開口拜託，他們喜歡你而不知如何拒絕，所以他們也加入了。因爲看你苦苦掙扎遠比聽音樂會好玩多了，單憑這點，人們就肯投資你的新公司。

我和齊利藉電子郵件和電話聯絡。有天我陪他一起飛到波特蘭，看他如何說服金主。我們上次見面以後，齊利聯絡上了上回爽約的小亨利·席瓦，結果發現席瓦本人並不是金主，而是居間介紹而抽取佣金的掮客。如此一來，麥可·齊利遂走進了矽谷版的詭譎地下世界。後續的發展有點像廉價的黑色小說。席瓦把他送上了前往首都華盛頓的飛機，要他去見一個叫馬克·柯能根（Mark Conegan）的人。柯能根正是所謂的「華府盜匪」：假如哪些專接政府

譯註：天使投資者指私人的創業投資者。除了資金挹注外，他們也會介入公司的營運。投資金額通常較創投基金少，是創業者當無法獲得創投基金青睞時的另一集資管道。

案子的承包商在等候國會核准撥款之前手頭有點緊，他們這些「盜匪」便會以（合法的）高利率借錢給他們周轉一下。柯能根說要一次給足齊利現金，而齊利也得同時做出超新星，但前提是柯能根可以事先在幕後安排好一筆超新星的大宗採購合約。這是一筆齊利信賴的錢，因爲買賣若成，每個人都有好處。

齊利和柯能根握手講定金額：五十萬美元。但是柯能根沒辦法先找妥買家，所以錢也就沒下文了。

而齊利在產品製造這一邊也出現麻煩。超新星的磁性小鍵盤會對觸控螢幕產生電磁干擾，而且微控制器晶片的訂製工作也因爲延宕已久的晶片昇級而耽擱了。這項計畫已經出軌。齊利不太願意談他的心情，我好一陣子沒他的消息。

此後沒多久，等他心情恢復後，他寫信給我說：「兄弟，過得如何？我過了一個帥呆了的冬季，舔舐我的心靈和財務傷口、追小妞並玩雪地滑板。我過了一個棒透的季節，四十天，而且前途開始有了些起色。」讓他恢復心情的觸媒是一個叫保羅・傑恩（Paul Jain）的人邀他加入他的新公司。

我剛好知道保羅・傑恩這個人，他因爲前一家公司 MediaVision 違反證交法還不斷在被調查。矽谷對他又恨又怕。MediaVision 慘劇，促成了加州提出第二一一號公投提案，此法案讓投資人可以更容易控告公司。

我不得不警告齊利，論起事情的輕重程度，他種大麻的老習慣和創業失敗的經歷，都只不過是可以忘卻的趣味冒險，日後回顧，可以笑當年少荒唐來一筆勾銷。但就我來看，如果跟傑恩牽扯太深，恐怕是在冒著無法回頭的風險。

說了這些，反倒讓齊利更加心浮氣躁。

他答應了那份工作。

之3

在洛杉磯，每個人都有一套劇本，就在自己家裡的書桌上，或在沙發旁的小圓桌上，或在經紀人手中，或在抽屜裡，或在腦海深處，或者暫時擱置，或者就在**他們裡面**等著發揮出來，比如有人說：「我心裡自有一套劇本。」你是個凡夫俗子也沒關係，只要你有個劇本的念頭在蘊釀，你就永遠離成名**很近很近**。

在矽谷，每個人都有一個商業構想，或是一個商業提案，或是一個「價值主張」(value proposition)。那是他們的小祕密。他們頂多只肯說：「是和智慧型代理人有關的東西。」這通常表示他們還沒徹底規畫妥當，或者有想法但還沒不知道如何靠它賺錢，所以不願被你取笑。或者他們會故弄玄虛：「那是WebTV遇見RealNetworks。」(註)

而他們永遠會離兩千萬美元**很近很近**。

我聽說，在矽谷，最好的朋友是那種聽了你的想法以後會回答「這是我所聽過的最蠢的點子」的人。他不會拍拍你的背表示鼓勵或嘉許，而是站在反方，盡全力找出漏洞，而且絕不讓步。這背後的邏輯是說，如果你的想法過不了朋友那一關，那你永遠別想通過市場的考驗。

每當我聽到別人的構想——它們就像熱鍋中的爆米花從人們的腦中蹦出來——我想的並不是「噢，好棒」或者「那是行不通的」。我的反應屬於某種形而上的更高層次，我會自問：「這個人爲什麼需要提醒自己，他已經離兩千萬美元很近很近？」

約翰（又名大衛）在某星期裡想出了兩個點子，姑且叫做X和Y。X是每一人次十分錢的購物引介服務㊟。Y則是採用線上聊天形式的即時技術支援服務。隔一個星期，他的X、Y又會變成別的東西。但X既不大於Y，也不小於Y，即使約翰（又名大衛）說了些「我想這

譯註：WebTV是一種不必使用電腦，而以電視作爲媒介的上網工具（電視需加裝專用的解頻器）。生產此一裝置及經營其網路服務的公司也叫做WebTV，於一九九七年被微軟收購。RealNetworks是網路上流行的多媒體規格RealAudio、RealVideo，以及播放程式RealPlayer的製造者。

譯註：購物引介服務（shopping referal service）是網站營利的一種方式，廣告主並不依刊登的廣告量多寡來付費，而是以使用者選按連結或廣告圖片，跳到廣告主網站的次數作爲計費標準。購物比價網站往往以此爲收入來源。

服務營運的第一年可以賺進一千萬」之類的話亦然。我們正在咖啡豆咖啡館，我能找到他的唯一地點，因爲他的雇主 eFree 似乎忘了替他付電話費，所以他的行動電話被停機了。他跟我保證：「只是暫時的。」我點頭，小心地想辦法讓他繼續說話。

「你必須學會一出手就聲勢不凡。」他說：「昨天我花了一整天的功夫把整套營運模式全部重寫，但我完成了。嘿，在這裡就得這麼搞。」

昨天發生了什麼事？

「OpenMarket 用一千萬買下了 iCentral。」

iCentral 是位於猶他州的電子商務軟體公司，它也正是幾個月前約翰（又名大衛）覺得不好玩而離開的那家公司。一旦離職，約翰（又名大衛）的購股權也隨之自動失效。他不肯告訴我如果今天他還留在猶他州的話，可以得到多少錢。我相信金額不會太大，還不至於羨煞每一個人，但他已經二十七歲了，目前的工作並無薪水可領，而他老闆甚至連電話費都沒付。

他又再次藉由對我演說而試圖提振自己的心情。「關於我們的電子商務軟體，它最棒的一點是可以幫助小公司餵飽他們的家庭。它還可以幫助他們雇人。工作和食物，這才是它眞正的貢獻；它不是用來發財的。」

只要說個不停，他就不會感到痛。

他深深吸了口氣，然後一吐他的終曲：「你知道，如果 iCentral 値一千萬，那對我們而言眞是太好了。我們至少是他們的兩倍！」

這就是他的長處：樂觀。

接下來幾天，這種一廂情願的想法被證明是合理的預測。市面上至少有十家電子商務軟體公司。iCentral被買了，而Intershop準備上市；類似此種想法的集體心態突然間橫掃市場。它是怎麼發生的？因爲所有人突然都變得錢太多了。有了錢之後，每一家搜尋引擎公司突然都覺得他們的網站應該結合電子購物，或至少告訴股票市場，電子商務就是他們準備要做的。而要清楚明確地傳達此項訊息的方法，就是購併一家電子商務軟體公司。

促成購併風潮的另一觸媒是，搜尋引擎的股價都漲到天際一般高。這些購併都是互換股票的交易，對高股價的公司來說非常划算。打個比方，假如美元對墨西哥披索的匯率突然從一比三升到一比八，那麼聖地牙哥的居民就可以跨越國界跑到提璜那（Tijuana）去，以幾近免費的代價痛飲狂喝墨西哥特產的酒。上個月，假如雅虎認爲某家公司值五千萬美元，它可能得花八十萬股的雅虎股票才買得下來；這個月它只需五十五萬股就可買下同一家公司。這麼划算的事，怎麼忍得住不做？

約翰（又名大衛）的電話留言充滿喜悅的活力：

「雅虎剛以五千萬買下ViaWeb！下一個採取行動的會是Excite。現在眞是瘋狂時刻，獅王通通跑出來獵食了。他們要把灰色地帶買光光。我明天要和LookSmart開會。」

如今重拾了信心，他才肯透露他離開 iCentral 的損失：他有三十萬股的購股權，換算起來約值十萬美元。「不過我會遠遠超過那個數字，到時候那些只不過是幾粒花生米。」他正要去紐約曼哈頓，會見保德信證券（Prudential Securities）投資機構的副總裁。他們正在談判價值可能高達兩千五百萬美元的收購案。

「我要見的不是那些普通的老副總，而是**眞正的人物**，整個副總部門的副總。」副總裁部門的副總裁——這頭銜聽來有點像《第二十二條軍規》（*Catch 22*）中的「少校的少校的少校」（"Major Major Major"），我想他的意思是既然他要見的人階級這麼高，那麼他們應該眞的準備灑些錢出來了。

□

一個月後，當 Intershop 的股票乘著這波電子商務熱潮上市時，我又再次和現代的叢林童子軍史考特・克勞斯（來自西納西的那位）吃午飯。Intershop 正是他待了幾個月後因挑戰性不夠而離開的公司。（我另外有兩個朋友熬到 Intershop 上市。其中一個只有二十八歲的已決定剛退休，準備資助體制外的實驗中學。）

我問他與財富擦身而過的感受如何。

「我沒去想它。」他回答。

「意思是『我避免去想它』，或是『我沒把這樁事放在心上』？」

「我現在已經找到最適合的工作了。」

他已在搜尋引擎公司 Infoseek 做了幾個月。他喜歡他的職位，喜歡一起工作的同事。而還有一項額外的好處：人際網絡，人、朋友之類的。每個人都非常勇於變換環境。「他們或許一輩子從不攀岩，但他們願意試試看。同樣的，他們也願意改行或換工作，只因爲以前沒碰過就去嘗試新鮮東西。」

他所參與的是「一個分散風險的備用計畫，倘若成功，有可能徹底改變人們與搜尋引擎之間的互動方式」——如果這還不夠聳動的話，他又補充：「我所參與的是可能具有歷史意義的計畫。」

他是一份以眞人演出的公關新聞稿。我懷疑他正進行某種心態調整——沒人願意承認自己錯了，比方說是在「具有歷史意義」的事情上。但史考特非常認眞，所以或許不願認錯的反倒是我，是我不肯承認我自己所做的「他的理想主義終將失敗」的預測並未發生。或許，我角度偏了。

我春天的時候在雅虎也看到這種現象。有一星期他們還說著他們的工作是全世界最棒的，他們在定義新媒體，他們將成爲未來的仲裁者，判決哪個網站重要、哪個網站只是垃圾。而年輕人所求的，不正是站在社會變革的最前端？然後到了星期五，股票市場突然做了百分之十的修正；星期一來上班，每個人都像是喪家之犬，心態徹底轉變：他們正面對痛苦的現實，跌到水面以下的購股權形同廢紙，根本不足以補償三萬五千的菲薄年薪，尤其他們的工作其實卑微又卑微（瀏覽一些沒多少人知道的拙劣網站，然後假裝那是多了不得的事）。他們其實沒比替社區周刊寫分類廣告文案好到哪裡去。他們正在想：「我去修商研所就爲了這個嗎!?」

樂觀情緒的消失是很正常的，而克勞斯卻能長保樂觀，反倒令人不解。我問他是什麼計畫。

「不能告訴你。即使在 Infoseek 內部，這也是機密。」

□

在某一個艷麗的夏日，我和茱莉在舊金山的內日落區（Inner Sunset）見面，我們在厄文街（Irving Street）上一家叫「PJ牡蠣床」（P.J.'s Oyster Bed）的餐館吃午飯。茱莉說她有一個朋友在廣播界做得有聲有色，爲了成功，她**非常**努力地經營關係（因爲要認識對的人很困難），因而變得很膚淺。

茱莉說，等她成功的時候，她不想變成那樣。

茱莉此時的工作是替 CitySearch（一個線上分類廣告的網站）推銷。她負責的是日落區，也就是說，儘管有著濃密的長髮和不合適的發音方式，她卻得整天打電話給華裔人士開設的洗衣店和建材行，試著說服他們在網路上「搶佔位置」，否則便會被遺留在二十世紀。先前的業務代表已經把整個區域掃過一遍，把垂得比較低的水果都摘走了。每天，她進到 CitySearch 的總公司，佈告欄會釘上一張逐日更新的統計表，列出每一個業務員的業績。茱莉只簽下三個客戶。

我的感覺是，她還有很長一段時間可以不必擔心成功會讓她失去自我。

對於心理失衡，茱莉的調處方式與約翰（又名大衛）和克勞斯大同小異：「很重要的一件事是，不能讓這一些小商家被遺棄在網路之外。這個行業是有溫情的。」

不過還是有以小調歌詠的金錢回報。CitySearch 已宣布要在盛夏時節上市。由線上的洗衣店地址和餐廳菜單拼湊而成的網站當然離電子商務還很遙遠，但對華爾街而言，已經算夠接近了。「經歷這種過程必定很刺激。」茱莉說這話的樣子，令我聯想起職棒的大牌投手簽下天價合約時常說的：「我這一切都是出於對棒球的熱愛。」

好的，現在我終於明白她爲何會談到成功時要如何自處了。

我在史丹福公園飯店，和一群屬於二十五至三十五年齡層、樣樣在行的認真傢伙小酌一番。這是一個稱爲「第零回合」（Round Zero）的團體，名稱所指的是在第一、第二，乃至第三回合募股之前那個節衣縮食、錙銖必較的階段。他們仍然年輕得可以定期熬通宵。在晚餐之前還有一段喝酒時間，不過大多數人手上拿的是健怡可樂，盛在高腳杯裡，再點綴著一顆櫻桃。晚餐是半正式的辯論會。這個每月沙龍的主要目的是讓人在工作中仍保有其知性架構。

在吧台的另一邊，我看到班・邱。

我說：「出來交朋友啊。」

他那張略帶雀斑的臉上，露出又大又愉快的笑容。非但如此，他的眼中還閃過一瞬神采，姿態也流露出自信。他在這兒一定不僅是交朋友而已。

他說：「我現在還不能說。」這是種技巧性的說法，是在遵守保密協定的情形下對外透露「現在還正在磋商」；表面上說不能談，但他給了我足夠的暗示。

我認眞回想一下最近的新聞，拼湊出一個大概。上個月搶購的熱門商品是電子商務軟體公司，這個月搶購的熱門是入口網站的下一塊拼圖：購物比價引擎。譬如像班的 KillerApp.com。亞馬遜以一億八千萬買下 Junglee，而 Infoseek 買下 Quando。Inktomi 買下 C2B，C2B 直到今年一月才開始測試而已，居然也賣了九千萬。KillerApp 顯然可以和他們等量齊觀。《網際網路世界》（*Internet World*）雜誌已把 KillerApp 評爲效率最佳的購物網站。

我想到班每天工作十八小時所得到的收穫。

班的心情頗愉快。他很有技巧地說：「被購併是很自然的。這不是變節，眞的。我好幾年前就看到了趨勢會怎麼走，市場上其他的人現在也逐漸站在與我相同的層次來衡量我所做的。發生了這種情況的時候，當人家提出的條件是你很清楚你值得的，那麼每個創業者都知道，時候到了。」

他年僅二十七歲。我問他接下來呢。「接下來」指的是下一個計畫，他是不是已經開始有想法了？

「有一長串呢。」他說。

之4

「您所撥的號碼已經停用。如果您認爲所撥的是有效號碼，請核對電話號碼後重撥。訊息編號 SF22。」

——我打約翰（又名大衛）·佛斯特的行動電話所聽到的訊息，時間在他預定把 eFree 賣掉的幾星期之後。

「您所撥的電話號碼已經斷線或是停用。如果您認爲所撥的是有效號碼，請核對電話號碼後重撥。」

——我打到 eFree 全球美國西岸分公司時所聽到的。

兩天後我收到一個留言：

幾個月前我透過約翰在Chalker's見過你。你知道的可能是他的另一個名字，大衛。我寫信給你是想詢問約翰的近況。我所收到他的最後一次訊息是別人轉來的。後來我試著用電子郵件和他聯絡了幾次，但都沒有下文。他還好嗎？他的電子郵件地址換了嗎？先謝。

——馬克

我發現，驕傲的人處理傷口的方法跟狗很像：他們爬到沒人的地方，孤伶伶地死去。我發現我寧可和他們維持這樣的距離，彷彿他們是會傳染似的。麥可・齊利寫信給我：「現在就記述我在加州的冒險似乎還嫌早，因爲我仍一事無成。」這是他寄給我的所有郵件中，唯一沒有簽上「繼續在這自由世界盡情搖滾」的一封。我們透過電話交談，約好去聽雷鬼的老爺爺邦尼・威勒（Bunny Wailer）在著名的海事廳（Maritime Hall）的演出。

這趟重訪六〇年代的旅程，感覺上比我和齊利在菲爾摩初遇時更爲勉強，主要是因爲我知道他的旅途已註定悲慘告終。他的頭腦還算清楚，幾個月後就離開保羅・傑恩的公司，說那是「另一個紙牌堆起的房子，既沒技術也沒人才（除了我之外）」。但現在他沒了工作，而雖然多才多藝，他又不好在履歷表上記載他的公司在第一回合還沒開始就掛了，或說他曾爲聲名狼藉的保羅・傑恩工作。他的履歷表有個大洞。倘若遴選者問他：「你這一年來在幹什麼？」他還眞不知道如何回答。

齊利正在考慮去上個課，好參加 Cobol 語言的認證測驗。如果通過，他就可以在爲數衆多的Y2K轉換公司中找一家進去，擔任時薪三十五元的「執行工程師」(implementation consultant)。

他的錢只夠再撐一個月。

□

八月的某個星期四晚上，我碰見茱莉在舊金山市的凡耐斯大道（Van Ness）的一家書店翻閱《商業周刊》(*Business Week*)。她穿著一件格子紋的運動外套，聲音有點不一樣，聽起來更悶。她的口音沒有了。然後她說那只是因爲鼻塞。我問她如何處理成功的境遇，意思是，他們公司的上市案進展如何。她告訴我市場最近變壞了，所以 CitySearch 取消上市計畫，改和 Ticketmaster 合併。沒發到橫財，只有更多的業績壓力。

「眞是場惡鬥！」。她抱怨電話行銷的工作無聊，以及內部管理的拙劣。她說她的工作「感覺上不太對頭」，她正尋求「退出的時機」。

這些用語是從《商業周刊》學來的。她的意思是，她不快樂。

更明確來說，她公司來了一個新的業務經理。這個原先是賣刀具的經理，用來逼她拼業績的手法包括判她「留校察看」，威脅如果不能達成他所定下的不切實際的配額，就要把她開除，一點兒也不體恤她已從貧窮地段的小商家榨出了幾張兩千四百元的合約。

我問她爲何不換新工作，她提醒我是「因爲愛跳槽所造成的形象問題」。人力招募者和仲介者只有在他們找來的人待一年以後才能領到佣金。愛跳槽的人的履歷表，他們看都不看。茱莉已在 CitySearch 做了三個月，她至少還得再忍三次的三個月。

野心的囚徒。

「我現在眞的很困惑，覺得什麼都不懂了。」

□

我看，是該和提瑞・李維一起吃頓義大利麵的時候了。

見面可以，「但是不能吃義大利麵」。他現在已經完全不吃食物，改服用「顚峰營養系統」，一種飽含氨基酸鏈的粉末狀物質。他仍然沒有朋友，沒有社交生活。他曾試著從法國找些朋友過來和他一起工作，但因爲美國國會正在辯論移民政策，所以他們的簽證作業都被卡住了。他覺得很無聊，無聊到腦筋停擺，無聊得讓人分心，連想認眞工作都提不起勁。「這是一個非常寂寞的社會。」他稱美國爲「乾淨汽車的國家」，這和他父親宣稱美國是「出英雄的地方」實在相去甚遠。

初來時，他的印象是這裡的每個人都很成功。現在他會引用統計數據：每一千件投交給創投金主的創業規畫書當中，只有六件募得資金，在這六家公司裡面，有四家會破產、關門，僅有一家的股票會上市。而被拒絕的九千九百九十四件規畫書裡頭，包括他的那一件。他犯了一項策略性錯誤：他要求兩百五十萬美元，金主們說他們只資助五百萬以上的計畫；像他這種規模的創業規畫書，他們根本不看第二眼。他正在重寫規畫書，可是已經用完了他的「時間額度」。他坦承：「我四處兜售。我已經送出太多份第一版的規畫書。」

創投金主經常說：「好的構想總是經由推薦而來的。」所以，他們覺得這句話倒過來講也是成立的：如果一個構想不是推薦而來的，它必定不好。

李維關於創投基金的估計是正確的，而這正是成功所帶來的詭異後果。在以前，一般的創投公司通常會籌募五千萬美元的基金，用它來資助十家新創公司（每家公司頭一回至少給一百萬，視公司的成長狀況再提供後續幾回的資金，所以，每家公司大約在五年期間花掉五百萬）。現在有太多的投資者急著把錢丟進創投基金，所以創投公司可以在幾個小時內，只打幾通電話就籌得五億美元。但是創投基金能接的案子依然有限，每位合夥人一年只能處理五到七個案子。所以，現在他們找的是能用掉兩千五百萬至五千萬的新創公司（第一回合就要五百萬）。爲了得到滿意的投資報酬，他們投資的公司必須能在具有十億美元以上商機的市場成爲領導者。李維預估，互動訓練課程軟體的市場將來只可能達到三億美元；即使他能成爲此一市場的領導者，對大多數創投金主來說，這還是太小了。許多金主私底下哀歎目前所面對的規模經濟。以前創投基金是很酷的。他們資助的一向是很酷但風險很高的科技冒險，可是，預期能有十億以上市場規模的網路公司都是非常乏味的線上商務事業：線上保險、線上汽車零件。你說，保險酷嗎？汽車零件炫嗎？還不僅如此。以往創投基金會聯合同業一起來投資，這是一種建立市場協同合作的方式，以免自己當局者迷，錯估了手中的新創公司的潛力。但是現在，在花掉五億美元的壓力之下，創投基金會把整筆交易全部吃下來。沒有同業聯合＝沒有協同合作。而如果在推動瘋狂構想這方面缺少了合作，創投基金就傾向較安全的投資策略，譬如汽車零件。創投基金的金錢操作手法，已經把它們自己擠出既酷且炫的領域。

李維知道還有一些願意資助他這種公司規模的天使投資者，但他不知要如何找到他們。他逐漸明白自己沒有美國人的實際性格，以及自我推銷的技巧。美國人念大學會向學校申請學生貸款：這是在為物競天擇的世界做準備。「當一個創業者，你會經歷許多的拒絕；百分之九十五的時候是被拒絕。你得能夠承受打擊。法國人的膽色不足，他們太容易放棄。」

幾天前李維在帕洛阿圖的弗萊電腦用品店時，聽到有人說法語，李維就過去自我介紹。他被邀請去參加法國創業者的每月聚會，他在那兒遇見了創造麥金塔電腦的早期元老之一，尚-路易・嘉塞（Jean-Louis Gassée）。這是他唯一的希望。

他只剩下四個月的現金，再來就一無所有了。「像是有刀子架在我脖子上。有時我真的、真的很害怕。」

□

我需要一點好消息，於是我打電話給班・邱。但他也沒有。他說「時機仍在」，但「我們也錯失了一些時機」。在還年輕的時候，第一次碰上大公司來敲你的門，要和你談購併，你會分不出來這是不是眞的。或許他們是在打算購買你的競爭者之前先來你這兒探聽消息。之後，班曾和 Broadview Associates 及一位摩根史坦利（Morgan Stanley）的股票分析師接觸。他們告訴他，要想被購併，你得要有「名牌的創投金主」，你得要有人面很廣的投資者，如克萊納・柏金斯或德瑞柏・費雪・朱唯森（Draper Fisher Jurvetson）[註]。

一切又都是**關係**。

班的投資者是台灣人，他們不可能找對人一起打高爾夫。

「我們不知道該跟他們從哪裡開始談。」**他們**指的是任何來敲門的人。

這就是所謂的公平的競技場。這就是所謂的菁英體制。

譯註：Draper Fisher Jurvetson 成立於一九八五年，是一家知名的創投基金公司，投資領域以資訊業爲主，近幾年更集中於網際網路，最著名的是兩個免費郵件網站 Hotmail 和 Four11，分別賣給微軟和雅虎。

他說：「我這一陣子很慘，覺得像是那些在籠中不停不停快跑著的老鼠。不知是誰把籠子愈轉愈快，而我根本無法控制，也不能睡。永不停止。根本不曾稍歇。」

當初我說服班接受我採訪的理由是，他的故事或許可以激勵其他的年輕創業者。如今他說：「或許我是第一個虛脫而死的創業者。這必定是篇很棒的勵志報導，對嗎？」

約翰（又名大衛）終於出現了。他住在朋友家的沙發上。他去了保德信、從紐約回來，發現自己被鎖在公寓門外。大衛說，他老闆諾斯，那位在蹲馬桶時想出「點子兒」的二十三歲小伙子，沒替他付房租。（諾斯則說是大衛自己避不見面。）

爲了和正派公司打交道，eFree 豁了出去，不再做色情網站的生意。很不幸地，雖然高價賣出公司的生意就在眼前，諾斯的現金卻快用完了，連薪水也付不出來。他呼籲員工堅守崗位，但員工一發現健保被取消後，便離他而去。他努力應付債主，並且四處向朋友借錢。倘若能再撐一個月，或許他就能穿過針眼，把公司賣給保德信，還淸債款。然而諾斯卻搞得員工快跑光了。再來的下場不難預料。眼看如此，約翰（又名大衛）就辭職了。

他說了一些話：

「那個小雜種。」

「我不但是失業，而且好幾百萬飛了。」

「我想寫一本書，告訴大家如何不被訛詐。」

我注意到他仍然健談，仍然是抓著一兩件事就概括做起全面評述。他的身段還在。我又想起他一開始就跟我說的：「除非有充分的理由可懷疑，否則我信任每一個人。」約翰（又名大衛）付不出積欠的兩千元房租，所以沒法子把他的東西從舊公寓拿出來。

□

班．邱的律師建議他去找一個私人的財務諮詢顧問，他們推薦的人選碰巧也是楊致遠（雅虎）和馬克．安德列森（網景／美國線上）的會計師。這顧問是班攀關係的門票，他把班引介給亞歷斯布朗公司（Alex, Brown）負責購併投資的人員，他們能在股票市場反彈後，炒熱投資者對KillerApp的興趣。

班的生活開始變得非常往外發展。我獲得特許得以列席他們的諮商過程，條件是不得在達成協議之前揭露各個參與者的身分。他所展開的各回合諮商，忙亂、緊張得就像要到各個主、客場進行多場對決的體育巡迴錦標賽。他收到了一家電視暨網際網路媒體公司的購併提議（soft offer），亞歷斯布朗拿著這來誘使另一家規模較大的競爭者出更高的價錢。挑起市場興趣後，亞歷斯布朗又據此與前十大入口網站中的三家進行非正式的諮商，勸誘它們加碼跟進，於是，班得飛到西雅圖和波士頓去談判。短短一個月內，有五家公司拿起棍子對他們東挑西撥地檢視，進行科技方面的稽核程序。另一波的大型合併案如風暴般席捲業界，連帶著在不斷重塑競技場的地形地貌。夏天的那場教訓讓他學會了謹慎。他仍持續拓展本業，在KillerApp的營業項目中加入消費性電子產品和音樂。公司規模在一個月內增加了一倍。他說「股票上市仍是最好的選項」，還說「十八個月內你會看到我在那斯達克掛牌」。不管怎樣，一筆大交易似乎在望。

□

成功如此誘惑人心！看著班即將達成交易，我也和其他的新來者失去聯絡。聽他談著即將獲得百萬財富，遠比聆聽其他人的奮鬥過程輕鬆得多。我在著手進行這項報導時，目的是想提醒世界你們沒聽過的另外六個朝聖之旅，想記錄命運的冷酷眞相。但我一路看的都是慘況，於是需要聽點好消息，於是想要相信來到這裡的人大概都有好結果。由於和其他人失去聯絡，我幾乎錯失了目標。沒有人放棄，沒有人回家。他們的胃口才剛被挑起。只要你能重新振作起來，再試一次，矽谷並沒有眞正的失敗。秋季時，茱莉考慮不做業務代表了，她說：「我不是根據數字而行動的人。」然後她被CitySearch的競爭者GeoCities找去面試。她懷疑他們只是想刺探CitySearch業務組織的軍情，所以在被問及責任分區和配額時，她的回答都很猶豫。茱莉的疑慮是多餘的，他們的確是對她有興趣。最後終於有人賞識她勇往直前的精神。三次面談之後，她獲得一個薪水遠比在CitySearch時還高的工作。他們到拉斯維加斯舉辦業務研習會。她一直想進雅虎工作，這個願望在拉斯維加斯時實現了：雅虎宣布將收購 GeoCities。她開始談起想在城市買房子，可能會在海思谷（Hayes Valley）。或許是我已開始習慣她的語調，所以她打電話來時，我只是一直聽著，不曾注意到她的聲音腔調。對我而言，她的口音已經消失了。

□

約翰（又名大衛）悲慘到打電話給我，說他把他最後一項值錢的財產 Newton 賣掉了。「我甚至連日用品都買不起。生平頭一遭，我對一切茫然。」但是他不知道該怎麼退出，不知道如何悲觀。他就是辦不到。兩天後他又打電話來，告訴我他開了一家叫做 Empatheia 的顧問公司，專爲小型的新創公司提供商務開發的服務。他不採按時計酬制，而是收取單次的聘雇費，如果談成交易，再按金額抽佣。「構想是來自我對所見所聞的不滿。我受不了那些在別人背後賺大錢的人。每個人都該得到機會，這就是我想實現的。我不要其他創業者再經歷我所走過的路。我希望他們能有一個值得信賴的擁護者。」

他給我看他的營運計畫書，我質疑他能否撐到找著第一個客戶，而他已經簽下四家：inter-client、Brooklyn North、Something Now、Deskgate。透過他的安排，隔天 Deskgate 就要和 Excite 會談。這一切就在兩天裡發生！一旦抓對了方向，創意便會迅速湧至。我想他找到了目標。

一星期內，他的公司增加到八人。約翰又恢復成昔日的自我，鬥志高昂。「因爲我是照收入抽成的，所以只要談成一筆生意，我就可以退休了。」

□

我走出健身房，在街上撞見克勞斯，他邀我去 Infoseek 在舊金山的辦公室坐，就在舊的韓氏釀酒廠（Hamm's Brewery）的三樓。我們坐進的會議室被混凝土牆整個裹住，因此他即使說得輕聲細語，回聲也都從四面八方向我傳來，確保我把重點聽了進去：他做得有聲有色。在這兒整整一年後，他那天眞的理想主義還沒有消融。他終於能夠告訴我他的祕密計畫是什麼，只不過它在測試階段、眼看著就要推出時卻被取消了。我該有機會聽到他的挫敗和激憤了吧？沒有。他仍沒有動搖。我搜尋戰敗與沉鬱的痕跡，但克勞斯仍是令我大失所望地神采煥發。他被重新指派去做與線上社群有關的新產品，還得半年至一年才會推出。我非常困惑，他如何能經歷一次失敗的計畫而不留任何疤痕。我仔細探索，方才恍然大悟：克勞斯的父親是蒸汽管線工人，專爲某個學區的公立學校修理鍋爐。從這樣的背景出來，只要能在矽谷做和網路有關的工作，就已算是發達得不得了。「我跟我爹說我賺了多少錢，他簡直不敢相信。」他在工作的這一年，Infoseek 的股價從十六元漲到九十多。「我記得我還在田納西的時候，不過是一年多一點點以前，我就準備好來到這裡。我做過夢，但從未料到夢居然會成眞。我眞的進了一家最顯赫的公司，正在做一項最尖端的產品。」

□

李維在聖荷西的軟體開發中心（Software Development Center）遇見兩個商業掮客，他們建議他把 Quiz Studio 的技術賣給具有推出新產品的能力和本錢的公司。把公司賣掉，會比自己來推要容易得多。

這我可得要問明白：他一向說賺到兩千萬之後就要離開矽谷，那麼賣掉公司以後，他還會留下來嗎？這是個哲學性的問題，我想問的是他的初衷是否變了，「會不會留下來」只是打個比方，但他只照字面意思來回答：「如果賣掉公司，買方通常會要求我繼續留在公司至少兩年。」

這一次，李維讓我看他的日記。在他印象派的散文詩中，天空是灰的，橋是枯瘦的剪影，辦公大樓是大理石的碉堡。他的目光察覺出地震留下的痕跡及棄置的加油站。他渴望能開上一條高高的路，高得能看見他所害怕失去的視野。他不了解美國人在危機當頭時爲何信心還能毫不動搖。對他來說，美國人的不畏艱險似乎有點像機器人。

「加州的秘書開著潔淨的本田汽車去處理重大的申請表。他們的商業書信精準、規律且無瑕，一如國稅局的稅單。」

李維上次告訴我，如果再三十天沒有轉機，他就得賣掉衣服了。但是過了三十天後他還有接電話——他告訴我，還剩三天。他付不出星期五的薪水，星期六得繳辦公室的房租。法國的會計法規遠比美國嚴格；據他說，依照法國的破產法，即使沒有任何債權人在後面追討，他仍得在下周一申報公司已無償債能力。

然而在此同時，他也推出新版的 Quiz Studio，這一版的軟體已解決了昇陽和微軟的 Java 互不相容的問題。新產品在幾家電腦雜誌上均有報導，藉此，他的掮客得以安排他和 Macromedia、Isometrix、Knowledge Universe 及甲骨文會談。然後他又被引介給矽谷一家赫赫有名的律師事務所的合夥人瑪麗亞・羅沙提（Maria Rosatti）。羅沙提可以扮演和班・邱的財務顧問類似的角色。

這些發展使得賣掉公司的希望大爲提昇，所以，公司一位原始的法國股東又投資了十五萬美元，期望能在公司被收購時得到回收。

他又多出六個月的機會。

□

在某個星期五的下午四點，麥可・齊利約我在舊金山半島的某座噴泉旁邊的某張公園椅見面。這座噴泉是個由水驅動的雕刻，二十五呎高的銅人緩慢搥打著空氣。

他到了，換了一副更炫的外貌：沖天短髮，純黑色的牛仔褲，黑皮、厚底、免繫鞋帶的休閒鞋。他留著落腮鬍，聲音仍有一些磕藥未醒的低緩，但目光清晰多了。

齊利通過了Cobol的認證測驗，取得資格後，他成爲合約雇工、專職的特約臨時工作人員，專替Y2K軟體公司到各客戶處工作。在某地點待了兩個月後，他又跟著新簽的合約換到另一地點——一家全矽谷最受尊崇、最專業的企業。今天，我們就是在這家公司的園區見面。噴泉的水流進一個人工湖，湖面大到風勢強時可以激起白浪。環繞著「搥打者」噴泉，矗立了十二幢外觀是玻璃帷幕與磚牆混合的大樓，像是優美的紀念塔，尤其在這樣一個充滿了醜陋速成房屋的谷地，更顯得格外出衆。

幾星期前，這家公司決定中止外包的服務合約，把Y2K的轉換工作收回來由內部處理。他們向派過來的五個執行工程師索討履歷表。齊利緊張了一陣子，然後決定動點手脚，僞造經歷。結果過關了。這家公司雇用了他，他成爲數千名員工中的一員，各項福利一應俱全。如今，他進入每幢大樓時所出示的識別證是加上了護貝的塑膠材質，而非薄薄的紙卡。

他發現他眞的喜歡在此工作，在這充滿凶險的產業裡窩在大企業的溫暖懷抱裡眞不壞。「這兒的人可眞靈光，他們有本事把事情搞定。公司也的確步伐穩健。」因爲是Y2K工程師，他可以到處遊盪，而不只是固定待在某幢建築的某一層樓。即使是在電腦公司，也都會有電腦問題，他說：「從一號至八號大樓，大概半數的人我都見過了。」

他仍不放過冒一冒風險的機會。上星期，他把攢下的四千美元養老金拿出來，買了一家公司每股只有兩美元的股票，這離強迫下市的標準，一美元，可夠近了。他相信股價會漲，但此時它已跌破兩美元。

儘管這家公司的工作環境看似極穩定，管理階層仍會製造一些匆忙不定的氣氛。齊利介紹給我認識的某個人，三年裡換了十二個辦公室。在這裡，三年算是非常久的時間，即使待在同一家公司，人也是來來去去。如果你做滿五年，公司會給你六個月的休假。很少有人休過假後再回來。人們來這裡，是爲了要在履歷表蓋上過關的戳印，是要在銷售或管理方面得到適當的訓練。

正是齊利想要的。就像黑手黨洗錢一樣，齊利要用這家公司來漂白他的履歷表。一旦在這裡工作過，在此之前他做什麼就無所謂了，這有點像是從窮鄉僻壤的社區大學畢業後，在史丹福拿到MBA。「在這裡待個一、兩年，任何地方都會有人要我，世界上任何地方。」他夢想著去英屬直布羅陀，那個位於西班牙南端的蕞爾之地。「我還年輕，依然單身，正是冒險的年齡。」

而目前，最令他興奮的似乎還是公司的一些小福利。雖然齊利取笑那些剛從大學出來的小伙子對於免費吃喝是樂得跟什麼似的，還經常在晚上回家時大衣裡藏著整串的香蕉；可是在我們漫步園區各大樓的三個小時內，齊利至少沖了四杯義式濃縮咖啡，蒸到奶油泡沫恰恰從壺嘴滿溢出來。他已經成爲鑑賞家，能夠分辨每一幢建築的每一層樓的各台咖啡沖泡機之間細微的品質差異。園區在可眺望頓巴登橋的位置，有一座深色池底的戶外游泳池，齊利每天傍晚必定來游泳。他對水質也別有見地：氯的含量不太多，第一次跳進水時，不致太有刺激性。

這兒的「辦公隔間住戶」最感興趣的謎團是：在新蓋的十一和十二大樓裡的生活究竟怎樣？在我來看，十一和十二看起來跟一號到十號完全相同，但因爲使用的識別證不同，識別證不對就進不去，於是便產生了「別人家的草地比較綠」的嫉羨心態。在員工的心目中，第十一、十二大樓有點像是歐茲國，他們認爲既然是新的，必定比較好。齊利的一個朋友剛搬到十二號大樓的三樓，自此之後，她看到他便不耐煩地叫他閃開。

我們去見她，她果然叫我們閃開。

齊利說：「來檢查他們的冰箱。」我們走到三樓的廚房，翻動各個儲物櫃。「你看這些健怡，根本沒拿去冰。」他又打開冰箱：「瞧，沒有丹儂牌（Dannon）優格，連麥芽牛奶糖球也沒有。他們眞是飽受虐待！」

是該走的時候了，但齊利想試一下他們的咖啡沖泡機，不過找不到機器在哪裡。他花了幾分鐘四處尋找，然後決定是因爲機器還沒送到。「居然要人在沒有咖啡機的場所工作，眞是不人道啊！」

之5

三月中，我最後一次拜訪班·邱。這時談判已經完成，購併的文件也簽了一半。他以「超過五十」的價格把 KillerApp.com 賣給C／NET。「五十」指的是五十個一百萬，亦即五千萬美元。那麼他原先擁有的公司股權有多少？也就是說，這些錢他可以分到多少？同樣也是超過五十，百分之五十。（五天後發布正式消息時，精確的數字是四千六百六十萬美元。）

班描述他的感覺：「我不知道是被什麼擊中了。」他猶如走在雲端。然而在他知道購併案成案的那一天，他並沒有做些特別的事來慶祝。他不知該找誰來一同分享。他告訴我：「沒有人站在旁邊等著向我道賀。」他父母的反應與其說是欣喜若狂，毋寧說是如釋重負。

班自己倒是欣喜若狂。他既備感壓力同時又覺得暈眩；笨拙、謙抑、和藹可親，從自動販賣機為我買了罐百事可樂。他告訴我：「剛來這裡時，我不認識任何人。去籌錢時，沙丘路的每一家創投公司都拒絕我。」他正試著要習慣他的新處境。

2

上市公司

特別的一天之前的許多天

這是一個我不應該有機會親眼目睹的故事，當然也不應該有機會報導，也因而——重點在此——你不應該有機會能讀到。

位於聖馬太歐的鋒芒軟體(Actuate Software)原本預定在一九九八年八月的第一周上市。七月二十一日，股市達到空前的最高點，美國聯邦準備會主席葛林斯班（Alan Greenspan）在國會的聽證會上表示，股市的修正「在所難免」，經他這麼一說，股市也就應聲向下修正——下跌超過四百點，創有史以來最大的單周跌幅。所有正在排隊的股票上市案都暫時擱置了。

以下是鋒芒軟體在時機還不錯時搶搭上市列車的奮鬥故事。

□

一九九八年春，我向我在投資銀行界的消息來源探聽，哪家高科技公司的股票上市案是各家投資銀行競相爭取加入的。我不斷聽到「鋒芒」的名字。鋒芒是一家企業報告軟體公司（指企業用來向員工、合作廠商及客戶發布資訊的軟體），它不是那種迷人的票房巨星，但在一個充滿太多「假如」的賭博季裡，它是一個實力堅強的強打者。鋒芒的經營者是尼可・尼倫柏格（Nico Nierenberg），企業報告軟體的第一人，背後的金主是 Accell Partners 的吉姆・布列爾（Jim Breyer），一位頂尖的創投資本家，這樣的黃金陣容無疑會選擇最好的承銷銀行，高盛（Goldman Sachs）。

當鋒芒申請上市的S1申報書出現在EDGAR（美國證交會的電子資料蒐集、分析暨擷取系統）的那一天，我要求採訪他們上市案的詳細籌辦過程。「現在是閉口期間（Quiet Period），他們不能對媒體發言。」代表鋒芒處理這類事務的公關公司如此回答我。但公關公司永遠樂於爲客戶與記者建立友誼，於是他們建議我走一趟聖馬太歐，好有機會聽到公司親口解釋上市的規則，以及爲何我不能採訪。

鋒芒和其他幾家公司共用一幢標準規格的辦公大樓，在一萬六千四百平方呎（約四百零五坪）的面積裡擠滿了標準規格的辦公隔間。星期五的下午，全公司的一百一十四位員工，吃著標準規格的星期五午餐——墨西哥式捲餅或潛艇三明治。他們座落在一個毫無性格的都會外沿地帶，視野所及既無山亦無水，倒是距離電腦用品專賣場和辦公文具專賣店只有數十步之遙。它和你在美國所看到的任何辦公建築沒什麼兩樣，俯瞰著很普通的施工中的住宅區，離某條快速道路只有一個街廓遠。唯一不同的是，這裡剛巧是加州的聖馬太歐，在一〇一號公路之東、九十二號公路之北——結結實實蹲在矽谷裡，而且就在有史以來時間最長的景氣時期。

鋒芒公司內部的法律顧問比爾・嘉維（Bill Garvey），閃著帶霜的淡藍色眼睛，沉穩地點數一長串的禁止事項，並且適時加入幾個帶著威嚇力量的法律辭句。一開始，得考慮證券法施行細則的第一七四條，它規定從稽核程序開始到上市後的第二十五天止爲閉口期間，這段期間公司必須小心避免「犯規偷跑」（gun jumping），也就是不准為股票做宣傳。最簡單的避免方法就是根本不和媒體交談。還有第一三五條，它明確指出哪些可以跟媒體透露，哪些是不行的。再來是證券法第2（3）章及第十一章，後者係關於公開說明書所記載之內容有虛偽或隱匿之情事的法律責任。鋒芒可以在上市案的巡迴說明會上非常小心地和投資人交談，但在此期間他們所能留下的唯一文件是S1公開說明書，如果再多留下其他任何東西，可被視為違反第五章。

除了督導公司的上市過程，嘉維的妻子剛有了寶寶，而且他下周要參加聖地牙哥馬拉松，預計跑進四小時之內。這一切他做起來似乎毫不費力。「你提議要做的，是撰寫與這段期間有關的一份文件。你會要列席我們討論公司價值的會議，看到我們如何辯論會計的帳目調整，如何試驗各種推銷辭令。你會看到我們編輯這份公開說明書的過程。而你所寫的，只要有一行與最後的公開說明書相牴觸，就會導致我們被證交會打手心。」

一個星期後，鋒芒的金主吉姆・布列爾補充了一些背景資料。「就我們所知，在新聞史上，這類報導只做過兩次：一次是一九九一年，麥克・馬隆尼（Mike Malone）在他的《公開》（*Going Public*）中報導了MIPS戲劇性的上市過程；另一次是一九八六年，《財星》雜誌以微軟上市作為封面故事。而承辦微軟的投資銀行高盛——別忘了它也是鋒芒的主辦承銷商——發誓再也不讓這類故事有機會見報。」

確實沒錯，鋒芒轉告我高盛原則上堅決反對我涉入。有許多星期，高盛的人甚至不肯正面看我，彷彿他們接獲指示要假裝我根本不存在似的。為了避免風險，高盛有非常合乎邏輯的理由來反對我涉入，其中一項重要因素是他們沒有明說的：高盛在接辦鋒芒的承銷之後不久即宣布：在以合夥經營的模式運作了一百二十九年之後，他們刻正申請轉為上市公司。所以，我的在場不但可能導致鋒芒違反閉口的規定，甚至可能連累高盛。

在整個上市過程中，這些證券法規一路牢牢掐住鋒芒，使得它不能坦白說明到底發生了什麼事。為了要散布消息，機密資訊必須以拐彎抹角的方式洩露出來，透過股票分析師及獨立研究機構的中間傳話、仰仗投資銀行及創投基金的信譽，並且使用暗語似的辭句。套用某位高盛承銷經理的說法，投資者一路追蹤上市進度的情形，就是「他們知道，但是又不知道」；意思是投資者表面上並未被正式**告知**公開說明書之外的任何事，然而透過擠眼睛、拐胳膊、被動語態、自問自答及狀況比較等古老儀式，他們還是掌握了全程狀況。

舉例來說，儘管公開說明書挑明了：「至一九九八年三月三十一日止，本公司累積虧損計一千八百九十萬美元」，緊接著又加上「依照本公司以往逐期虧損的歷史來看，將無法確保未來可達成季營收或年營收的穩定成長或獲利」，投資者還是能預期在幾年之內，鋒芒將在一個數十億美元的市場握有目前的兩倍以上的佔有率。他們知道這項預估，但是**正式來說**，他們並不知道（擠擠眼）。

我把這種溝通方式稱爲巨大的稜鏡廳——在一個裝滿牆上稜鏡的大廳裡，消息是經由重重稜鏡的一再折射來傳遞的。股票上市的眞正滋味（一覺醒來身邊多了二千八百萬的感覺），便是由這個稜鏡廳所看守著。

我能夠做這則報導，只有一個原因：鋒芒的CEO，尼可・尼倫柏格敢於違逆常規。這是所有創業家的共通標誌，正是這種特質使得他們有別於那些只能耍小花樣、東摸西試、靠著多多用功來彌補不足的通才。規矩並不能嚇退尼倫柏格。他今年四十一歲，父親是物理學家，曾參與曼哈頓計畫，後來成爲加州大學聖地牙哥校區的史桂普海洋研究院（Scripps Institution of Oceanography）的院長。他從小在生活步調懶散的聖地牙哥長大，但他年輕時就有那種桀驁不馴的性子，由於學校缺乏挑戰性而無法把大學唸完，然後總是和老闆起爭執或是在大公司裡待不下去。他十六歲起就受雇寫程式，二十三歲時成立他的第一家公司，而且很有毅力、一直待到一九九三年才離開，另行創辦鋒芒。五年前，他看到了企業報告軟體的前途大有可爲，接下來他隻手建立了這個市場。

另一項我不斷聽到有關尼倫柏格的特質是，他只需少少的不盡精確的資訊，便可以快速做出關鍵決策。我無法確知這所指爲何，所以在篩選對象的訪談階段時，我一再要求對方給我一個實例。通常我得到的只是負面的例子，關於別的CEO或創投金主沒有更明確的資訊就下不了決策的故事。他們寧可派司過去，而不敢根據不夠完整的情報扣扳機。下決定是一回事，**決定要下決定**（decide to decide）則是更困難的另一回事。

然後，在我遇見尼倫柏格的那一天，我們坐在鋒芒的會議室裡，一群法律顧問揭發出我的意圖中種種曖昧之處。不，我沒辦法告訴他們我會採取什麼報導角度，因爲我還沒看到故事如何進展。不，我沒辦法告訴他們報導將來會刊登在哪個媒體，因爲適合哪個媒體得由故事的性質來決定。不，我沒辦法指出我先前寫過的哪篇報導涉及到在法律上這麼敏感的題材。

我們預計借用會議室一個小時。尼倫柏格差不多聽我說了十分鐘，掌握住事情的脈絡及彼此的互信關係，然後在我們交談的某一剎那，我看到它發生了。他**決定要下決定**。他的臉上顯露出準備下達決定的果斷表情，頻頻發出那些不耐煩的點頭和「呃哼」。再過一陣子，每個人都察覺到了，接著他們請我離席，好讓他們繼續研商。

等我被送出門外，透過稜鏡廳傳達給我的正式訊息是：「我們現在還不確定會怎麼做，請等候消息。」

然而我知道他們會讓我報導。

形式上我不知道，但實質上我**知道**。

「呃……」

我們在聖馬太歐市凱悅麗晶飯店的紅杉會議室，看著尼可・尼倫柏格排練巡迴說明會的主講內容。我們要在這兒待一整天，一周及兩周後各還要再用一整天的時間練習，好讓他習慣扮演公衆人物。這間小會議室的背面有一台攝影機，對準了正前方，坐在正中央的是傑瑞・魏斯曼（Jerry Weisman）。魏斯曼現年六十二歲，曾任電視製作人及小說家，他是強力簡報（Power Presentations）的創辦人兼總裁，這家公司的主要業務是教導高階主管如何應付巡迴說明會。魏斯曼決不僅是個形象顧問，也決不僅是個戲劇教練，他是傳播之完形論的實踐者，他教導人們如何能和聽衆心意相通。房間的前方是尼可・尼倫柏格，六呎三吋（一九〇公分）的高瘦身軀，紅潤、渾圓、笑口常開的臉頰，而他向大衆發表的第一句話是：「呃……」

他開始侷促不安，臉漸漸變紅，身體歪斜。他的動作幅度很小，雙手交錯身前，肩膀微拱。這是防禦者的姿勢。他這個樣子，魏斯曼稱爲「身體蜷曲」。尼可・尼倫柏格一向有著運動員般的優雅，但在錄影帶的畫面上，他看起來像個畏首畏尾的人。

尼可・尼倫柏格原來不是這樣的。我所認識的尼倫柏格是直來直往、愛開玩笑的，而且敏銳得像獵人。他的動作通常很大——他會雙手一捧表示厭惡，或是猛拍前額、脫口說出一些反諷的評語來發洩怒氣。尼倫柏格最鮮明的特徵是笑聲，平時在會議上，他通常每三十秒鐘就可以找到一件有趣的事來大笑一番。他的笑聲帶有蠱惑的力量，因爲聲音不是突然爆發出來的：首先好像他被搔了癢，數秒後才升高爲狂笑。那是完完全全、咧開了嘴、頭往後仰，像馬嘶一般的大笑，接著帶上幾聲壓抑下來的輕笑，然後又再回到正事上，彷彿啥也沒發生過。他不是散漫的人——恰巧相反，他是性格激烈而很好強的人——笑是他釋放壓力的方法。手邊的事情愈緊張，他笑得愈頻繁。

現在他可不笑了，所有的壓力把他給噎住了。

魏斯曼頗能體會地點點頭。「攝影機的小紅燈一亮，就會有股腎上腺素注入你的血管中，而你也就被凍住了。」魏斯曼今天要敎尼倫柏格的，主要就是如何處理腎上腺素分泌。

尼倫柏格試著練習開場：「好的，我要做的是感謝抽空前來的每一個人。」說歸說，他可沒眞的這麼做。

魏斯曼提示他：「你就說啊。告訴大家：『謝謝你，喬治。謝謝在座的各位，謝謝大家抽空參加。』用感謝詞來燒掉第一股腎上腺素。讓你的眼睛有時間目視全場。」

尼倫柏格說：「眞正上場時我會一切順利的。只要一上手，我就會一切順利。」

這還用說？只要一上手，**每個人**都會一切順利。關鍵就在於如何上手，如何處理登場的最初幾秒，如何處理第一股腎上腺素，然後帶出你的第一句話。

十一天後，尼倫柏格就要到高盛位於紐約廣場一號的辦公室，面對三百四十一人的全體業務團隊，開口要求三千萬美元。在六月三十日那天上午，這些高盛的業務代表會盡力而專心地聽他講話，只不過他們跟市場難分難捨，他們的耳中會迴盪著擴音器播報的各項市場指標。昨天跌兩百點，今天漲兩百點，午餐可以點什麼？如果尼倫柏格處理不了攝影機的一粒小紅燈，他如何應付高盛的業務大軍？如何應付把他的演講即時傳送到高盛在休士頓、芝加哥和舊金山會議室的視訊設備？

「我有一個問題。」尼倫柏格說。

「請講。」魏斯曼回答。

「我知道我要走出來，深呼吸，選一個人直視他的雙眼一陣子。但我該注視他多久呢？要看多久才移到另一個人？」

傑瑞・魏斯曼咧嘴一笑。問得好。而魏斯曼自己的回答更精采。「你看著他**直到你覺得他回敬你的注視**。」

直到你覺得他回敬你的注視。一個接著一個，你掃視在場的聽衆，直到他們不再是聽衆，而是一連串的一對一的個別對話。

於是尼倫柏格整頓一番，再次走進攝影機鏡頭內。他深呼吸一口，然後目光挑中了我。

這將是尼可・尼倫柏格公開發表的第一句話。這位開口說話的人，在六年前有了創業構想，五年前成立公司，三年前賣出第一套軟體，兩年前聘請財務長，一年前開始分析他的營收預測及轉虧爲盈的時間點，瞭解到公司可以在今年夏季上市。這位開口說話的人，(倘若公司及市場的成長一如預期）將在一年後被那些因爲參與他成功的上市案而大賺一筆的投資銀行所熟知；兩年後，他將會聞名於那些投資他公司股票而獲利頗豐的法人機構之間；三年之後，所有高科技投資者都會公認他是數十億美元規模的「企業報告軟體」市場的開拓者及領導者。前前後後這些年的時間板塊都朝這裡移動：過去五年的向未來三年的衝撞、擠壓。過去是私人的，未來是公開的。過去只需由他自己評斷，未來則將由每一個共同基金、證券分析師，乃至追高殺低的散戶來計算他的公司所值幾何。

他的目光鎖住我，開始說道：「一九九三年……我還在另一家公司，我去見AT&T，向他們推銷產品,而我順便多問了一句他們的意見：『還有什麼是我們沒做到的？』」他停在句尾的問號，心想這段演講在錄影帶上的效果不知如何。魏斯曼先用靜音模式播放影帶，所以我們只會看到表情與儀態，看到令人困窘的慢動作定格畫面。我們可以一格一格、極其精確地分析他的眉毛如何僵滯，還有——我的天！——**眼珠之舞**，單單前十秒，他的眼珠就轉動了十九次。接著魏斯曼關掉影像，只播放聲音。於是尼倫柏格的語音又再原音重現，包括吞吞吐吐時的每一個「嗯」、「啊」、「呃」……噢，必定慘不忍睹。尼倫柏格的聲音試著逐字跟著講稿走，但他的心思跑在前面，先跑去看錄影帶播放，先跑到十一天後的曼哈頓，然後他的聲音突然頓住——它找不到下一個句子。就這麼停在那兒，然後一股突然分泌的腎上腺素造成他心跳加快、雙眼僵滯，訊號錯亂、神情緊張，接著，砰！就在他要告訴你鋒芒是如何創辦之際，突然變成一片死寂。

「看起來眞假。」尼倫柏格說道。他是一個眞誠的人，厭惡那種排演的勉強和做作。他相信當一切是眞的時，他就可以做得很好。

魏斯曼說：「那就別管脚本，把你所想的講出來。講就是了，不要用背的。」另一次深呼吸，目光再次鎖住我。然後他突然又另有想法，於是他退出鏡頭前。

「我現在正在想……」尼倫柏格說。

「說來聽聽。」魏斯曼回答。

「我現在跳到前頭，先想想那些巡迴發表會，那些投資人……」

「所以呢？」

「我擔心的是：『他們何必在乎我們公司？他們會在乎嗎？』」

魏斯曼臉上又咧開一個極其滿意的笑容。你又問了一個好問題。而接著的回答更爲精采：

「那麼就把這關係牽起來，告訴他們爲何他們應該在乎。」

「你的意思是？」

「大聲說出來。你就說：『讓我告訴你，爲什麼你應該留意我們公司。』每當說出『你』這個字，記得把雙手伸向你說話的對象。身體不要縮著。放鬆你的肢體，向外伸展出去，拉近你和聽衆之間的距離。」魏斯曼示範一次，把他的雙臂向前、向外伸出。

試了一下，他覺得雙臂好像向外伸了十呎遠，動作大得可笑。「感覺眞奇怪。」

「可是看起來棒極了。」魏斯曼說。的確棒極了。實際上，他的手臂差不多只移了一呎半。

「好，我會了。」深呼吸。掃視全場，等著腎上腺素消退。目光又釘住我。這次他不背稿，而只是講話，他和我之間的談話。「容我告訴你，爲何你應當留意企業報告軟體市場。」如此起頭之後，他就順順利利一路講了下去。臉頰的紅暈褪去，眼睛綻放光芒。整體的平衡感非常好。在重播這次排練的影片時，我們計算他的眼珠之舞：二十秒內僅移動四次。目光能夠盯住對象，講話能使用完整的句子，沒有任何一個「嗯」或「呃」。一望即知，是一位領導者，是有輝煌歷史、有遠見的人。這是一位你會願意給他三千萬的人。

魏斯曼把影片停在某一格上，讓尼倫柏格仔細端詳。在那一格畫面，一切都恰到好處；雙臂向外伸展，眉毛上揚，笑容燦爛，這正是我在三星期前見到的那個人——科學家、領導者、弄臣，一向能找出樂趣的傢伙。

看好了，就這樣子，停在這個時刻。

「上市案進行得如何了？」

「只要那些印尼學生停止暴動的話，就會一切順利。」

股市突然被隕石撞得遍地坑洞。一顆隕石是市場變得疲軟了；一顆是沒什麼道理的突然變得賣家多於買家。來襲的可不是「向下小幅震盪」、「獲利了結」、「修正」或是「出脫持股」

之類統計上的現象。來襲的可是全面的市場現象：是一種心理狀態，一股龐大的焦躁不安，一種翻滾不定的憂慮。當股市被炸得到處是窟窿，市場上第一個遭殃的地帶是公司上市案，對於那些營運模式還待考驗、營收報表是經過化粧的新企業，投資者頓時沒了胃口。

一九九八年四月二十二日，大約在鋒芒與承銷商高盛投資銀行，以及德銀的摩根建富科技集團（Deutsche Morgan Grenfell Technology Group）剛開始進行組織會議及內部稽核程序時，那斯達克指數達到一千九百一十七點的歷史新高。他們很放心地把鋒芒安排在八月的第一周上市。然而，等他們在六月的第一周送出S1申報書，正式告知市場有這麼個鋒芒的上市案時，有些事情似乎不太對勁。該年度截至當時爲止的新上市股票，只有百分之十三的股價維持在承銷價格以上。令人生畏的還不只是市場對上市案的反應冷淡，更可怕的是沒人知道它爲什麼會發生。

於是在一九九八年晚春，每一家原先準備再等一年才上市的新創公司，都在開會辯論他們到底還在等什麼。其中許多家毫不考慮就跳進市場，排在鋒芒之後上市，打算搶在九〇年代的大多頭行情結束之前分得一杯羹。

吉姆·布列爾提到創投金主在進出轎車之間或是站在小便斗之前的交談氣氛，他評估道：「市場的確瀰漫著一股恐懼。大家都有一種急迫感，想趕快利用這段最佳時機。」

我問布列爾，這種擔心多頭市場行將結束的恐懼到了哪個層次——究竟是**不知在今年何**

時，還是每個月都有可能，抑或是每天都有可能？

「是**每天都有可能**。」

高盛的反應，是把鋒芒的行程往前挪三周。他們爲此計畫召開會議，並在會中達成決議。即使如此，大家還是對這項行動充滿著不確定感。儘管鋒芒上上下下都知道上市案要提前三個星期，但對其原因人人有不同的解釋。策略行銷主管海琳娜·溫克勒（Helena Winkler）聽說，是因爲投資者通常選在八月度假避暑去。財務長丹·高德洛（Dan Gaudreau）相信，這只是高盛內部任務調配的問題——他們不巧有三個上市案撞期，而鋒芒是其中最能把進度提前的。也有人聽說是鋒芒的競爭者也把案子送進證交會，所以鋒芒想趕在對手之前上市。如果上市案一切順利，梅麗莎·珊特瑞拉（Melissa Centrella）將會負責籌辦一個盛大的慶祝酒會，據她轉述，她老闆艾爾·坎帕（Al Campa）倒講得很坦白：「還等什麼？我們必須在市場崩盤之前把它弄出去。」

問題是我們根本不曉得市場是不是已經開始崩盤了，但山雨欲來之勢已經很明顯。來開會的一個高盛人員說這是「很嚴峻的市場」，某個鋒芒的人則說市場「神經過敏」。另一人則接口說「詭譎多變」，說著還一邊按瀏覽器的「更新」按鈕，查看最新的股市行情。鋒芒的每個人幾乎都觀察市場多年，多少投資幾支股票，閱讀財經版是必做的功課，總之，投資老手該做的一樣不少，但這並不能幫助他們做好成爲上市公司的心理準備（坦然接受公司的命運將和暴起暴落的股市綁在一起）。那些理性的基本面因素，像是消費物價指數、失業率、聯邦準備會利率等，掩蓋住股市情緒無常的眞面目。股市是一位暴君，它是下手既重、出拳又快的怪物，它是陰鬱的泥沼。它是散戶大衆、投機客的市場，他們追漲的動作快，但殺低的動作更快。

「可是基本面還很好啊。」溫克勒盡量去看好的一面，於是如此說道。

「沒錯，還好得很，好到沒辦法更好了。它們只能變糟。市場只可能向下走。」坎帕則採取持平的態度，於是如此反駁她。

溫克勒回答：「只要不鬧出新聞就好。」這麼講是沒錯，但是每天當然都有一大堆新聞。報紙需要新聞來塡滿版面，而股市也正要找點理由來釋放掉一點非理性的過熱。

誰都有段慘痛過去。對溫克勒而言，那是她的前一家公司，做電子商務的 Broadvision。它也上市了，但結局有點反高潮。Broadvision 預定在一九九六年春以每股十二美元的價格上市，然而上市案的市場突然變疲軟，到夏季時整個衰退下來。Broadvision 仍在六月時上市，不過承銷價降爲七美元。此後將近一年他們的股票差不多都維持在這個價位，因此員工的購股權也就所値無幾。原先計畫買獨幢房子的，變成只能租間公寓；原先計畫在三十五歲退休的，只好改成到加勒比海度假。

布列爾解釋道：「這對創業家來說是很難適應的。他們一向習慣擁有高度的**控制權**，這可能是他們頭一次完全無法控制局面。形成市場的是各股外界力量，他們根本使不上力。」

創業家往往事必躬親到難以置信的地步，他們就是想掌握可及範圍之內的一切。他的公司上市後，突然間，他得讓那些新投資人——那些才剛見過他公司的人，那些全部加起來才只大約佔五分之一股權的人——來決定公司的走向與市場價值。而且公司的價值往往與公司的表現無關，反倒與那些推動整體市場漲跌的瘋狂事件息息相關，像是印尼的學生暴動、俄羅斯交易所的崩盤、巴基斯坦的核子試爆，以及日本的首相選舉。

突然間，每位鋒芒的員工翻開《舊金山紀事報》，閱讀伊拉克對於戰鬥機在禁航區被擊落是否會有報復行動，以及此事是否會牽動股市。他們眞的想要了解！嘿，如果他們的上市案完全繫於伊拉克的某一架米格十五是否把射控雷達鎖定了英國的運輸機，那麼這些人將立即成爲雷達鎖定的專家。他們會打電話找在航太總署或洛克希德（Lockheed）做事的大學同學，他們願意學。因爲創業家最最痛恨的，比恨壞消息還要痛恨的，就是根本沒消息——他痛恨他自己不懂。

可是，這正是情緒化的股市會對理性的創業家所做的——它會要求他屈膝投降、承認無知，它會羞辱他試圖理性化的努力，它會讓他接受市場的不合邏輯及無法預測。而且，股市似乎想對每一個準備把公司帶往上市之路的年輕創業家證明這一點。這有點像是想要突然致富所必須付出的代價：股市在讓他成爲富豪之前，會逼他直視自己的孱弱無力。

這些都還沒有發生在尼可．尼倫柏格身上。離正式掛牌還有六星期，而他還有一長串的待辦事項得完成。他得把巡迴說明會的簡報排練到完美的程度，他得在十二天內橫跨兩大洲，發表這篇講稿七十五次，他必須逐一說服那些大型投資法人機構。尼倫柏格了解，他只是因素之一，在這六周期間，市場還得撐過幾次聯邦準備會會議、兩次失業率數字、四次通貨膨脹指標，以及各家公司的第二季獲利報告。但他仍信心滿滿，認爲自己對結局多少有點影響力。

信心**必定會**消失。市場必定要得到它開出的價碼。

來自稜鏡廳的消息

比爾．嘉維在發生之前一天就聽到風聲，他的管道是「位於極佳位置的消息來源」，意思是他以前的律師事務所的死黨。吉姆．布列爾在一周之前就聽到言之鑿鑿的傳言，而在當天上午則得到「形同直接出自當事人的權威消息」——這是稜鏡廳的術語，翻譯成日常用語就是「告訴他的是當時在場的人」。艾爾．坎帕在報紙尚未報導前便從嘉維處得知，海琳娜．溫克勒則是在坎帕午餐回來後聽他說的。梅麗莎．珊特瑞拉毫不知情，但當我問她有沒有聽說此事，她立刻起疑，也很快就發現眞相。

丹．高德洛是從嘉維留在他語音信箱的留言得知的。當時高德洛是在一架在紐約甘迺迪國際機場的滑行道上等候起飛的波音七四七裡，坐在頭等艙的二B位置。飛機正要開啓自動飛行裝置，空服員正透過播音系統單調唱誦：「各位女士、各位先生，請在本班機飛行途中關閉您的行動電話，直到我們在希斯洛機場降落爲止。」所有人當中，最後一個知道的是尼可·尼倫柏格，一直到高德洛把手機交給他，重放一次嘉維的留言，他才終於得知。然後他就得把手機關掉，無法反應，無法回覆，無法行動。

到底是什麼消息？

不是印尼的暴動。

不是葛林斯班預言將通貨膨脹（也快了）。

不是英特爾（Intel）宣布將調低獲利預測（不過這也快了）。

這股無法控制的龍捲風，就發生在離家很近的地方。

那天早上八點半，尼倫柏格穿著橄欖綠的西裝，在協辦承銷商德銀證券／DMG位於紐約市中心的分公司，展開他的第一場巡迴說明會。在配備有視訊會議設備、可把他的演講傳送給全國各地DMG相關人員的多媒體室裡，尼倫柏格站在數十位證券業務人員面前，感謝喬治邀請他前來說明，也感謝各位到場聆聽。他瞟了一下各個出入口，深呼吸，提醒自己別講得太急，然後把目光鎖住某位他曾見過面的業務。房間裡有些他認識的人，這讓他的心情較爲篤定。他感覺到一股腎上腺素即將竄出，知道它會注入血管，燒掉他的神經，不過現在還沒來。

話語源源而出，句子都是完整的，平衡感也很不錯——嘿，很順利嘛！——然而這麼一點點的自覺似乎觸動了機關——哇啊！——眼底裡累積起淚液，手指感覺刺痛，頸後的汗毛豎直了，脚心壓緊，臉頰被湧上的血液沖紅——我在這裡，正把我的公司呈現給全世界，我眞的在做這件事了！四處流竄的電流太強烈，強到令他對這股腎上腺素的威力不勝訝異；嗚哇，當雞皮疙瘩爬滿了手臂時，他的臉上趕快換上一副燦爛的笑容，此時他不得不先暫停下來，等著它的效應過去。

「這就是了！呼——！」他大喊，藉由呵呵哈哈的笑聲來讓自己恢復。

然後他又再把目光鎖住，再一次上路。

在此同時，就在美洲大陸的另一岸，DMG科技集團位於曼洛公園市的辦公室裡，CEO法蘭克・夸特隆尼（Frank Quattrone）正在重讀一遍他即將傳給DMG科技集團全體一百六十位員工的電子郵件，信中將宣布他即將帶著他的親信比爾・布萊迪（Bill Brady）和喬治・布特羅斯（George Boutros），一起跳槽到DMG的對手，瑞士信貸第一波士頓（Credit Suisse First Boston）。這封大約在中午送出的電子郵件又進一步說明，受限於他和DMG之間的合約，所以他無法招募他們同去他的新東家。這消息猶如一顆炸彈；DMG原本是高科技業上市案的第四大承銷商，然而如此一來，它的領導層等於被掏空了。

坎帕坐在桌面長歎了一口氣，憂心忡忡地說：「再也沒有比這更糟的時間點了。我們根本無從反應，我們在這件事上毫無掌控權。」

他們不但無從反應，連取得正確資訊都有困難。在高盛的安排下，公開說明會的下兩站是倫敦和阿姆斯特丹，然而尼倫柏格的行動電話卻不能漫遊到這兩個城市。他們只能打電話到尼倫柏格的旅館房間和他互通訊息。到目前爲止，他們聽到的都只是二、三手報導，還沒有人直接跟夸特隆尼或布萊迪講上話。更慘的是，大約已有八家投資銀行留言到尼倫柏格的語音信箱，希望能取代DMG印在公開說明書右下角的位置，然而，還沒聯絡上DMG的尼倫柏格無從回覆。

布列爾倒還蠻鎮定的，尤其考慮到他大約有一億兩千萬美元懸在這上面，他說：「我們已有心理準備，法蘭克・夸特隆尼或許會離開DMG，不過我們以爲那是夏季之後的事。幸好高盛的名字是在公開說明書的左邊。」（意思是高盛是主，DMG是輔。）

這件事有何影響？鋒芒公司上上下下沒有一個人清楚。他們對投資銀行業瞭解多少？看起來，至少會造成一點延擱吧。而在這詭譎的市場，一點點延誤可以搞垮一個案子。最可怕的是你在熬過延誤期的同時，還得嚴守閉口期限的規定，你甚至不能發布新聞稿告訴大家：「嘿，這可不是我們的錯。」眼前看來，是不可能再和身受重傷的DMG合作下去了，但要轉換銀行意謂著得重新向證券交易會申報、送件之類的，不是嗎？重新分配承銷團，重印公開說明書，重行接洽新投資者——這得花上好幾個星期，不是嗎？這幾個星期，他們只能束手無策地乾等；這幾個星期，他們只能眼睜睜看著其他各家的上市案順利推出，股價從十一跳到十八；這幾個星期，他們還得心驚膽跳地觀察新公布的生產者物價指數、貿易逆差等。

這正顯示，他們對於投資銀行業的認識多麼有限。事實上，在巡迴說明的途中更換銀行，對於運轉順暢的股票承銷系統而言，只不過是如同家常便飯的權力交換而已，它就像是路面上的小坑洞，看得到，但感覺不到顛簸。

阿姆斯特丹時間的星期五上午，ＤＭＧ裡負責鋒芒上市案的卡麥隆・列斯特（Cameron Lester），在簡報之間的休息時間聯絡上了尼倫柏格。列斯特已經跳槽到瑞士信貸；其實，ＤＭＧ的整個團隊從上到下一共八十人，全都在那天立即轉了過去。列斯特建議鋒芒還是跟原先的班底合作，讓瑞士信貸頂替ＤＭＧ原來的角色。瑞士信貸願意在周末重新印製公開說明書，並且支付其費用。因爲ＤＭＧ的名字只在上面出現三次，所以換名字並不是多大的問題。看起來，ＤＭＧ甚至還願意把曼洛公園市辦公室的租約讓給瑞士信貸，所以他們只需要換掉門口的招牌，立即可以重新開張。

尼倫柏格當下立即決定：「你被雇用了。」接著他打電話給夸特隆尼，夸特隆尼因爲合約的限制，形式上還得在ＤＭＧ多待幾天。尼倫柏格先向他確認：「你現在還正式代表ＤＭＧ嗎？」夸特隆尼說是的。「那麼，你被開除了。」說畢兩人都笑了出來，因爲彼此都很清楚，夸特隆尼再沒多少就會過去瑞士信貸。

好啦，就這麼回事。家常便飯，一點兒也沒延誤。沒錯，是會有幾個疲倦的銀行人員得在周末加班幾個鐘頭，但也不過如此。到了星期一，坎帕甚至懶得談這件事：「坦白告訴你，我們已經把它拋到腦後了。」

星期二，尼倫柏格顯得自信滿滿，以回顧的口吻談論此事，彷彿它是去年發生似的。他還補充道：「我一直相信我們會沒事的。」我覺得這不是個好兆頭。如果他還一直覺得他會沒事，那只表示市場還沒索討它開出的價碼。

壓力來自華爾街

「你認爲這裡的每個人，將來都會穿 Armani 嗎？」

「你認爲停車場將來會停滿法拉利嗎？」

「你認爲我們的股票會像甲骨文的一樣，分股十次嗎？」

這些是在鋒芒公司走廊上的低聲交談，是在供應免費飲食的冰箱旁的暗自思量。沒辦法，他們就是按捺不住心情。

珊特瑞拉解釋道：「朋友或家人打電話給我們，**他們**覺得我們快要成爲百萬富翁了，是他們灌輸我們這種想法的。」她已經決定，如果上市案成功的話，慶祝會將要採用七〇年代的主題。

有一天我們開車出去吃午飯，坎帕說：「關於公司股票上市的兩大錯誤觀念是：一、我們全都發財了；二、公司會有一大堆現金可花。其實，即使會發財，也不是在上市的時候。只有在公司持續成長，不斷分股的情況下，時間久了，我們才會發財。至於現金，我們現在達成預算的壓力其實比以往還大。因爲是上市公司，我們絕對必須達到營業目標。」

坎帕仍然記得矽谷還只是橄欖樹園的時代。他生於一九六一年，在聖荷西市靠近坎貝爾（Campbell）與薩拉托加（Saratoga）的交界處長大。他的父親在洛克希德上班。他們時常爬上房子的屋頂，看著綿延數哩的果園。離家最近的學校也有五哩遠。他認爲這個產業同時造成了經濟奇蹟及生態浩劫。

他說：「要花掉預定支出的費用，是財務報表上容易的那一半，眞正的壓力是要達到華爾街預測的營收。」

一九九五年時，坎帕在企業資料庫軟體公司 Sybase 工作，當年四月，公司宣布第一季的營收是二億五千萬美元，比華爾街分析師的預測數字少百分之八。因爲收入少掉兩千萬美元，該季的獲利就沒了。「任何未上市的公司都可以承受這種處境。不及百分之八其實沒什麼大不了，我們的營收仍比去年大幅增加。並不是公司沒有成長，只是速度沒像華爾街要求的那麼快。」宣布季報的次日上午，Sybase 的股價從原先的四十五上下，下跌到二十一。

「接下來的三個月是我職業生涯最慘的時刻。突然之間，所有的員工購股權都沉到水面下。組織重整似乎永無止境。我們被撕裂了，解雇員工，整併單位。沒有人想在那種環境下工作。我是建造者，可不是破壞者。」

華爾街把高科技公司的股價炒得老高，完全是建立在這些公司可以年復一年，至少成長百分之五十的假定上。一旦你進了華爾街的雷達螢幕，那就是永遠的苦工。他們不懂什麼叫寬容。「如果成長率下降，分析師便再也不提你的股票，再也不寫分析報告。投資者得不到公司的資訊，所以就沒有買家。股價就像油料用完的飛機似的直線下墜。」坎帕這麼說。

尼可・尼倫柏格也被類似的夢魘所縈繞。他在二十三歲時創辦的公司，後來演變成一家名叫 Unify 的資料庫公司。隨著 Unify 的成長，尼倫柏格從創辦人兼CEO轉而擔任總工程師。這家公司經歷了多次轉化，度過市場從大型主機到桌上型電腦，又再回到網路的多次變遷。尼可在一九九三年離開，但公司仍持續成長，並於一九九七年上市。坎帕說：「尼倫柏格非常驕傲 Unify 上市了，而且大家都知道他是創辦人。可是接下來 Unify 沒達成它的第一季預估。」

它的股價從十二跌到三，Unify 也被認爲是那類根本不該上市的公司。尼倫柏格已有五年和它毫無瓜葛，不必爲它的成敗負責，但他的名譽仍然被 Unify 的命運牽連。「尼倫柏格忘不了這一點，每天都揹著十字架。」

達到預估業績的壓力，落在鋒芒公司的常務執行長（COO）皮特·西塔迪尼（Pete Cittadini）的身上。西塔迪尼在波士頓待了很久，最近才搬來西岸，說話還帶有波士頓腔。他說他在甲骨文的日子也經歷過類似的變遷，造成他傷痕累累。他是甲骨文在新英格蘭地區的第一個業務代表，當時公司還未上市，等到他在一九九一年離開時，甲骨文的營業額已經超過十億美元了。接著他擔任 Interleaf 的第二號主管。他學會當一個有系統的規劃師，他要把鋒芒「用正確的方式造起來」。「我從完全空白開始，親手砌起一磚一瓦。我帶進來我瞭解的人，每一個都是行家。他們很清楚自己的實力，他們告訴我他們的目標，然後出門去，把它辦成。**不會給你任何意外**。」至於他和尼倫柏格的分工，他說：「他設計，我施工。他動腦，我負責幹活。」

我在第二季的最後一天，六月三十日的下午，突襲西塔迪尼的辦公室。在矽谷，每季的最後一天會讓大多數的業務副總直冒冷汗。這個產業有一個名聲很壞的業績模式，稱爲「冰球球棍」，指的是一家公司近半的業績都集中在每季的最後幾天。我發現西塔迪尼氣得跳腳，對著電話另一端的人發飆。他說：「我不管你是不是要整個重做，你就是得做正確。」

表現不佳的業務員嗎？不是的。季末的最後一天，西塔迪尼居然忙著搬進希斯伯羅（Hillsborough）的新家。「工人把吧台的大理石桌面切錯了，我叫他重做。」

等一下！在季末的最後一天搬家？他沒有合約要簽嗎？沒有業務員要激勵嗎？「我昨天

在舊家辦淸倉拍賣，看來雙人床墊是賣不掉了。」

接著他又解釋，就算趕著簽回合約，其實也沒多大差別。搶在最後一刻不計代價的殺價只會破壞公司的營收結構，爲了避免如此，鋒芒並不依照一般習慣，在簽約後即支付佣金給業務，而是得等到收款之後。財務長高德洛拒絕玩冰上曲棍球。

西塔迪尼說：「我並不只把注意力放在季末。」我想這是個好兆頭：他說的是稜鏡聽的術語，翻譯回來就是**業績早就達成了**。「我已經在規畫九九年度了。」

熱得不可能再熱

巡迴說明會是一場令人眼花撩亂的演出，是由反覆握手、無數張臉孔，以及排演熟練的自發性動作所拼成的跳接畫面。它是一系列的「今天」——一天七場簡報。因爲必須專心對付眼前的節目，以致尼倫柏格再也不去查對行程表，看看聽衆是哪些人。反正他們會在場，他也會在場，他會記得鎖定目光。

「我們現在要拜訪誰？」我一邊問，一邊掀開豪華轎車的坐椅扶手，檢查裡面是否裝滿了不會溶的冰塊。

「我不知道。」他回答。正在此時，在地球的另一邊，一架美國的F十六戰鬥機向伊拉克南部的防空陣地發射飛彈，而道瓊指數也緊張地下跌了十點。

今天是丹佛。哦，不對不對，今天是堪薩斯市，明天才是丹佛，高德洛遺失在雷諾市某處的行李，會在丹佛趕上他。抱歉，我只有牛仔褲可以穿。記得把錶向後調一個小時。或者如果昨天沒調的話，那就往前調三個小時。這和我們今天上午去芝加哥時搭的是同一型嗎？不是，那一架的皮質坐椅是褐色的。那麼，是不是我們搭去費城那一架？在華盛頓，一位商務部的官員站在麥克風前宣布，五月份的營建支出創四年以來的最大降幅，但道瓊指數仍上衝九十六點。

喔，這個枕頭眞舒服。嘿，身邊怎麼躺著一個女人！噢，別激動，他是在家裡，那是他老婆。昨晚陪了小孩五分鐘。現在太陽升起了，接送的轎車已經停在車道上。一切都很順利。不管在哪裡，他們得到的反應都不錯，沒遇到有人說：「好吧，現在告訴我你們**眞正在做的是什麼？**」

「『本子』在哪裡？圈購單不是要塡進一本黑色本子嗎？」我問。

「那只是謠傳。」尼倫柏格回答。

「圈購單只有在最後階段才會下來。」高德洛接著說。

我問：「所以你們沒聽說什麼嗎？」

「Jundt Associates 塡了十萬股的圈購單。」

Inktomi 漲了二十，雅虎漲了二十五。這架噴射機有四個坐位、兩個引擎，從密爾瓦基到舊金山國際機場需四個小時。它在離主航站半哩遠、專營包機的AMR Combs公司航站降落，航站的玻璃自動門上寫著「出入此門者，皆是全球重要人物」。每天晚上，尼倫柏格都覺得自己累透了，已經報銷了，明天的表現一定很差勁。只能睡兩、三個小時。但是第二天早晨又會有一股腎上腺素湧出，於是他又呼嘯著上路。一隻手、一張臉、一對眼睛。一餐又一餐以夾滿肉餡的法式派餅和三明治裹腹。六月時，生產者物價指數下跌百分之零點一。「讓我告訴你爲何企業報告軟體具有龐大的成長潛力……」

「能不能談談第二季的營收？」

「會計師正在查核，還沒簽結。」

在鋒芒，每個人都用掉員工認股計畫的最大額度：薪資的百分之十。拿出支票簿。他們都成了節稅專家，非常清楚在行使購股權之後，究竟應該採用替代最低稅額（Alternative Minimum Tax），或是當天就賣掉，依短期資本利得來繳稅。證交會把他們的意見書傳眞給嘉維，寫的都是些常見的事項。

說明會並沒有感人肺腑，沒有激動人心。有些投資人只是聆聽。有些則根本不聽，只是發問。有人說：「請把四十分鐘的簡報濃縮成二十五分鐘。」聽衆的問題都很直接，全是關於業績的數字計算，以及確認微軟不會涉足這個市場。都是家常便飯。沒人問尼倫柏格的心跳是否穩定，沒人問他的生涯教練如何協助他的人格成長，沒人問他爲何大學沒唸完。情境已經代他回答了。情境本身已傳送了這樣的訊息：「如果他不是頂尖的，他就不會在這裡。」沒人問起往事，除了富達（Fidelity）之外。富達問起股價跌得很慘的Unify，想要知道那和他是否有關——當然無關。靠著先顧眼前再說的策略，尼倫柏格過了一關又一關。

「好的，能不能談談第二季的營收？」

稜鏡廳又來了。在日本，首相橋本龍太郎領導的自民黨在大選中慘敗，在參議院的一百二十六席中僅獲得四十四席。而在加州的聖馬太歐，鋒芒宣布第二季的業績成長率達到驚人的百分之一百二十七。

Alliance Capital下了單。Amerindo也下單。兩家各圈購三十萬股，佔承銷量的百分之十。他們並非眞的想要那麼多股，這只是一種稜鏡廳的技法，用來表示他們想得到最高配額。本子很快記上一筆又一筆圈購單。額滿，然後超過。等一切結束，尼倫柏格勢必懷念事事都如此週到地爲他規畫好的情況。Wellington Capital下單了，還有Palantir，還有JW Seligman。每家公司都加入了。現在是七月十四日星期二，離掛牌交易還有一個星期。圈購數額是承銷股數的二十七倍，但這數字是沒有意義的——圈購只是一種技巧運用，眞正的關鍵在於有多少買家是準備到公開市場加買的，又有多少打算轉手就把股票賣掉。尼倫柏格懷疑，等他成爲一家公開發行公司的CEO之後，還有多少時間可以陪孩子。當天下午，英特爾宣布第二季獲利低於分析師的預測；市場毫無反應，但參與鋒芒上市案的人都納悶：「我們到底還等什麼？」市場究竟還能漠視多少次壞消息？

的確沒錯。第二天，那斯達克指數創歷史新高，更顯得等到下周二是件愚蠢的事，屆時，聯邦準備會主席葛林斯班將向國會的銀行委員會，發表半年一度的韓福瑞-霍金斯證詞（Humphrey-Hawkins testimony）。在紐約，尼倫柏格投宿在位於中央公園南側的艾塞斯（Essex House）飯店，他走進房間，拉開三重窗簾，俯瞰下方的水泥森林，深深吸了一口氣。那是一座熱騰騰的烤爐，熱死人的華氏一百零七度（約攝氏四十一度半），一幢幢水泥建築就像芬蘭浴場的石塊，把所吸收的熱能輻射出來。這是有史以來最熱的一天，也是有史以來最熱的市場，看來似乎是熱得不可能更熱。

一切就趁現在。

尊榮，都是爲了尊榮

我開始納悶：倘若上市是如此折騰人，爲何還要義無反顧向前推進呢？倘若上市意謂著公司四個最高主管中的三位必須完全放下公司的長程目標，而花三個月的時間盡做些法律和財務方面的穿針線工作——何苦來哉？倘若上市意謂著原本相當平常的營收成長起伏，如今卻可能摧毀員工士氣——值得嗎？

是什麼力量在驅策他們？

丹・高德洛說：「是爲了流動性。對公司股東（主要是創投金主和尼倫柏格），這是讓他們的資產可以流動的唯一方法。」高德洛和二十家公司面談之後，才選擇了鋒芒。

皮特・西塔迪尼說：「客戶會認爲我們比較穩定。」

艾爾・坎帕說：「我們想當第一個。」外面謠傳他們的對手Sqribe科技已經跟投資銀行羅勃森・史蒂芬斯（Robertson Stephens）見過面了。

某天上午，我在一場軟體研討會的休息時間逮到布列爾，他說：「大家普遍覺得等到多頭市場結束以後，人們會被分成全有和全無的兩種。所以你會希望手中多累積點本錢，到時候可以去購併人家，而不是被人購併。」

沒錯，沒錯，沒錯——我都懂。這些都是完全成立的理由，早就寫在商研所的教科書裡，也被那些每小時收費六百美元的律師摘要成談話重點。我要知道的是，到底是什麼東西在他們的心裡熾熱燃燒？我要知道的是，到底是什麼東西能夠把他們在子夜喚醒？我要知道的是，在他們每天下班後開車回家的路上，到底是什麼塡滿了他們的夢想？沒有人會夢想著「流動性」。這些人甚至不會想著錢，因爲，他們已經在地球上最美麗的地點之一有了一個舒適的家。

尊榮。他們在乎的是這個，尊榮。他們想獲得同儕的尊敬。就像在滿是高成就者的山谷裡，人人搶著要爬上階梯的最高一階。一般的說法是每十家公司只有一家能夠上市，其實這個數字還高估了，應該是每十家**由創投基金資助**的公司當中才有一家能上市。而每當有一家公司募得了創投基金第一回合的一千萬美元，另外就還有幾十家只能靠著「親朋好友」贊助，這兒一萬那兒一萬地湊出十萬元。

上市的念頭深深烙印在這個產業。最近幾年，每到星期五的十二點半，便會有餐館開車送午餐來，有時是披薩，有時是墨西哥式炸捲餅，有時是炸雞；而鋒芒的每個人（不管是兩年前的二十人、去年的四十四人，或是現在的一百一十四人）都會認眞對付他們的免費餐點，直到盒空。尼可．尼倫柏格只要人在城裡，總會想辦法出席，回答員工提出的任何問題。三年下來，每周五總會有人用各種不同的方式問同樣一個問題：「何時**輪到我們**上市？」

「嗨，尼可，股市最近的上市案表現如何？」

「嗨，尼可，我們這一季會送件嗎？」

「嗨，尼可，你有沒有聽說 Sqribe 已經見過羅勃森史蒂芬斯了？」

「嗨，尼可，我看到 Arbor 送出S1申報書了。」

「嗨，尼可，你有沒有看到 Brio 第一天就幾乎漲了兩倍？」

那我們呢？如果說有什麼是這些高成就者不能忍受的，那就是眼看著成功落在並不比他們傑出的人身上。**我們跟他們一樣行。我們一樣聰明。我們的產品品質絕不輸他們**。這些人理性的腦子深受市場對財富與名聲的非理性分配而苦。所以會有許多聲音輕輕呼喚著：**嗨，**

尼可。每個員工、每個客戶、每個朋友、每個家人：嗨，**尼可**。

把公司送上公開市場，是這個產業的榮譽徽章。來自其他CEO的同儕壓力遠遠超過任何別的動機。他們覺得，除非你經營的是上市公司，否則你在業界就稱不上領導者。他們覺得，除非你的公司能獨自在公開市場上掛牌，而不是別人的附庸，否則你就還沒有證明你眞正獨立了。

布列爾說：「我記得去年秋天我載尼倫柏格去看四九人隊的比賽。他和 Agile 軟體的CEO布萊恩・史朵爾（Bryan Stolle）一起坐在後座。要不了多久，兩個CEO就聊了起來。話題很快就切入重點。『那麼上市案呢，打算在什麼時候？』尼倫柏格回答：『噢，大概在九八年。你們呢？』布萊恩說：『噢，大概在九九年年初。』我看得出來，在同儕之間，把公司送上公開市場是他們唯一在乎的事。」

他接著又說：「你必須瞭解，尼倫柏格雖然外表幽默，其實對每件事都極爲專注。」布列爾認識尼倫柏格超過十年，自然知之甚詳。「甚至連看美式足球或棒球比賽，他都非常仔細地分析，非常投入。他會假想自己是教練，叫出下一球的進攻策略，他會指出是誰把防守隊形搞砸了。」

坎帕說：「我們以前常去打高爾夫。尼倫柏格就是非贏不可。如果落後了，他的情緒會緊繃到連在旁邊的人也覺得毫無樂趣。如果輸了，他眞的會狠狠責備自己。他不會發洩到別人身上，但對自己可真是嚴厲。

「上市案也是一樣。他要在這件事上證明他自己。這是他的全壘打。

只要霧一散去……

如果你是在紐約證交所掛牌，上市第一天的儀式是和證交所的官員共進一頓豐盛的早餐，然後回到大廳見證第一筆交易。這筆交易是經過事先排演的，就像職棒世界系列賽的開球一樣。

在那斯達克掛牌則沒有盛大典禮，不會有標誌新階段開始的傳統儀式，取而代之的，是蠻沒有戲劇性的慣例：公司CEO會出現在承銷銀行的辦公室，即使心中很清楚那斯達克的交易是透過電腦網路來執行，但仍不免期望能夠「目睹」交易。整個早上，CEO幾乎都緊緊黏著銀行的承辦人，煩得他什麼事都辦不了。到了這個時候，CEO已經無事可做，他不斷借電話，打給老婆或金主說些蠢話，如：「嘿，你猜我在哪裡？沒有，還在等。」等到鋒芒可以進行交易的時候，他踱步到交易員身旁，交易員示範給他看電腦螢幕上買單和賣單如何疊成兩條直欄。大約每隔五秒就會有一個業務歡呼或吹口哨。第一筆交易之後沒多久，鋒芒的代碼出現在從天花板垂下來的那斯達克跑馬燈上。雖然算不上是儀式，倒也能夠發揮它的關鍵作用：刺激大量的腎上腺素分泌。

即使在可望賺進兩千八百萬美元的這一天，尼可‧尼倫柏格依然沒有把握自己能夠自信滿滿地宣稱：「就是今天了。」他一早穿上藍色襯衫，打上紅色領帶，再套上橄欖綠的運動外套，但並沒有感覺到：「從今而後，我不必再爲錢操心。」昨晚他得知，證交會負責他們案子的審核員在四點半下班時仍未批准鋒芒的申請案。依照嘉維的說法，證交會仍對兩個「關卡項目」有意見。

八點十五分時，我們在艾塞斯飯店的大廳見面，丹‧高德洛穿著牛仔褲、球鞋及白色的鋒芒T恤。他解釋：「這是跟西裝一起回來的。」他昨天熬夜調整那兩個關卡項目在財務報表上的數字。結果令他頗爲失望，因爲增加它們的費用支出後，一九九八年第四季的獲利將從小幅盈餘轉爲幾乎沒有盈餘。他擔心他們需要把這項變動再經過稜鏡廳傳達給投資人，如此，得花上一天的時間，鋒芒的公開交易也就得順延到下周一了。

所以即使到了上市當天，還是有一大堆的事可以擔憂。

尼倫柏格解釋道：「還一直懸著。昨天下班之前，證交會的審核員同意在今天上午九點開電話會議，如果一切順利的話，我們很會就可核准交易。不會有多大影響。」前提是，**如果一切順利的話**。

在我們乘黑頭禮車前往華爾街的路上，高德洛和尼倫柏格藉由彼此說笑來紓解壓力。他們的笑話都牽涉到巡迴說明會途中的糗事，只有他們自己聽得懂。這些小事恐怕只有他們覺得有趣，但兩人像是聚在飲水機旁的初中女生一樣樂不可支。舉例來說，只要提到信用卡，就會惹來兩人一陣爆笑，顯然是尼倫柏格曾經刷爆了信用額度，因而無法使用信用卡。我眞的不懂這有啥好笑。另一個費解的笑話是，他們大聲說「三」，在這同時卻伸出四根手指頭。不知何故，可是他們樂得彷彿是諧星羅賓・威廉斯（Robin Williams）就在旁邊專爲他們私人表演似的。我把這些理解成是他們非常焦慮和神經質。同時他們也得先充分準備好幽默感，好承受今天將要發生的各種無法控制的事件，譬如——據我的手錶顯示——當我們的車從公園大道轉到羅斯福大道（FDR Drive）的同時，遠在首府華盛頓那兒，一位商務部的官員站到麥克風前，宣布美國的貿易逆差在六月打破紀錄，甚至比八〇年代最不景氣時還高。而在從不打烊的債券市場，投資人等於集體倒抽一口氣，驚叫一聲：「噢，慘了！」他們的吸氣聲，全世界都聽到了。包括那些勢必慘遭牽累的高盛員工，在這個壯麗的周五清晨，當他們走出地下鐵車站或跳下公車或跨出計程車，抵達位於曼哈頓南端的公司時，當然也都聽到了。等到他們進了紐約廣場一號的五十樓辦公室，坐進座位，瞄一眼彭博（Bloomberg）的市場即時資訊，你可以聽到他們也驚叫：「噢，慘了！」

整個市場齊聲應和：「噢，慘了！」似乎所有人都在等待著的惡兆終於到來，**這就是了**。市場不可能再往上走，那麼現在還有多少機會你就盡快把握吧。他們可知道，下星期道瓊工業指數將要創下四百零一點的單周最大跌幅？他們可知道，下星期二聯邦準備會的神祇葛林斯班將要告訴國會的銀行委員會「股市修正在所難免」，而星期三他又說，國會所預期的零通貨膨脹的經濟展望過度樂觀，可能少估了整整兩個百分點？他們可知道，萬一鋒芒公司**無法**在今天上市——如果它老老實實**按照原定進度**等到下星期——那，一切就毀了？

在此同時，我們的禮車在羅斯福大道上，蜿蜒穿梭於游移不定的車輛之間。在車中，高德洛伸出四根手指，笑著說：「眞高興一切都結束了。」

車上的電話響起，尼倫柏格接起來。是銀行的某位承辦人員打來的，我們聽到尼倫柏格這邊的回答是：

「你說我們沒有任何進展是什麼意思？［停下來聽對方講］那他同意的上午九點的電話會議呢？［停下來聽對方講］我記得他同意上午九點開電話會議。沒錯，我想他同意了。［停下來聽］嗯，那傢伙到底在不在那兒？他有接電話嗎？還是他今天根本沒上班？」

噢，慘了！

於焉展開了一場錯誤資訊的遊戲，一種心理的酷刑。在華府，一位鋒芒公司的律師正坐在證交會的大廳。在加州的帕洛阿圖，若干律師聚集在唐納利財務（R.R. Donnelley Financial）的會議室。在美倫銀行（Mellon Bank），另一位律師正等在窗口隨時準備把註冊申報費電匯過去。然後在舊金山、在曼哈頓、在華盛頓、在達拉斯，都有銀行人員待命。在連通各地的電話會議線路上，不時有人上線或離線，任何時刻都有大約半數的玩家正在競逐最新發展——

另外一半則沒跟上。任何一個參與者都可能打電話給尼倫柏格報告消息，所以大概有一半的消息是不正確的，然而我們無從分辨這人到底是屬於哪半邊。當我們間間斷斷接到電話時，我試圖把聲音對應到我在這六周所見過的臉孔，但我們三個往往沒人知道到底是誰在講話，更不用說他們到底身在何處，華盛頓、達拉斯或舊金山。

電話又響。尼倫柏格專心聽著，然後掛斷。「好了，上午九點的會議又回來了。」他緊張地笑著，身體一癱，陷進座椅裡。「是誰曾經說過：『任何作戰計畫只要一交戰就報廢了』？」

高盛的每個人看來都神采奕奕，充滿自信但不致顯得傲慢，各種膚色都有，性別上差不多男女各半。因為是星期五便服日，他們都脫下西裝，換上遠比矽谷所見更為多采多姿的華麗穿著——喇叭褲管的牛仔吊帶褲、無袖緊身上衣、有扣飾的黑皮靴、絲絨裙、水藍色的太陽眼鏡。如果把燈光調暗，天花板再裝上舞廳的旋轉水晶球，這些人倒是可以立即扭擺起來。能看到九〇年代的流行風一路上升到紐約廣場一號的五十樓，倒是蠻好的一件事。

高盛的交易大廳完全沒有隔間，面積大到可以打職業曲棍球賽。這個空間裡擠滿了一兩百台終端機和坐椅，報表堆到胸部的高度。證券承銷人員、銷售業務員及市場交易員的辦公區域並沒有明確區隔，只不過交易員的活動範圍在九點半開盤之前較為安靜，過了九點半，聲音就會提高一、二十分貝。這個忙碌而嘈雜的工作場所外圍，環繞著一圈辦公室，因為是用玻璃隔間，所以不會阻礙視野——向北可以看到華爾街，向南看到自由女神像高高站在自由島上。陪同我們的是舊金山分公司派來的一位蓄山羊鬍的年輕分析師，約翰・茲洛多夫斯基（John Zdrodowski），綽號「ZD」。他把我們帶進一間向南的辦公室，我們突然被一股幼稚的衝動攫住，全都貼在玻璃帷幕牆上觀看自由女神，可惜今天早晨她被掩翳在白霧之中，霧不算濃，但比那種淡淡的薄霧重一些。ZD在一年裡差不多要陪像我們這樣的客戶四、五次，算是很有經驗了，他說：「我們運氣不錯，還有霧。」

「起不起霧有什麼關係？」

「只要霧一散去，所有華爾街的投資人心中盤算的都是早一點搭火車去長島的渡假中心過周末，……」

尼倫柏格替他接完句子：「所以如果我們不早點開始交易，或許就沒有投資人待在城裡，也就沒人買我們的股票了。」這太震撼了，他突然神經質地笑了起來。

ZD的頭輕輕動了一下，眉毛揚了揚，以很細微的動作來表示同意。

我們全都轉頭朝哈德遜河出海口的遠端那個方向看，剛好看到自由女神的火炬和頭冠從霧的簾幕中浮現出來。

噢，慘了！

尼倫柏格憂心忡忡：「那個電話會議現在應該結束了。」

承不承認你的無力？

高盛的承銷業務總監是一位名叫洛頓・菲特（Lawton Fitt）的女士。她的辦公室有一面牆釘有十呎長的架子，架上擺滿了獎牌，重到架子必須加強固定支撐，以免被壓垮。菲特的身材苗條，高五呎五吋（一六五公分），方下巴，麥色短髮。今天上午，她穿著一件藍色的短袖絲質襯衫，海軍褲，重量中等的金項鍊。她展現出實事求事的幹練；她見多識廣，但狀況急迫時她仍會變得情緒激昂，例如在九點三十八分時，她衝進我們的辦公室，激動地指著桌上的高級電話會議系統說：「喬治・李（George Lee）從達拉斯打來，有**大新聞**要說。」

喬治・李是在線上沒錯，但有話要說的不是他，而是唐・凱勒（Don Keller），承辦律師之一。凱勒的聲音有點遲疑，彷彿他要說的話會惹得房間裡的某些人**非常**、**非常**生氣似的，而他不想當那個被怪罪的信差。

「證交會的會計長仍然不放過我們。他有兩點意見，比較棘手的似乎是以低價股票作為酬庸的費用問題。更明確來說，是四、五月份給出的二十萬股購股權。」

高德洛抗議：「可是我們昨晚就已經重新做帳了，增列了酬勞支出，以滿足他的要求。」

凱勒解釋：「可是用的價錢是每股十一元。」高盛擬定的承銷價是每股十二元。

如果你無法完全瞭解上述對話所指的事情及其影響，你並不是唯一的一個。接下來的六十秒，每個人不管原先有沒有摸清楚頭緒，都試圖趕快進入狀況，於是各種內行、外行的問題和粗魯的回答，從全國各地蹦出來。立即有人拿出計算機做起數學來，想要算清楚昨天的酬勞支出和今天的差別多大。在此同時，窗外的霧逐漸淡去，愈來愈像輕煙。

洛頓·菲特瞥了一下手錶：「如果我們不能在半個小時內過關，可能就太遲了，那就得等到星期一。」

這個問題背後所潛含的重大爭議是：究竟高科技新創公司應該如何來敦促員工努力表現。高科技公司提供給員工低價的購股權，來激勵他們全力爲公司奉獻。因爲，他們的奉獻愈大，則所可能獲得的潛在收益也愈大。曾在奇異電器的管理階層任職十八年的丹·高德洛說道：「購股權眞的是西岸的花樣。在東岸，他們覺得光憑購股權，員工還算不上是與公司有共同的利害關係，只有眞的買進股票，才算是利害與共。」因爲購股權是公司送的禮物，所以即使股價跌到購股權的認購價格之下，員工仍然毫無損失。換個說法：東岸希望在你看到貪婪的同時，也能感覺到恐懼；西岸則很清楚，只有得、沒有失，才能鼓勵創業者願意冒著龐大風險加入新公司。如果沒有購股權，矽谷根本不可能形成。

但是有一條基本會計準則規定，當授予員工的購股權的認購價格低於合理市價時，其差額應視爲一種現金酬庸，所以在財務報表上必須列爲酬勞費用。

最近證交會在計算「合理市價」時採取了頗爲嚴苛的立場。以前的計算方法是以最後一回合募得的創投資金作爲合理市價的標竿，然後再往上調高一點點。現在則改以上市承銷價爲標竿，然後再往下略微調低。以前或許公司給出每股六角左右的購股權，也被視爲合理市價，因而對財務報表毫無傷害，但現在可能得把認購價格訂在六元至十元的範圍才安全。

令人痛苦的是，證交會佔了後見之明的便宜。他們可以說：「你明天要以十八元上市，所以你四個月前給出的那些購股權最少值十二元。」但是當公司給員工購股權時，甚至連會不會上市都不知道；在那個時候把購股權的價格訂低是非常合理的事。從一般矽谷CEO的觀點來看，這種系統等於是在懲罰做好事的人——提早讓員工分享成果卻反遭修理。

鋒芒一直都爲低認購價提列適當的費用。但證交會還是認爲把承銷價從十一元調成十二元，便需要再補提費用。這次情況可有些棘手。證交會要求加列的費用，金額已大到足以讓分析師把對鋒芒的一九九八年第四季營收預測從稍有盈餘調降成略微虧損。雖然鋒芒並未對外發布任何預測，然而股票分析師透過稜鏡廳後、層層轉傳到銷售人員及投資機構的訊息卻是：鋒芒將在九八年第四季轉虧爲盈。如果尼可·尼倫柏格按照證交會的要求加列這筆支出，他就有義務透過稜鏡廳告訴大家：鋒芒的數字由紅轉黑的時間得延後到九九年第一季，而不是原來的九八年第四季。

那得需要一天的時間。至少。

而在此刻，星期五上午的九點四十一分，約有一百家大型投資機構已準備就緒，隨時可以執行向承銷銀行購買鋒芒股票的作業。多耽擱一天，便多讓他們有機會變心。

尼倫柏格不想再多等一天。他等待這個時刻已經五年了，不想讓它就這樣從手中溜走。陷身這種處境的人，大概誰都會試圖鎖定，複習一遍在商研所學到的——再仔細想一遍，檢查有沒有邏輯上的漏洞，把所有的優缺點列出來，向董事會報告你的腹案，過一、兩天再決定。但尼倫柏格知道，再多花五分鐘，可能就是下個星期了。他的思維走過每條路徑，然後我再次見到我們第一次見面時他的那種靈光乍現：他已經**決定要做決定**了。大家都還吵嚷著各種對策，過了好一會兒才全部靜下來聽他說話。

「如果證交會願意接受十一的話，我們就這麼辦。」

「什麼？」

「如果證交會願意接受十一的話，我們就這麼辦！」尼倫柏格又再重複一次。

這是另一個辦法：把承銷價恢復成每股十一元，問題立刻解決。尼倫柏格指示律師立刻聯絡證交會，要求他們確認接受這項方案。

鋒芒提撥三百萬股公開銷售。每股降低一元，會造成他們的現金準備減少三百萬元，或者從衡量全局的角度來解釋，尼倫柏格判斷避免拖到下周一上市的風險，值得花上三百萬美元。他長長地哀歎了一聲。「三百萬，噗通，沒了！就這麼一下。」

尼倫柏格說：「我奉行的格言是：『有事當下就辦妥。』事情必須當下辦妥，因爲你不知道接下來會發生什麼事。此刻的不確定性實在太大了。」當我們用幾分鐘的時間等待壓力消退時，尼倫柏格說出他的聰明腦袋所想到的另外幾個因素：首先，每股調低一元等於是送了一份聖誕禮物給每位透過員工認股計畫購買股票的員工；其次，參加分配的投資機構所考慮的是購股的平均價格，假設他們分配時得到六萬股，那麼省下的六萬元可讓他們有更多的預算拿到公開市場花用，即使股價漲到十五、十六或十七，都還能繼續追漲買進。

不管怎樣，仍然很痛。紓解壓力的笑話透過線路傳到全國各地，帕洛阿圖、達拉斯、華盛頓都能聽到尼倫柏格如同馬嘶的笑聲。

洛頓・菲特回來，她問尼倫柏格爲何還有幽默感。

「我見過比這慘多了的情形。」

「比放棄三百萬慘嗎？」丹・高德洛問。

「你就是已經有一種本能了。」尼倫柏格說。

高德洛說：「這幾天眞不好受。」

洛頓報告了一下市場現況。「交易員變得很緊張。不過至少天氣還沒變得太好。」

丹・高德洛的行動電話響起。是比爾・嘉維有急事，然後就斷線了。尼倫柏格和高德洛的數位PCS電話在辦公大樓內的收訊不好。最後有人借給高德洛一支類比式電話，他又聯絡上了嘉維。

他宣布：「沒問題，通過了。」

電話會議的線路上響起了一群律師的鼓噪聲。「把股價訂爲十一元之後，證交會便撤回認購價格太低的意見。證交會說只等收到我們的申報費，上市案就可立即生效。」

申報費？會議室裡的每個人都露出困惑的眼神。申報費不是早繳了嗎？難道是電匯的過程出問題？不，確實已經繳了，不過經辦的人繳交的是以每股十元核算出來的申報費。多一塊錢所造成的差額還是得補繳。

這下子，你可眞的得對過程的荒謬徹底投降。這下子，你可眞的得對無法控管鋒芒有史以來最重要的一筆匯款感到沮喪透頂和束手無策。眼看就可募得三千三百萬美元，卻被一筆小小的匯款給擋了下來，所差的只是一個基本點的兩百分之一，也就是一千零一十七元七毛五。這筆電匯的每一步流程，都像是黑色驚悚劇的又一次情節轉折。

「好了，電匯送出去了！」視訊系統突然傳出聲音。

「所以通過了，是嗎？」

「不對。是送出去了沒錯，但是證交會還沒收到。」

理論上來說，在這高科技網路的時代，匯一筆款子應該只要幾秒鐘的時間，但此刻的進展像是陷身在寸步難行的厚厚泥漿中。上午十點五分。跨過交易大廳，看到柯林頓總統的臉出現在電視螢幕，「立即實況」的字樣疊在畫面上，但是因爲沒有聲音，所以我們不知道他說些什麼。只希望不是又要跟伊拉克打仗了。十點十分。洛頓・菲特回到她的辦公室，「繼續把我的手放到每個人頭上」。市場已經到達上午的血糖含量最低點，人們開始盤算午餐內容。十點二十分。尼倫柏格說：「這下不太妙。」他不明白，高盛的人難道無法動用關係，向證交會保證「那筆該死的電匯一定會到的」。他不明白，爲什麼不先付每股二十元的申報費，事後再把差額領回。痛苦漸漸襲遍全身——他斷然決定放棄三百萬元現金，以免拖到下星期一，但照目前的情勢看來，似乎還是會拖到下星期一。他重新審視先前的決策過程，開始覺得他們早先以爲可以在周五之前擺平證交會，可能是一項危險的錯估。他們根本不該把上市案的進度加快。十點二十五分。「我們死了，死定了。」尼倫柏格說。

他起來活動一下，沿著交易大廳走了長長的一圈。他臉上掛著憂鬱，緊抿的嘴試圖擠出一絲笑，但露出的只是受傷的表情。他來回走著，雙手放在臀上。他的步伐沉重，又像在尋找什麼。他看起來像是被拉長的黏土玩偶。他替丹・高德洛擔心，高德洛剛從他兄弟那裡聽到母親的病況沒有改善。尼可・尼倫柏格，你承不承認你對自己的命運並無控制權？你承不承認，成爲一家上市公司，好比邀了一個腦筋錯亂的瘋狂暴君入夥？尼可・尼倫柏格，你承不承認你的無力？

而自由女神正好在晴空之下歷歷可見。

我們的事辦完了

在等候消息的當兒，洛頓．菲特告訴尼倫柏格她所經手的第一個上市案：市場收盤後，他們把價格傳給投資人，好在次晨即可交易；幾分鐘後，IBM宣布有史以來第一次季虧損。想在第二天依原計畫上市，「猶如站在高速公路正中央，等著被車撞」。菲特停住，沒往下說。她仍相信鋒芒的上市案沒問題，但也警告我們：「每多等一分鐘，就是再判斷一次我們沒事。」

直到十一點二十四分，電話會議的線路才又發出聲響。

「好了，我們被接受了。」有位律師說。

「接受？意思是生效嗎？」

「不，這只表示證交會接受我們的文件。」

假訊號？或許吧。電話上又近來另一位律師：「現在生效了。」

菲特立即接管局面。「何時開始生效？」

「立即生效。」

她說：「我的錶現在是十一點二十四分，我們就以此爲準。」她迅速轉過身，拿起電話聽筒按了一個按鈕，準備透過播音系統對承銷團全體人員講話。在全國各地的辦公室，她的聲音迴響在交易大廳。「各位請注意，有一則關於鋒芒案的消息要宣布。波士頓在嗎？芝加哥？舊金山？休士頓也在嗎？謝謝各位耐心等候。數量三百萬股，每股十一元。」

高盛的承銷機器，前兩個小時一直維持在待命狀態，立即動了起來。

一聽到菲頓宣布上市案開始生效，尼倫柏格感到一股暈炫感衝向腦門。「好爽，就跟嗑藥一樣。可是一劑三百萬，這是全世界最貴的藥。」

尼倫柏格又說：「現在全世界都在觀察我們的表現。」過了一會兒，他又說：「我剛從希斯伯羅的頭號窮光蛋升級到最底層的十分之一。」他爆笑出來。

離鋒芒的股票開始公開交易至少還有一個鐘頭。在這段時間，我們得知，一家達拉斯的純網路公司 Broadcast.com 剛以十八元的承銷價上市，但因爲實在太搶手了，市場上可能會以三十五元開盤。

尼倫柏格開玩笑說：「早知道我該把公司名字加上.com。」

半小時之後我們得知，每一個昨晚收看了CNBC的投資散戶都知道 Broadcast.com 將在今天上市，早就苦苦守候要買到幾股。最後它的開盤價是駭人聽聞的七十二元，創下十年內新上市股的交易首日最大漲幅。尼可・尼倫柏格並不是今天的街頭話題。明天一早醒來，他會比今天多了二千八百萬美元，然而大家談論的會是達拉斯的兩個小伙子，其中一個可抵六個尼倫柏格，另一人值十個。

我問尼倫柏格對這件事看法如何。

「那是我不想玩的心理遊戲，想都不該去想。我想，這是一種成年的考驗——去接受永遠都會有人比你聰明，永遠會有人寫更好的軟體，永遠會有人更懂得管理。永遠有會人更有錢。這是我們必須坦然接受的基本事實，當然，在矽谷並非人人做得到。」

下午一點，我們踱步到交易台，觀看鋒芒的股票開盤。交易員鮑勃・席亞（Bob Shea）和菲特討論鋒芒股票的供需。他的螢幕上有些一萬股至兩萬股的買單，出價在十五、十五塊半、十六。這些單子大多來自投資法人，他們剛以十一元的承銷價購得股票，但還想多累積一點持股。螢幕的另外半邊是賣單——願意以任何價格賣出。這些是所謂的投機客，其中許多人才剛向高盛買得股票，他們透過後門交易，以掩藏眞實身分。有些經紀人專門處理這類交易。

菲特說：「這些是短線投資客。我說的短線，是以秒來計的。」

大多數的投機客會等到交易打開後才掛進，以期得到更高的賣價。所以鮑勃・席亞得要看著少數幾筆眞正的賣單，然後做個概估，看看有多少賣家等在那裡。

在他正式撮合任何買單之前，有些經紀人彼此已經以 15 7/8 的價格交易鋒芒的股票。下午一點六分，席亞以十五塊半至十五塊八毛七五打開市場。他撮合了所有的賣單，但那只夠三分之一的買單。

尼倫柏格說：「我的脈搏停了。」他這時仍沒忘記他的創業精神，亟於瞭解這一行的運作機制。他問了十幾個技術性的問題，從任何還有時間回答的交易員口中得到答案。

鮑勃・席亞需要更多股票來撮合買單。他對著其他交易員大叫：「我們是鋒芒十五塊八毛七五的大買家。」

下午一點十一分，鋒芒的股票代碼ACTU出現在那斯達克跑馬燈上，跑馬燈只顯示每筆一萬股以上的大額交易，它寫著：ACTU 15 7/8 200s，表示數量是兩萬股。再過一會兒，跑馬燈上全是ACTU的交易，間或夾雜著昇陽、3Com、戴爾和微軟。

菲特說：「通常換手率比這更高。」也就是說，立即賣出鋒芒股票的投資人比預期的少。「好極了，非常穩定。」它的股價緩步上升，最後以十八塊七五收盤。

「事情結束之後，我要回去過眞實生活。」尼倫柏格說。

「這會是個好故事。」鮑勃・席亞說。

尼倫柏格說：「噢，天啊。再來我該做什麼？」

丹・高德洛開玩笑說：「你給我乖乖工作。」

尼倫柏格說：「太棒了。」他快樂地歎息一聲，看了一下錶。他奮鬥了十八年，才終於一夜致富。我們的飛機在一個小時內起飛。「好的，我們的事辦完了。」

特別的一天

公司上市的那天，有點像是你的生日。對你而言，它是特別的日子，但當你一早醒來，你的樣子沒變，說話的樣子沒變，做事的樣子沒變，如果別人事先不知道那天是你生日，他們也無從看出來。它就和其他的日子毫無差別，但你知道它是特別的，你感覺到它是特別的，而且在那一天的大部分時間裡，它也的確是特別的——即使在那天，絕大多數的事都沒有任何改變——除了你的身價變成了將近二千八百萬美元。

至於其他事情，尼可．尼倫柏格仍然一如往常。星期六，他帶著兩個孩子去看奧克蘭運動家隊的比賽，而且是利用優惠折扣購票，三張十五元。晚上，他去參加太太的祖母的九十歲壽宴。

星期一，鋒芒的股價最高曾漲到二十二，是承銷價的兩倍，接著有些法人獲利了結，又把股價拉回一些。談到星期五的上市過程，他說：「我想，最適當的譬喻是分娩。當時痛得要死，但當一切結束後，你想：『啊，其實還不壞嘛。』」

過程補記

□

在即將印製三萬一千本公開說明書的前夕，我到唐納利財務位於帕洛阿圖市加州大道的辦公室。我事先聽說鋒芒的律師已有心理準備要和高盛及安永會計事務所（Ernst & Young）的律師奮戰到凌晨三點，在把公開說明書送進唐納利的印刷機之前，逐字逐句斟酌其內容。這是習慣上整飭文字的時刻，你要把每一個鬆脫的環節都扣緊，把公開說明書修飾到無懈可擊的地步。要讓八個律師在遣辭用字上意見一致，就像是教八個小孩同意披薩的口味——不管建議什麼：蘑菇、美式臘腸、鳳梨，至少必有一個小孩大叫「好爛」而把它否決掉。

我在五點半抵達，剛好看到這一幕。有位唐納利的助理探頭進來，問會議室裡的八位律師想要她叫什麼，泰國菜、印度菜或壽司。

「嘿，各位，你們想要什麼？」發言的是勃貝克（Brobeck, Phleger & Harrison）律師事務所代表鋒芒的律師，傑夫・希金斯（Jeff Higgins）。

有人喃喃自語，有人看手錶。

「嗯，我這一部份快做完了。」高盛的法律顧問說。

「我想在太陽下山前一口氣趕完。」勃貝克的另一個律師說。

「我跟我老婆說會在回家時買吃的回去。」

「我有一場排球賽。」

房間裡的聲音此起彼落，看來似乎沒人想再待到晚上。

我忍不住要問：「難道各位沒有一些最後關頭的變動需要爭辯的嗎？」

全場笑了出來。

顯然鋒芒並不屬於那類上市案。鋒芒乾淨到連以潔癖出名的霍華・休斯（Howard Hughes）都敢把它的公開說明書吃下去，沒有任何東西要在最後關頭修改。傑夫・希金斯說：「第一次開會時，比爾・嘉維帶著說明書的完整草稿出席。我們甚至不必動筆。」嘉維原先在勃貝克時處理過幾樁上市案，他對實務很清楚。

以往，公司上市有點像是從一檔換到三檔，但現在它的過程則像是家常便飯。已經有太多的公司上市，所以很容易從別人的錯誤中學到教訓。你仍然得換檔，但車子已經換成了自動排檔——甚至不必打排檔桿就可以換檔。

鋒芒事先早有充分準備，高盛的稽核小組甚至沒有機會提出一些常見的建議來自我表現一番。鋒芒早已遵守 FASB SOP 九七之二〈軟體營收之認列〉的規定，把營收分攤在合約的執行期間內逐季認列。鋒芒已經爲提供給員工的低股價購股權，預提酬勞支出。他們也不需要併股。此外，他們已向員工簡報過閉口期間的規定，以及禁止偷跑的限制。員工都簽署了爲期六個月的閉鎖同意書。

從鋒芒的觀點來看，上市是很自然的事，是公司成長過程中的下一階段。爲了淡化這件事（並且避免員工得意忘形），他們鼓勵員工照常去度假避暑，因此在最後六周的關鍵時刻，艾爾・坎帕到法國觀賞世界杯足球賽，尼可・尼倫柏格帶小孩去迪士尼樂園，比爾・嘉維參加完聖地牙哥馬拉松後，留在那裡保養他的雙腿。

對我而言，最能夠彰顯上市機制早已運作順暢的徵候，是**並未發生**在高科技與高金融業之間的文化衝突。以往是鬍髭不整、穿著拖鞋的工程師開著福斯廂型車到舊金山，然後搭電梯上到那些大熱天也穿著名貴西服而頭髮抹油的銀行家世界。

如今，工程師也密切注意股市行情，有半數在做科技股的指數期貨。工程師每說三句話，就會出現一次「價值主張」。投資銀行的人員很少再穿比馬球衫和卡其褲更正式的服裝了，且能詳細比較在昇陽 Solaris 和微軟 Windows NT 上開發物件導向軟體的優缺點。各自的次文化已經消失。

我走進會議室時，分不出誰是銀行人員，誰是律師，誰又是創業的工程師。高科技業與高金融業並非在中途相遇，更佳的譬喻是他們一路結伴同行。我們看到的不是文化衝突，而是文化混同。

3

創業家

是運氣，或是才氣

從我遇見他的那一刻開始，薩比爾·巴提亞（Sabeer Bhatia）就特別強調這個想法的威力。他的朋友兼同事傑克·史密斯（Jack Smith）在開車過橋，回到位於利物摩爾（Livermore）家中的路上，突然想到這個點子；他撥汽車電話給巴提亞，打算兩人腦力激盪一番。但巴提亞只聽了一句就說：「噢，我的天！立刻掛掉！等你回到家，再用安全的線路打給我。我不想讓任何人偷聽到！」

這想法實在威力太大，所以等史密斯十五鐘後撥電話給巴提亞的時候，他們兩人的腦子在討論中合而爲一，全然同步，絲毫不差地從一個階段跳到下一個，就像兩個併肩而行的士兵踩著相同的行軍步伐。這想法實在威力太大，所以巴提亞那晚根本睡不著。如今這個念頭在他腦裡爆炸、自動觸發，有這一場心智的熊熊巨火，他怎可能睡得著？在他位於灣濱村（Bayside Village）的狹小公寓裡，巴提亞通宵坐在玻璃桌面的餐桌前寫著營運計畫；隔天早上帶著計畫去上班時，他看起來一臉憔悴，以致於老闆把他擋下來說：「你得戒掉通宵作樂的習慣。」巴提亞惟恐一開口就會洩露祕密，所以只是點點頭。他謹愼到連計畫的輸出稿都不肯影印一份，以免不小心哪一頁流落到資源回收筒裡，被別人意外瞥見。

他們的想法是這麼來的：巴提亞和史密斯打算自己開公司，幾個月來他們一直在腦力激盪著各種創業構想。他們想把隨手寫下的札記以電子郵件寄給對方，但又怕萬一老闆扒梳他們的電子郵件，指控他們把上班時間挪爲私用（蠻正確的罪名）。這兩位剛起步的創業家有私人的美國線上帳號，但是無法透過公司網路使用。在他駛過橋回家那晚，史密斯已爲這個問題煩惱了一整天，然後他突然想到了解決辦法：

全球資訊網上可供匿名使用的免費電子郵件帳號。

爲了克服他們共同籌思創業構想的障礙，結果他們得到的是絕佳的構想。

這個想法早就在全世界所有剛起步的創業者眼前來回飄浮。任何曾擔心過他的郵件會被公司偷看的員工，都有**可能**在史密斯和巴提亞之前想出這個點子。**任何人**都有可能想出來。**你可能；我也可能。**

正是這類點子啓發了一隊又一隊的創業家軍團。正是這類點子激勵了幾千個年輕人放棄了原來的營生，湧向矽谷。它向全世界散播這樣的訊息：要在矽谷功成名就，你只要想對一個點子就行了。不需要有門路，不需要展露經驗。最重要的是，在網際網路的新紀元，你不需要是一個超級天才——不需要懂得光纖訊號交換、站台鏡射及大量平行處理——也可以想出好點子。這像是突然捲起一陣巨浪。二十年來，科技知識急速變得精密複雜，站在科技最尖端的，是那些頭上頂著名校的博士頭銜、名下擁有十數項專利的人。正是這些絕頂聰明的傢伙，嚇得媒體菁英以爲人類前途將操縱在穿拖鞋而衣著毫無品味的工程師手中。對於一般的旁觀者，高科技變得愈來愈難理解，所談的總不免圍繞在三十二位元對六十四位元晶片組、低空軌道衛星傳輸以及三D向量圖形。到了一九九〇年代中期，東岸的既有勢力開始覺得不安，每天早晨醒來，不免擔心耶魯的法律學位或是華頓商學院的ＭＢＡ文憑再也不能保證他們可以擁有優越的社會地位。

有一個點子就行

巴提亞所做的，就像先前楊致遠和大衛・菲洛創辦雅虎，以及傑夫・貝佐斯（Jeff Bezos）創辦亞馬遜一樣，是把創新理念的標竿，拉回到聰明才智尚佳而進取心超強的一般人所能達到的高度。雅虎一開始是什麼？不過是工商目錄而已！亞馬遜呢？不過是書店而已！

你不必是天才。

你不必是超人。

你甚至不必是技術專才。

只要有個點子就行了。

而最好的點子就在你眼前晃來晃去。

如果你最近在聚會活動上遇見巴提亞，問起他幹哪一行，他只會說他在高科技業，就像矽谷的其他數十萬年輕人一樣。巴提亞剛滿三十歲，流露一股尊貴氣質，他是專注的傾聽者，和顏悅色的巨人。他的身材略顯粗壯，穿著棉質條紋襯衫，戴金屬框的眼鏡。逼問一些工作現況，他會說他在Hotmail工作，再問他是不是工程師，他說不是，他是總裁。既不猶豫也不賣弄，他根本不覺得自己有何特殊之處。

Hotmail 是什麼？不過是網路電子郵件而已！

在創辦將屆兩年半時，Hotmail 的用戶成長率比歷史上的任何媒體公司還快——快過CNN，快過美國線上，甚至快過超紅電視影集《歡樂單身派對》（*Seinfeld*）的收視群。眞是不可思議。一九九八年夏季，他們有兩千五百萬個有效的電子郵件帳戶，新用戶的增加率是**每天十二萬五千人**。隨著夏季到來，人們待在戶外的時間增加，上線的時間減少，大多數網路公司都會感受到成長的步調慢了下來，但在時值夏季的六、七月，Hotmail 的用戶註冊率**依舊成長**。

有天晚上我到巴提亞位於蘇瑪區（South of Market）灣濱村的家中拜訪他，讓他招待喝一杯印度甜酒。灣濱村是由五層樓高、方盒狀公寓所組成的立體縱橫字謎。他的簡陋居處是一戶單身宿舍，四處牆面還留著補土的痕跡，一幅裱框版畫斜靠在起居室的壁面，地毯捲起來堆到牆邊。他的起居室有著一百八十度的開闊視野，看到的盡是其他公寓住戶；不過，如果站在某個特殊位置，並且伸長脖子的話，倒還可以瞄到社區游泳池水淺的那端——那天晚上，他就是在這兒寫下 Hotmail 的營運計畫。你絕對料想不到，一個身價數億美元的人會住在這裡。

巴提亞信仰印度教的哲學。據他描述，印度教是一套截然不同於其他宗教的信仰系統，但就我的觀察，它和創業者的哲學有許多相合之處。「印度教沒有必須唱誦的經文，沒有必須施行的儀式。沒有教堂，沒有寺廟。印度教只是一種生活方式。你自己界定自己要如何過活。由你的良知來協助和輔佐，你替自己界定戒律。只要遵守這些戒律，你就是印度教徒。」巴提亞爲自己所定的戒律包括：待人和善，尊重他人的個體性，並且做任何事都謹守中庸之道。

儘管如此，爲何不替自己買幢房子，一幢「中庸」的也好？是不是忙得沒時間去找？不，他看了很多。「不過出價都太高了。」他說：「我想，如果等到它們價格掉下來，我可以省下一點錢。」

沙發旁是一疊資訊雜誌。晚上他會坐在這兒閱讀雜誌，試著消化網際網路瞬息萬變的發展。這就是他獲得策略資訊的管道，他既不雇用間諜，也不訂購專業的研究報告。只是雜誌，你也買得到、而任何書報攤都有賣的雜誌。

矽谷的傳奇故事被人一再傳述，有時偏這邊，有時偏那邊。故事敍述著如何從襤褸而致富的過程，這個薩比爾・巴提亞的遭遇便是典型的例子。這類故事的差別在於把成功歸因於個人抑或環境——究竟是當事人卓越出衆，或者只是因緣際會？最常被講述的故事——每天被提起不下一萬次——乃是比爾・蓋茲的成功史。每每有人說他不過是個普通聰明的傢伙，若非依恃作業系統的壟斷優勢，根本不可能闖出什麼局面；但也有人把他描繪成不世出的戰略奇才，每一回合總能智取敵手。

我一直聽到有人談論巴提亞——每一個矽谷的成功故事，都會有一群愛分析的人不斷辯論其歷史評價，也會有一幫人滿懷嫉妒說著閒話。這是「先天或後天」問題的矽谷版本。一方宣稱：「嘿，如果他所做的大事業只不過是先一步想出了誰都可能想到的點子，那麼他不過是個碰上天時地利的幸運傢伙。」另一方則反駁：「嘿，每家大公司都可以抄襲他的點子，花個幾百萬的廣告費，從他身上碾過去，他可得把每一件事都做對才能避免此種下場。而這需要多少天分。非得天賦異稟不可。」

所以，究竟他是卓越出衆，抑或只是幸運？

染上了創業熱

十來年前，薩比爾・巴提亞在一九八八年九月二十三日下午六時抵達洛杉磯國際機場。他從印度的邦加羅爾（Bangalore）飛來，坐了二十二小時的飛機，饑腸轆轆。他在加州理工學院得到了一份名額極爲稀少的轉校獎學金；加州理工只告訴他「搭乘接駁巴士到校區」，但巴提亞不知道什麼叫「接駁巴士」。他年僅十九，身上只有兩百五十美元，這是印度海關允許學生帶出境的最高額度。他在美國舉目無親。巴提亞獲得了加州理工的轉校獎學金，因爲，一九八八年，全世界只有他一人通過了以困難出名的加州理工轉學測驗，所以有資格申請獎學金（通常會有一百五十人申請）。說起這轉學測驗，出的盡是極其刁鑽的難題，難到加州理工大學部承辦入學許可的人告訴我說：「即使是SAT數學滿分的學生，大部分都考得很慘很慘。」滿分一百，巴提亞得了六十二分。次高分是四十二分。

巴提亞原先打算在拿到學位以後返鄉工作，也許到某家印度的大公司擔任工程師。迄今爲止，他是一路追隨父母謙卑的生命足跡。他的母親是會計，爲印度中央銀行工作了一輩子；父親當了十年的陸軍上尉，然後轉到幾個公家機關擔任主管。命運就提供這些給他。印度是一個非常官僚的國家，像巴提亞這樣出身的小孩會認爲，除非你是超人，否則絕不能自己開公司。

等到他進史丹福念研究所，當大多數同學午餐時都到附近的運動場丟飛盤，巴提亞則被吸引到特曼會館（Terman Auditorium）的地下層。那兒在舉辦「便當演講會」，主講人是史考特・麥尼利、史提夫・沃茲尼克、馬克・安德列森㊟之類的創業家。他們傳播的基本訊息總是同樣一句：**你也辦得到**。巴提亞知道名人都會這樣講，他們想要激勵人心。他對這些成功企業家的印象是，他們並非天縱英明，只能算是凡人中的聰明人，就跟他和他的同學們沒多

譯註：麥尼利（Scott McNealy）是昇陽微系統的CEO。沃茲尼克（Steve Wozniak）是蘋果電腦的共同創辦人，Apple II的設計者，被公認爲是最偉大的個人電腦設計天才之一。安德列森（Marc Andreessen）大學時帶領的研發小組寫出Mosaic瀏覽器，掀起網路熱潮，畢業後和吉姆・克拉克（Jim Clark）共同創辦網景。

大差別。巴提亞染上了創業熱。

畢業後，巴提亞沒有返鄉，他跟傑克・史密斯一起進了蘋果電腦。他父母非常高興——在這麼一個又大又重要的公司，兒子必定可以待上二、三十年。但是巴提亞跑去參加「印美企業家聯誼會」（The IndUS Entrepreneurs，縮寫爲TIE）舉辦的雞尾酒會，在這個團體裡認識許多在美國功成名就的印度同鄉長輩。而再一次，他覺得他們看起來也蠻平凡的嘛！巴提亞被這個年代的熱潮掃到：如果不去闖天下，你不算活過。每天早晨巴提亞到蘋果上班，他在傑克・史密斯的座位停下來，告訴他誰誰又把公司以幾百萬美元賣出。「傑克！我們還在這裡幹嘛，浪費生命？」但史密斯是害羞的人，還有老婆及兩個小孩要養。自創事業是多麼嚇死人的念頭；他們不過是在蘋果公司層層組織結構之下盤據了兩個辦公隔間的小人物，怎可能懂得如何開公司？他們連經理都還不是。然而，最後巴提亞終於說動了他：「眼看這裡到處是機會，如果我們沒做成什麼，那我們的人生眞是徹底失敗。」

某天晚上，在一場印美企業家聯誼會的餐會，巴提亞坐在法魯克・阿賈尼（Farouk Arjani）旁邊。阿賈尼在一九七〇年代，是文書處理業的開拓者，此後成爲紅杉創投（Sequoia Ventures）的合夥人。兩人相談極爲融洽，阿賈尼遂成爲巴提亞的啓蒙導師。阿賈尼說：「起初我覺得他蠻有意思的。眞正讓巴提亞跟我所見過的其他幾百名創業者顯得不一樣的，是他的夢想大得出奇。他根本還沒有任何產品，也還沒籌到資金，但他毫不懷疑自己將會創辦一家價值幾億美元的大公司。他有堅定的信念，相信自己建立的不會只是一家普普通通的矽谷公司。而一路看下來，我逐漸明瞭：不得了！他可眞要辦到了。」

一九九五年中，巴提亞開始拿著兩頁長的營運計畫摘要，推銷一個叫做 JavaSoft 的構想。JavaSoft 是在網路上使用的個人資料庫，然而，創投金主對軟體市場有疑慮——它太難建立良好的配銷體系，而且太多敵手環伺。當史密斯和巴提亞在十二月想出 Hotmail 的時候，原來的 JavaSoft，實質上就成爲 Hotmail 的外部僞裝。巴提亞知道 Hotmail 太具爆炸性，他不希望遇到哪個道德感較差的創投金主表面上拒絕，轉過身卻偷走他的構想。所以他繼續推銷 JavaSoft，只在碰到看得對眼的金主時，才拿出 Hotmail 來談。「我不介意他們拒絕 JavaSoft。假如他們拒絕，我可以觀察他們的心思如何運作。如果他們的拒絕是出於愚蠢的理由，那麼我道個謝便離開了；如果是出於正確的理由，我就給他們看 Hotmail。」

傑克・史密斯說：「要承認還眞讓人不好意思。當我們在改進新構想的時候，還希望能靠 JavaSoft 這個產品賺點小錢。」

巴提亞第一次向「德瑞柏・費雪・朱維森」的史提夫・朱維森（Steve Jurvetson）簡報時，情況並不太順利——朱維森和其他每個創投金主一樣，對資料庫的想法頗有意見。但他拒絕的理由是對的，所以磨了快一個鐘頭後，巴提亞打出 Hotmail 的牌。他提出的方式很有技巧，把 Hotmail 講成是行銷工具。（他只說：「每個用過 Hotmail 的人會好奇這是怎麼做出來的，於是就會跑來買我們的 JavaSoft 工具。」）朱維森沒上當——他看到了黃金罈子。

可以說，不少投資者把巴提亞頑強的決心視爲傲慢放肆。朱維森回憶道：「巴提亞給我看營收預估，那個數字顯示這家公司的成長速度會比史上任何公司都快。沒錯，大多數創業者都有這種性格，但他們也會注意別讓自己看來像個傻子。我們當下否定了巴提亞的預估，但他還是很堅持：『你不相信我們辦得到？』他的樂觀很虛幻，而他又有一股無法抑止的宿命感。不過他是對的。用戶數的成長率確實比史上任何公司都快。」

想到巴提亞已被二十家創投基金拒絕而且又是無名小卒，你大概會以爲，當「德瑞柏．費雪．朱維森」願意投資他三十萬美元時，他應該會心懷感激地接受他們的條件。提起此事，朱維森說：「我沒見過像他這樣有意思的談判者。」提姆．德瑞柏（Tim Draper）要求百分之三十的股權，這是依公司市值可達一百萬美元換算而得的數字，算是合情合理。巴提亞硬說未來的市值將會兩倍於此，所以他們那一份應該是百分之十五。雙方僵持不下，於是巴提亞搖頭聳肩，站起來，告辭離去。他唯一的替代方案是史密斯的「親朋好友」東挪西湊、準備作爲後應的十萬美元——遠遠不足所需。史密斯說：「如果我們走那條路的話，Hotmail 不會存在到今天。我有時想來仍不相信，他居然有膽就這樣走出去。」

讓步的，反倒是德瑞柏和朱維森，第二天他們來電，答應接受百分之十五。

想要像巴提亞這樣辦，可要有高得飛到天外去的信心：首先，隱藏自己眞正的想法：其次，非要得到他覺得公司應有的價值才點頭。兩者都極爲稀有，但巴提亞只把一切歸功於矽谷本身的文化：「兩個二十七歲的傢伙要向第一次見面的人借三十萬元，這只在矽谷才有可能。兩個二十七歲的傢伙，而且不曾研發過消費性產品，沒開過公司，沒管過任何人，甚至沒有軟體經驗——傑克和我是硬體工程師。我們擁有的只是想法。我們沒有可用來證明自己想法的軟體或原型可以展示，連一張印在紙上的圖表都沒有。我只是在朱維森的白板上邊講邊畫。除了這裡，在世界上的任何地方都是不可能的。」

是沒錯，但哪個名人不都這樣講？

領袖氣質的徵兆

創業者的思維是這樣運作的：被二十家創投公司打回票，有沒有擊潰巴提亞和史密斯的信心？沒有。這只會挑起他們的鬥志，讓他們更努力工作，以證明那些人全都錯了。目標本身的遙不可及，反倒成爲激發他們的動力。

他們首先在弗列蒙市租了一間小辦公室，爲了不讓想法張揚出去，門口還是掛上 JavaSoft 的名字。從一九九六年的二月至六月，史密斯每天早晨到公司的第一件事是上網，四處查看有沒有人搶在他們前頭推出類似產品。他總是訝異居然沒發現競爭者。他非常確定 Hotmail 這個主意實在太好，不可能只有他們在進行。

所募來的三十萬元，是供開發「驗證概念版」（“the proof-of-concept version”）之用——這個詞通常是指只能在較小規模下運作的陽春軟體，而且沒有美化外觀所用的「口哨和鈴鐺」。但是巴提亞堅持，若非必要，絕不多洩露公司一絲一毫，所以他把開支撙節到不可能再省的地步。由於堅持一定要保密，所以他們需要碎紙機，於是巴提亞買了一台最便宜的——十五美元。沒有任何擔保品可供抵押，巴提亞就去說服帝國銀行（Imperial Bank）借他十萬美元的無擔保貸款。接著他以股票爲代價，說服麥克連公關（McLean Public Relations）負責Hotmail的宣傳事務，儘管公司還沒有產品，而且他爲了保密之故，也還不准他們開始進行公關。麥克連的蒙特・埃提昂（Montrese Etienne）回憶道：「平常講話他非常溫和友善，但我們坐下來開始磋商股票時，他就變得緊迫盯人、錙銖必較，那模樣眞嚇人。他變得很激動，幾乎像是換了個人。」

六月間，巴提亞把錢用完了，而產品還得再一個月才能推出。這正是創投金主最喜歡的時刻——他們喜歡看著創業者被逼到退進兩難的絕境，然後他們可以在下一輪籌募資金時趁機榨出更多股份。巴提亞先前已和曼洛創投（Menlo Ventures）的道格拉斯・卡萊爾（Doug Carlisle）接觸過，卡萊爾表示有興趣，就待他開口來談。但是巴提亞不願讓創投金主輕易分走大餅，於是向阿賈尼徵詢意見，阿賈尼告訴他，就照自己相信的去做。這一席話重振了他的士氣，不過事後阿賈尼坦承他其實蠻擔心巴提亞，覺得他的情況不妙，倘若換成是他自己在這樣的處境，他絕不敢做得這麼險，不替自己留一點應變空間。他說：「他此時的表現預示了巴提亞的自信。」巴提亞知道，如果他先推出網站，那麼他在和投資者談判時便可佔到優勢地位。他說服最初進公司的前十五名員工只拿購股權而不領薪水，這是極爲少見的事，因爲矽谷的失業率近乎零，而且大部分的工作是既有薪資，**也有**股票。

巴提亞一再強調：「我最大的成就並不是創辦這家公司，而是說服別人相信這是他們的公司。我證明給他們看，這些最終是對他們有利的。我的角色只是發動者。這不是任何一個人可以單獨辦到的，也並非全都是我做的。這股浪潮是我們一夥人共同推動的。」

網站在一九九六年七月四日美國獨立紀念日當天揭幕。日子非常恰當，因爲巴提亞和史密斯相信，免費電子郵件是一項很棒的全民工具。在此之前，只要是有電腦的人都可以申請電子郵件，就算你沒有電腦，也可以有網路郵件——不管是在捷克的麥當勞或台灣的網路咖啡店，只要能上網，就能收發郵件。七月四日那天早晨，巴提亞和史密斯隨身帶著震動式呼叫器，他們已經把呼叫器設定成每小時自動傳來 Hotmail 新增加的用戶人數。最初的使用者都是自己找到 Hotmail 的，不過他們又會再告訴他們的朋友：第一個鐘頭有一百人；第二個鐘頭兩百；第三個鐘頭兩百五十。每個人都能立即察覺到網路郵件這個想法的強大威力，因此 Hotmail 百分之八十的使用者是從他們的朋友處得知這個網站。它引入了「病毒式行銷」（viral marketing）的觀念——每一封從 Hotmail 送出的郵件都會附上一小段文字說明它的來源，換句話說，每封郵件實質上也成爲 Hotmail 寄發給收件人的廣告。它並不需要原先預期的大筆行銷預算。巴提亞起初花了幾千元在大學報紙上登了一些廣告，此後兩年，再也沒花過任何廣告費。

當巴提亞眞的去找曼洛創投的卡萊爾，表示「好，現在我需要你的錢」時，Hotmail 已經有十萬名用戶。他當著朱維森的面走出會議室的那次演出，價值一百萬美元，把公司的身價從一百萬提高爲兩百萬。這次他撙節開支，以原來的資金多撐了兩個月，則又讓公司身價增加了**一千八百萬美元**。他眞的只是僥倖嗎？卡萊爾說：「或許巴提亞的出身相當平凡，但他是一個非常卓越的人。」

Hotmail 開始把新聞或其他內容直接遞送到訂戶的信箱。這並不新鮮，新鮮的是金錢的流向。內容網站的立場是：「嘿，如果想要我們的新聞，你最好付錢給我們。」巴提亞非但不肯，反而還希望對方付錢。他認爲網站如果出現在 Hotmail 上，對他們而言，其實是相當好的宣傳。Hotmail 的使用者會在佈告欄看到他們，然後去造訪這些網站。巴提亞不但要他們免費提供內容，而且還要求他們付錢給 Hotmail 來取得它的發送服務。巴提亞指示業務開發主管史考特・魏斯（Scott Weiss）務必確定錢是流進 Hotmail，而不是流出去。

朱維森說：「他得向董事會報告策略結盟的合約，而我們總會大感驚訝。我們問：『你怎麼有辦法叫結盟公司同意這些條件？』」答案總是相同的：結盟夥伴相信他描繪的前景。他說服他們了。

再一次，巴提亞又對了。Hotmail成長得如此迅速，以致於某些內容網站無法應付經從Hotmail過來的流量。

巴提亞並不是那種事事插手的經營者。只要員工有能力處理，他就放手讓他們去做。卡萊爾說：「只要看一個創業者能吸引到哪些人來和他共事，就可以對他了解許多。如果他吸引的是能力強又腦筋靈光的人，那是眞正的領袖氣質的一個好徵兆。」

巴提亞所做的，是讓公司的每一個人都能完全投入：他說同一套故事，並創造一個和諧的環境。這是高科技產業領導統御的精髓所在。聽來似乎沒啥了不起，但如果你曾目睹公司的行銷部宣稱，產品如果延期他們就不爲產品的成敗負責，而工程部又認爲這是行銷部推卸責任的圈套，於是不肯接受既定的出貨日期，你會有另一番體會。當和諧樂音變成了刺耳噪音，一切就會陷入僵局；大家的生產力都被吃掉，心力全消耗在內鬥上。但若能營造人與人和諧相處的氣氛，一切就會全盤改觀。

巴提亞也花了相當多的時間經營人際關係。他和史密斯在尋找金主的時候，所遇到的一大難題是沒有人來替他們背書，沒有那種來自「朋友的朋友」的推薦來讓他們輕鬆籌得資金——等一等！如果在矽谷都還是需要交遊廣泛才能辦得了事，談得成交易，那麼巴提亞那一套「在這兒，只要有好點子，每一個二十七歲的小伙子都能飛黃騰達」的說法，該當何解？

答案：每一個有好點子的小伙子都能飛黃騰達——不過你得像發了瘋似的經營人際網絡。唯一會被這兒的人際網絡所歧視的，是那些不屑與人交際的人。所以這是一種誤入歧途了的菁英體制，它所根據的不是你的Java程式寫得多好，而是你把與人往來酬酢這一套做得多好。傑克・史密斯說：「每天早晨，巴提亞都是從某個早餐會直接過來上班。然後又和另一個人吃午餐，下班後換上西裝，再和第三個人共進晚餐。他喜歡這些事，而且蠻在行的。」

每天早晨，史密斯仍然逡巡網際網路，尋找競爭者的蹤跡，而他仍然訝異爲何毫無敵手的跡象。一直到六個月後，才有一個很小的競爭者出現，那是一家網路上的單人公司。幾乎整整一年後，Four11才推出Rocketmail㊟。

一九九七年十二月間，巴提亞和史考特・魏斯到明氏餐廳（Ming's），聆聽雅虎創辦人楊致遠的演講。這晚，楊致遠談的主要是後來被稱爲「先跑先贏」的網路策略，它指的是在一段期間內成爲唯一注目焦點所帶來的莫大優勢。楊致遠說，雅虎在起跑三個月後才看到第一個競爭者，而正是這段領先差距，使得雅虎迄今仍是網路上最大的搜尋網站。巴提亞仔細聽

譯註：Four11是Web早期一個主要的「查號台」網站（蒐集大量人士的聯絡資訊，以供查詢）。Rocketmail是Four11移植Hotmail的構想所提供的網路電子郵件服務，後來各大入口網站也開始一一倣效。落後其他網站一步的雅虎，遂於一九九七年十月收購Four11，Rocketmail後來改稱爲Yahoo! Mail。

了進去，等到他明白這意味什麼的時候，他的雙眼剎時張得好大好大。

他一直擔心 Hotmail 會被抄襲。他們只有二十五名員工，不過是家小公司。當他們向創投金主兜售 Hotmail 時，一再聽到這樣的質疑：「你怎樣能防備微軟不抄襲你的構想，把你當午餐吃了？」在他們研發這套系統時，朋友們也因爲同樣的理由而搖頭冷笑：「像是在十八輪大卡車的車燈前騎兒童三輪車。」當巴提亞和史密斯於一九九六年七月四日推出 Hotmail 之後，業界專家預測：「又有一隻蟲子要撞扁在微軟的擋風玻璃上。」閒言閒語幾乎到了直斥巴提亞愚蠢的地步。

聽過楊致遠的說法，巴提亞重拾信心。他傾身向魏斯，說道：「在我們的市場，我們先跑了六個月。我們可以擊垮這些傢伙。等到微軟搞懂怎麼回事的時候，我們已經有六百萬名用戶了。」

如果搞砸了，你負責……

一九九七年秋，微軟過來出價，模樣像是派遣了一支小部隊。一共六個人，他們從總部瑞德蒙飛下來，在 Hotmail 小會議室的桌前與巴提亞對坐。他們提出的數字可以讓巴提亞立即賺進幾千萬元。巴提亞回絕，於是他們氣沖沖走了。一星期後他們又來了，這種每周的往返持續了兩個月。在這種情況下，當事人很容易以爲他們玩的是玩具鈔票：太抽象了，當你有一個星期的時間來考慮時，你很難覺得五千萬和六千萬有何差別。你眞的會因爲想多要一千萬而搞砸生意嗎？

他們要求巴提亞飛去瑞德蒙。巴提亞跟傑克・史密斯及另一位經理史提夫・道迪（Steve Dowdy）一起去。他們被帶著在微軟園區四處逛逛，和某位資深副總裁共用午餐，帶去參觀專做電子郵件的大樓，以及專做NT作業系統的大樓。和比爾・蓋茲的約會排在下午兩點，地點在一棟猶如迷宮、而且以讓訪客迷路而出名的建築裡。巴提亞果然迷路了，到達時剛好趕上時間。蓋茲剛從俄國回來，穿著褐色針織衫及鞋底非常薄的義大利鞋。蓋茲也帶了兩位資深主管。一一握手後，他們並沒有花十分鐘的熱身時間聊聊旅程或午餐——微軟的蘿拉・詹尼斯（Laura Jennings）直接把球交給巴提亞。她說：「巴提亞，跟我們談談你的公司吧？」巴提亞還沒怎麼調整好，一開始有點緊張。他簡直不敢相信，他在跟比爾・蓋茲講話！

大約過了十五分鐘，蓋茲開始發問。蓋茲最聞名的是他從問答中挑出對方想法弱點的詰問法。然而，巴提亞說：「不過他所提的都是蠻正常的策略性問題，和我從一開始就被投資者一路問下來的沒兩樣。於是我突然明白，比爾・蓋茲也不是超人。他是人。有血、有肉，就和我一樣。的確，他非常聰明，但沒到超人的地步。」

有了這層體會，巴提亞變得十分輕鬆，他的心態全盤改觀。會議持續到三點半。

在談判期間，有兩則新聞報導在Hotmail內部彼此傳閱。第一則來自《華爾街日報》，報導說在美國線上（America Online）創立初期，史提夫・凱斯（Steve Case）回絕比爾・蓋茲的購併提議。結果凱斯把美國線上經營成身價高達幾百億美元的公司。這則新聞的影本被四處流傳。它激勵了巴提亞，也提醒史密斯即使和微軟的談判最後沒有結果，Hotmail 也不致有什麼大問題。

第二則流傳的新聞是關於 Pointcast 的下場。Pointcast 是網路推播科技（push technology）的開拓者，在它拒絕了媒體巨人新聞企業集團（News Corporation）的四億美元購併提議後，推播科技也用完了它的十五分鐘知名度，於是它掉到了步調錯亂的境地。Pointcast 在困局中掙扎，股票上市的計畫亦告中輟。

巴提亞在他的投資者之間做了一個非正式的意見調查，看看他們預期的價格是多少。最低的是卡萊爾：兩億美元。巴提亞私底下曾經半開玩笑說他想要十億，所以他反問卡萊爾：「難道你不覺得我們可以要到更多？」卡萊爾大笑並翻白眼，說道：「巴提亞，只要你能達到我的數字，我會爲你塑一尊眞人大小的銅像，放在我的前廳。」

巴提亞帶著「五億美元」這個數字去微軟。「你瘋了！」他的對手大吼，跟著說了一堆髒話。「你根本神智不清！你搞砸了！」但巴提亞知道，這些發飆只是戰術。

巴提亞小時候，在邦加羅爾的市場見過家中傭僕如何爲菜價鬥智，他熟知所有招數。遇到有人殺價，市場攤販會說：「唉唷，好可憐。你只出得起這麼多嗎？你一定很窮囉。我眞覺得你好可憐。我好想從自己口袋掏出幾個盧比給你，好讓你有足夠的錢來付。」當微軟開始把鈔票堆到桌上，氣氛變得愈來愈緊張。兩億。兩億五千萬。卡萊爾說：「銅像時間到囉！」三億。到了此刻，軟微的談判小組似乎對 Hotmail 的競爭者 Rocketmail 有許多「深刻了解」，它可能意味著微軟同時也在和 Rocketmail 談判，以作爲購併 Hotmail 不成時的備案；又或許他們只是想嚇嚇巴提亞，讓他以爲他們另有選擇。由於已得到董事會和主管們的授權，全由他自行作主，巴提亞的態度非常強硬：不賣。微軟的代表數度拍桌後憤怒離去。談判是祕密進行的，但 Hotmail 的員工知道，並兩度要求巴提亞接受微軟最新的出價，以免談判失敗。巴提亞的投資者則正等著從他們的投資獲得巨額報酬，要求他務必謹愼。

由於是他一人全權獨自談判，這讓巴提亞對外表現出統一陣線，使得微軟沒機會招待傑克．史密斯吃晚飯，然後對他說：「傑克，你有老婆、有兩個小孩——就這麼定下來吧，那麼他們的一輩子就有著落了。」但巴提亞在心理上並不孤單，他的股東和同事仍都保持信心。朱維森開玩笑對巴提亞說：「你並不是非得現在就賣。何不等到公司大得可以買下微軟，而不是讓他們買你？」在此期間，Hotmail 依舊增加訂戶，它領先模倣者的幅度仍在拉大。

巴提亞不願對他心中認定的 Hotmail 身價有絲毫退讓。然而，當談判小組提出三億五千萬左右的價錢時，Hotmail 管理階層內部的非正式調查傾向於接受，這時，巴提亞眞的變孤單了。他已經進入了別人不敢擅闖的險地，如果這次做成什麼，他可無法把功勞歸諸優秀的員工或是獨特的矽谷文化。

巴提亞說：「對那個提議說不，是我所做過最恐怖的事。每個人都告訴我：『如果搞砸了，你得負全責。』」

一九九七年的最後一天，雙方正式對外宣布購併協議。依照約定，巴提亞不能透露價格，但在一個月後所呈送的申報股權變動的S3文件上，則載明微軟係以兩百七十六萬九千一百四十八股的微軟股票，交換Hotmail的所有權。依簽約時的市場價格計算，這些股票的價值高達四億美元。整個矽谷對此消息的直接反應是震驚：這家公司絕對值不了這麼多——不過是**電子郵件**，要花四億？數字高得離譜，表面上看並不值得。不管巴提亞有多聰明，不管他和史密斯多麼辛勤工作，兩年下來的苦功絕不配得到四億。有一種意見是認爲微軟昏了頭。薩比爾．巴提亞，這小子是誰？他怎麼辦到的？

在有點與外界隔絕的蘋果及蘋果離職員工社群，這種「他根本不配」的叫囂特別大聲，我在那兒聽得太多太多。傑克．史密斯說：「我們在蘋果沒做什麼了不起的事。我們放蕩，我們喝得醉醺醺，我們搞亂生產線。那兒的人只記得我們這些。我們的成功讓每個認識的人都驚呆了。他們無法相信。『怎麼回事？到底發生什麼了？』」

法魯克．阿賈尼則把這種思考邏輯倒轉過來：「巴提亞以前從來沒有機會籌募資金，從來沒有機會經營一家公司，乃至管理一個部門。但不管我們怎麼說、怎麼想，他的確表現卓越。沒錯，先前的經歷並沒有教他任何相關的東西，所以這必定是他的天賦本能。」

巴提亞的成功無疑挑起了強烈的嫉妒感。這裡的人必須信仰菁英體制，必須相信他們自己也可能成功，所以儘管他們不曾見過他或者並不熟悉他的故事，他們非要說，巴提亞並不比周遭的任何人聰明──坦白說，只是平平而已。等到矽谷逐漸了解了他如何面對創投金主，又如何面對微軟，我想，歷史的評價會對他好一些。

我還一再聽到一個不請自來的評語：Hotmail 在技術方面根本沒什麼特別。我相信這個評語也同樣膚淺。當然，如果你造訪 Hotmail 的網站，它看來並不特別，它提供的功能還比不上你在申請網際網路帳號時所免費附贈的電子郵件軟體。但是在網路時代，功能並不是決定優劣的關鍵。史密斯所開發的，是一套能持續擴充規模的系統，它不會因為使用者的人數激增而造成系統當機。請記得，它的成長速度快過史上任何一家媒體公司。

關於銅像的事，卡萊爾倒是言而有信，他委託洛杉磯一位藝術家製作一尊半身像。眞是怪事。在我聽來根本不對勁；爲何是恭賀某一個人，而不是某家公司或整個網際網路或是矽谷文化。然而卡萊爾經常向他的創業者允諾，如果他們達成某項目標，他會有所獎勵，譬如一輛保時捷，或是說：「如果你辦到了，我跪下來親吻你的鞋子。」

倘若眞有人配得到銅像，我想，巴提亞當之無愧。但這不會令他覺得不自在嗎？不會。

「這是一種榮譽。就像我在特曼會館的便當演講會所得到的激勵一樣，當草創事業的人來到這個砂丘路（Sand Hill Road）上最尊貴的地址時，銅像也能激勵他們。」

不論是對創投金主或對微軟，巴提亞總是告訴他的投資者：「如果你能找到比我更適合主持這家公司的人，我很樂於交棒。」就像巴提亞非常確信他不過是個有血有肉的凡人，人們也毫不懷疑他的領導能力。難得有幾個矽谷創業者在公司超過一百人之後仍然掌理主要職務，而不是換到首席科學家或是明星發言人之類被架空的位置；但巴提亞是其中之一。

在我撰寫本章時，Hotmail有一百四十四名員工，它是微軟公司網路事業群下轄的一個子部門。Hotmail搬出它在陽光谷的低矮而不起眼的辦公室，來到微軟在山景市的新園區，與WebTV爲伴。巴提亞現在的上司是某位直屬比爾・蓋茲的高階主管，他幾乎每週都得飛到瑞德蒙一趟。

如今有了微軟的龐大財力在背後撐腰，Hotmail的威力似乎無可抵擋。一九九八年夏，薩比爾・巴提亞邀請我列席他與公司高階主管召開的周二下午策略會議。他不會打斷發言，也不會拷問或展示他的權力——如果想提出相反意見，他會很溫和地問：「在每一頁都擺個搜尋框，有沒有問題？」他讓公司像齣戲一般在我面前展開，每一個經理扮演自己的角色。我得知了新的搜尋引擎及電子商務計畫，立即訊息傳輸和通用的網站申請帳號系統；就像微軟藉助MS DOS和Windows的普及率來攻佔個人電腦上的軟體市場，巴提亞他們也希望這項系統能擴大公司在線上世界的競爭優勢。整間會議室為此而興奮，彷彿搭上這班子彈列車就能衝向指數性成長的營收曲線高峰。

某一天的早餐上，我問巴提亞，既然他經營的是全世界成長最快的媒體公司，他覺不覺得自己極有權勢。「對我而言，這是一個奇怪而陌生的觀念。」他緩緩地說，試著以這種舊式典範來思考：「你提到『權勢』的時候，我聯想到的是控制，像是命令別人去做我想要他們做的事。這太荒謬了。網路這種媒體的特性是，倘若某樣東西成功了，它就會極度成功。如果你能想出對兩個人有極大價值的東西，那麼它很可能也會對另外九千萬人有價值。」

新年前夕的購併消息才過了八個月，微軟花的四億元看來似乎是買得太便宜了，尤其考慮到Hotmail的用戶數在這段期間又增加了三倍。現在每個人都認同，再也沒人覺得價格不合理。巴提亞心中對Hotmail身價的想法絕對是正確的。

傑克・史密斯說：「我們經常納悶，如果當初這樣或那樣，事情後來會變得如何。」史提夫・朱維森說：「如今回顧，我不確定十億元算不算離譜。」

在此同時，薩比爾・巴提亞得對微軟履行繼續待三年的承諾，但無疑的，他喜愛創業遠勝於管理。他對高度風險、龐大任務的熱愛是你不會錯看的。

或許能改變祖國的命運

回到是運氣或才氣的問題。我相信，如果不是兩者都有很多，你是不可能得到四億元的；而且我相信倘若巴提亞不在這裡當一個領導者，他也必定會在別處成爲領導者。但他相信他只是僥倖生在此時、此地。

巴提亞相信，換作是在別處，他絕不可能開創出這番局面——當然不可能在印度，那兒的腐敗和政治風險阻礙了投資者對新創事業的信心。「在美國，網際網路上的電子商務有三年的免稅期限。在印度，電子商務實際上是非法的，因爲一八八八年的電報法禁止以遠距通訊牟利。一八八八年的法律——你相信嗎？」

Hotmail目前的兩千六百萬個用戶中，僅有五十五萬八千來自印度——但這也是頗驚人的，因爲印度全國只有十五萬條網際網路連線。別忘了，印度是佔全球六分之一人口的國家。印度的電信獨佔事業實在太腐敗，以致於安裝一條網際網路線路在美國只需二十美元，在印度竟要大約一千美元；而即使是這個高價，排隊等候安裝的超過兩百萬人——他們如此渴望上線——但只有一小部分的訂單能被處理。問題似乎無可救藥。

我最近一次見到薩比爾．巴提亞，是在某個周一凌晨的一點五十分，他準備搭韓國航空飛行二十四小時，橫跨半個地球——先到漢城，然後孟買。他將在德里會見企業領袖，然後在那兒舉辦的「網際網路世界」資訊展發表演講。

巴提亞努力思考他想對這個自己離開了十年的國度說些什麼。他開始構想印度可以蛻變成何種景象。他在創辦 Hotmail 之前幾個月才拿到美國的綠卡。他相信在未來，網際網路這塊公平的競技場可以讓年輕而有野心的人不必遠離家園。

「印度已經準備迎向網際網路革命。在網際網路上開辦事業不必申請核准。在印度，連開一家小餐館都得經過十八個單位批准。」

電視在巴提亞的藍圖佔有一席之地；在印度，電視遠比電話來得普及。首先，在倫敦和孟買之間敷設光纖電纜。其次，使用有線電視網路來提供各地的連接點。第三，供應五十美元以下的上網設備，類似 WebTV 那種裝在電視上的裝置。他估計這個計畫起步時約需兩億美元才辦得成。

這是一幅宏大的藍圖，而他仍然認爲自己稱不上卓越出衆——巴提亞已經說服自己相信，他只不過是矽谷環境的產物——即使他能想出這種超大夢想的事實，也無法讓他發現，他或許遠比別人更有遠見。

他承認：「這項任務猶如隻手擎天，但它或許能改變一個國家的命運，這種前景驅策我前進。」

我親眼看著現在人人所說的 Hotmail 草創時期的景象：巴提亞不可抑止的宿命感、近乎虛幻的樂觀態度。故事本身令我感興趣。我們很容易把他的熱情解釋成他自己蘊釀的子夜空想，不消幾天就會從渴望貶值成聚會上的閒談。我們很容易透過佛洛依德式的透鏡來觀察：一個人返鄉過三十歲生日，試圖把其他年輕人從在家庭與個人之間抉擇的困局中拯救出來。

不過他認為印度是沈睡中的巨人，這一點倒是對的。巴提亞似乎對他的計畫極其認真，他安排要會見許多官員。他登機後我才想到：我到底知道什麼？或許我正目睹一段歷史的孕育期？而我心想，不得了，他可能真的辦得成。

翌日，我到聖布魯諾（San Bruno）訪問一位來自瑞士的創業者，他剛剛以觀光簽證來到這裡，銀行裡只有幾千塊的存款。到的那一天，他在美國無親無故。但他已經開了一家公司，正在洽談創投公司的金援。他已經被十幾家創投公司回絕，然而仍懷抱信心。我問他如何能讓自己不沮喪。他回答：「我聽過一個故事。聽說 Hotmail 的創辦人（此時他唸錯巴提亞的名字）被二十家創投公司拒絕後才募到資金。」然後他停了一會兒，在椅子上晃動一番，把他的一廂情願披上邏輯思考的外衣：「如果能發生在他身上，那麼也會發生在我身上，對不對？」這句話很接近「**他能，我也能**」的意思，但並不全然相等。

□

巴提亞是沒法子被長久拘束在大型企業的生活風格裡的。他在太平洋高地（Pacific Heights）買了一幢十層樓的公寓，接著買了一輛法拉利F一三五五 Spider。然後，在一九九九年三月，他悄悄地離開微軟，創辦另一家新公司，Arzoo! Inc。

4

程式設計師

我就是看不準什麼會賣

泡泡糖的泡泡

在加州大學柏克萊校區濃密的學生叢林中，古色古香的班克羅夫飯店（Bancroft Hotel）不啻爲一片綠洲。這幢建築是由茱莉亞・摩根（Julia Morgan）的合夥人以「藝術與工藝」風格（Arts and Crafts style）所設計，二十二間優美的客房都有陽台或露台，走廊鋪著地中海風味的地毯，寬闊梁椽所構成的天花掛著水晶吊燈。門廳深處有一座樓梯，下到浴室，從那兒又有個防火出口坡道通往一扇黑暗的門。推開那扇門，你會發現自己進到了……

……一堆辦公隔間之中。

這間地下室擠滿了辦公隔間，每個隔間都擱著由拆下的木門權充的桌面，桌上擺滿電腦設備，每一間坐三到五個年輕人，擠得肩膀碰肩膀，有的人講電話，有的寫程式，有的組裝東西……

這是一個新商業的孵育室，經營者是約翰・弗利曼（John Freeman），現爲柏克萊校區哈斯商業研究所（Haas Graduate School of Business）的「漢澤創業暨創新講座教授」（Helzel Professor of Entrepreneurship and Innovation）。

弗利曼不收房租，也不拿股份。他只要求這六家小公司自己付電話費。在這裡開設公司的，都是哈斯的學生或剛畢業的校友；「巨網公司」（Big Network）也不例外。巨網的ＣＥＯ

史提夫・謝勒斯（Steve Sellers）和常務執行長約翰・韓克（John Hanke），一、兩年前才從哈斯畢業。謝勒斯身高五呎八吋（一七三公分）、褐髮，穿著打摺卡其褲和褪色的藍色棉布工作衫。韓克則可以登在服裝郵購目錄上，不會有人覺得不適合——高六呎（一八三公分），身材頎長，充滿光澤的褐髮長得極濃密，常得從眼睛處撥開。兩人都才三十出頭，已婚，孩子也都還很小。他們已在孵育室待了一年，現在該是讓開位置，出去找新辦公室的時候了。

弗利曼今年的創業課程已經上到第五周，他的MBA學生總共擬出了十五份商業計畫，其中幾個較爲可行的，會眞的得到經費（來自於弗利曼所籌募的基金），讓他們做到驗證概念的階段。當然，這些新創公司也需要辦公空間。所以呢，每天上午九點十五分左右，弗利曼會從門廳下樓梯，悠哉悠哉走下坡道來到後門。每次他從韓克的桌旁走過，韓克總會瞟一眼弗利曼所帶的黑色塑膠提包。每隔幾天，那個提包就被新的學生所提的計畫撐得更厚，於是韓克知道他們快被踢出去了。

弗利曼的身材結實，年齡看來約五十幾歲，臉上長著新近轉灰的鬍鬚。韓克兩年前修過他的課。

他對弗利曼說：「我發誓，我們只要再一個月就好。然後一切就沒問題了。」

「可是我有學生要搬進來。」

「我知道，我知道。我們正在做一個新的 Java 版本，準備在十一月底推出。有了這個，我們可以籌到下一輪創投資金，當然也就會搬走。」

巨網是個年僅一歲的遊戲網站，提供一些簡單的下棋和紙牌遊戲，如西洋棋或撲克，供網友對玩。它的遊戲需使用專門的外掛程式，使用者必須下載程式，安裝在電腦裡——在網路上，這顯然是阻礙成長的障礙。謝勒斯與韓克已把第一輪的資金花費殆盡，手頭僅剩兩萬美元。如今他們準備進行一場豪賭：暫緩籌募急需的第二輪資金，而先把系統改寫成 Java 程式，好讓遊戲變得更小、更快，而可在瀏覽器裡執行。一旦開發出這種科技，他們就可以把價碼提得非常（非常！）高，而且拉來「高知名度」的投資者，也就是最頂尖的創投基金。但如果新系統沒做起來，想得到第二輪資金恐怕得靠魔法了。

「一個月？」

「求求你，再一個月。」

「一個月？」弗立曼又問了一遍，語氣中聽不出是同意或反對，只是讓問題懸在那裡。他反覆咀嚼問題，現在他得照顧的是新學生。然後他說：「我要去倒咖啡，你要點什麼嗎？」

光看週遭環境，你很容易以為約翰・韓克及史提夫・謝勒是網路創業世界的新手。事實上兩人的經驗都很豐富。一九九五年秋，當網際網路的功能還遠遠不及今天的時候，韓克與謝勒斯的第一家公司原型互動（Archetype Interactive）做出了網際網路上的第一個立體、多人的奇幻世界遊戲：Meridian 59。它真是太酷了，因此雖然遊戲還在測試階段，他們就把公司賣掉，各自賺進幾百萬美元（在那時候這是一筆大數目，尤其在娛樂軟體界）。

自此之後，眞正的大錢已從如 Meridian 59 之類採用最新技術的奇幻類遊戲，流到能吸引廣大群衆的遊戲——那種不必學習、立刻能玩，而規則大家都懂的遊戲，如西洋棋、撲克、雙陸棋（Backgammon）。而現在，投資者肯灑下的錢，至少是當時的十倍。

所以，既然他們光靠以往的戰績就可在幾星期裡面募得一百萬美元，爲什麼巨網不在北灘（North Beach）找間像樣的辦公室，雇上十來個全職的程式設計師呢？爲什麼要窩在一個非營利的孵育室裡克難經營，還得每個月乞求能留下來？

一般苦幹型又意志堅強的創業者都相信，自己那小小的事業隨時處在可以爲他賺進一千萬、兩千萬，乃至三千萬的邊緣。我把這種心態稱爲「泡泡糖泡泡情結」（Bubble-gum Bubble Complex）。你知道，吹泡泡時，得把泡泡糖嚼來嚼去嚼很久，再加上許多舌頭動作，才吹得起來，但只要能把泡泡吹到直徑一吋左右的地步，再下來就非常簡單、非常輕鬆：只要一直吹氣進去，突然間泡泡就會漲得跟你的臉一樣大。這就是創業者的生存信念，他永遠相信他的小泡泡就處在突然漲大的邊緣。具備這種信仰，是非常重要的事——唯有如此，他們才能忍受創業階段裡充滿極度不確定狀態的痛苦煎熬。而這種信仰也並非毫無道理，有些網路公司確實成長得那麼快。

新創公司是拿股權來換資金的。噢，股權，珍貴的股權！對於投資者，那一小塊泡泡糖只是一萬元而已。但對於創業者，同樣的一小塊泡泡糖卻可以吹成大得像南極冰冠的大泡泡！那麼，買測試用伺服器的另外三千元呢？嗯，那是印度洋！雇用專業測試人員的五千元呢？那是非洲！一開始時募得的每一塊錢現金，等到創業成功後，都會值十倍以上的價錢。那麼優秀程式設計師每小時七十五元的時薪呢？看在患有「泡泡糖泡泡情結」的創業者眼裡，他們收的是七百五十元時薪。（這裡有個例子：因爲省吃儉用，所以雅虎的兩位創辦人握有公司百分之三十五的股權，Excite 的四位創辦人卻讓掉了大半股權，只留下百分之十五。在本書撰稿時，那兩個雅虎**每人**各擁有十億美元以上的身價，Excite 的四人**加起來**僅值一億五千五百萬。）道理很簡單：你愈敢冒著做不起來的危險而少花點錢，將來成功後的回報便愈大。

藝高人膽大。由於第一次的成功經驗，韓克和謝勒斯都很有信心，在這次創業的每一個關卡，他們可以選擇風險比較大的那條路。他們開的是虛擬公司，沒有雇用不斷吸走現金的正式員工，幾乎不浪費掉任何一丁點泡泡糖碎屑。

韓克和謝勒斯兩人一輩子都在追尋險境。韓克是在德州一個人口僅一千零六十三人的小鎮長大，來到矽谷之前，曾在緬甸首都仰光的駐外單位擔任新聞官，那時還是軍事執政團開著坦克到街上射殺抗議學生的時期。謝勒斯則在菲律賓長大，曾在奈及利亞的拉哥斯（Lagos）擔任駐外官員，也當過大衛營和平協定的觀察員，搭乘直昇機在西奈半島上空數坦克。他們帶著同樣的冒險精神來到矽谷。韓克說：「對我們這一代來說，要闖天下就得來這裡。這是全國唯一眞正發生大事的地方。」

他們目前進行的Java平台轉換計畫，正是這一行所謂的「把整個公司賭下去的決定」。接下來六個星期的發展，可以決定公司的一切。

ABCDE問題

在那個十月的晚上，在史提夫・謝勒斯與約翰・韓克開車從柏克萊到聖馬太歐的路上，當他們想到這個點子時，兩人興奮得不敢相信這是眞的。謝勒斯說：「就像是我們突然點亮了燈泡。」

就在他們送出Java轉換計畫的風向球之後沒多久，突然間，**它**就發生了。突然間，每一個大型網站都決定要提供使用者簡單的遊戲。雅虎買下了Classic Games，Excite和另一家遊戲網站公司TEN（全名the Total Entertainment Network，完全娛樂網路）簽訂授權合約。Infoseek和網景的Netcenter立即跟進，與TEN簽約。史提夫・謝勒斯也聯絡上了另一家入口網站「輕捷」（Snap）的製作人，他們正打算向巨網提出合約。

只有一個問題……

輕捷的代表，丹・柏克哈特（Dan Burkhart）來過巨網設在柏克萊地下室的虛擬辦公室，於是柏克哈特非得要問：**你們的程式設計師在哪兒？**謝勒斯與韓克嗯嗯啊啊一番，不想直接承認他們是一家虛擬公司。柏克哈特又問：「那麼，他們是正式員工，還是自由工作者？」輕捷不想和草草拼湊、不見得有能力處理他們數百萬用戶的公司打交道。韓克先前做好了進度表，在月曆上，所有必要的里程碑都以紅筆標示，然後他在推出日，十一月十六日上面，用綠筆畫了一個大大的「X」。既然他已經答應了這個日子，如今綠色大X重重壓在他心頭。

韓克回答：「呃，他們是簽約的。」表示他們雖是自由工作者，但多少有點保障，不致半路落跑。

於是柏克哈特很合乎常理地追問：「他們跟案子的成敗有利害關係嗎？他們有購股權嗎？」然後他更一語說中要害：「我怎麼知道他們下個月還會不會在這裡？」

韓克向他保證：「噢，這不會有問題的。」

謝勒斯補充：「我們和這些人的關係很好，跟他們認識好多年了。」這當然不是眞的。

韓克與謝勒斯總算安然度過這一關，沒露出馬腳。但等到會談一結束，他們立即上車，從柏克萊開到聖馬太歐正下方的貝爾蒙特（Belmont）。

巨網的確雇了五個非常便宜的兼差工程師，所以才能把網站做到目前的局面。此外，謝勒斯的弟弟邁克（Mike），除了擔任公司的創意總監之外，偶爾也可以上場代打。公司的科技長，亞歷・葛洛斯曼（Arie Grossman）則負責網站的整合。隨時不忘省錢的韓克心中所打的算盤是，不屬關鍵技術的程式就交給那些低成本的二軍來打理。至於關鍵性的任務，則雇用他們所認識的頂尖程式設計師，凱文・赫斯特（Kevin Hester）。

謝勒斯和赫斯特是在爲電玩公司3DO工作時認識的。若不是赫斯特剛好在新舊案子之間的空檔有辦法騰出時間，謝勒斯根本不會去談輕捷這筆生意。赫斯特的室友，綽號「麥克斯」的馬克・麥克斯漢（Mark Maxham）也剛開始替巨網做些小東西，看得出來他和赫斯特一樣精悍。

如果你讀過崔西・基德（Tracy Kidder）談電腦研發的《新機器的靈魂》[註]或此書的徒子徒孫，你應該知道他們是如何「招兵買馬」的。經理對程式設計師說：「工作很辛苦，時間很長，薪水不會太高。但它是最尖端的——你必須想出能夠超越我們對手的科技。這只有最優秀的人才做得來。」而程式設計師抗拒不了挑釁，想證明自己是最優秀的，於是就加入了。出於一股傲氣，出於智識上的挑戰。

譯註：《新機器的靈魂》（*The Soul of a New Machine*, 1981）一書，在以高科技業爲主題的報導文學裡，是一項重要的（或許是唯一的）里程碑。作者以活潑傳神的文筆，描寫開發新型電腦的整個過程，成功地在大眾心目中塑造出電腦工程師的鮮明形象。此書出版後不但成爲暢銷書，並獲得普利茲獎及美國書獎兩項美國出版界的最高榮譽。作者基德是一位關切各方面社會議題的優秀記者，並非以報導高科技爲業，這或許是此書成功的主要因素。中譯本書名《打造天鷹》，遠流出版。

他們一向是用這種方式來和程式設計師打交道。但是，呃……世界已經起了點小小的改變。

最頂尖的程式設計師不再是永遠窩在陰暗角落的怪胎；他們過著充滿狂野想像的生活。赫斯特和麥克斯都會開飛機。某個星期六，他們在聖馬太歐機場的滑行道上舉辦飛行聚會，每個人只要付十五美元來貼補一個小時的油料，就可以上天遨遊一番。他們做的另一件事是買了一輛舊的、爲土司連鎖店運貨的卡車，把它重新用粉色系漆成電影《急凍人》（Freezing Man）那種色彩的卡車，並且裝上大型的冷凍櫃，然後把它開到內華達州黑岩沙漠（Black Rock Desert）的「燃燒者」（Burning Man）嘉年華會，運送冰淇淋三明治和冰棒給在華氏百度高溫下烘烤的人。

赫斯特和麥克斯把他們住的地方稱爲「高手之家」（Geekhaus），那是一幢五間臥室、屋子裡有高低差的牧場式建築，所在位置可以眺望貝爾蒙特的山地保留區。每間臥室都好像剛經歷過地震：衣服、書籍、運動用品散落在地上，房子的住戶似乎從來沒想到有些東西，如藝術品，其實可以掛在牆上，而不是靠在牆腳。

麥克斯穿一件鬆垮垮的藍色牛仔褲，一件褪色的鬆垮垮藍色T恤，脚下一雙運動涼鞋。他的指甲剪得非常非常短，整個都是粉紅色。他的膚色蒼白，滿佈雀斑；頭髮原先垂到肩膀，現在則略微剪短，離肩膀約半公分；左耳掛了兩個細細的耳環。他和赫斯特同年，都是三十歲，也都在達拉斯長大，他們是在十四歲那年、還只是年輕電腦迷的時候在線上結識的。

赫斯特在家穿著石洗色的寬鬆短褲、運動涼鞋，以及黑色T恤（恤上印有「德州加油！」的字樣）。他有六呎高（一八三公分），骨架上幾乎沒長什麼肉，蒼白的杏仁色皮膚，臉頰上有寒毛，雜著一些深色髮絲的金髮，紮了一束染成紫色和水藍色的馬尾。他臉上有一雙好看、溫柔的淡藍色眼睛，垂了一枚同色的耳環。呈現在外表的懶散，也同樣反映在用語上：他們最喜歡的形容詞是「呼」（"foo"）[註]、「大N」和「亂」（"blah"）。他們隨心情高興就把所講的字加上「y」字尾，若要強調，則再加上「超」（"super-"）、「猛」（"turbo-"）、「十億」（"giga-"）等字首。所以當謝勒斯和韓克那兩個丟出一些像是「病毒式行銷」、「CPM」（Cost per Thousand）及「加權平均保本條款」（weighted-average ratchet clauses）之類時髦的行銷術語時，赫斯特和麥克斯會嘲笑他們的「超猛商業」（turbobusinessy）用語。赫斯特把這整個網路新事業的現象稱爲「摸彩轉輪」。

如果你想了解赫斯特，那麼就非得知道下面這件事，而這事也很能說明程式設計師目前

譯註：foo是程式設計師在舉例時最常使用的代字，用來稱呼程式、檔案或變數等，另一配合的字是bar。它們的用法就和中文以張三、李四當人名代稱一樣。也有人拿foo來當擬聲的感歎詞，意思約略接近表達不悅的「呼」、「哼」。foo的語源已無法確知，臆測之說甚多，甚至有一說宣稱是中文「福」字的音譯。感歎詞的用法則可能源自漫畫。

的困境，以及他們所奮力追求的是什麼。從各方面來看，赫斯特都是最頂尖的程式設計師，所謂的「超級高手」（"über-geek"）。精悍的工程師總會吸引來其他同樣精悍的工程師和他共事，而赫斯特正是一塊這樣的磁石。如果你碰巧認識赫斯特，透過他你可以找到一大群敬重他的程式設計高手。

在目前的經濟環境下，這樣的人應該出奇地有錢囉，對不？

不見得。這裡舉兩個例子。赫斯特還在3DO時，他順便兼差幫忙幾個在一家新創公司的朋友。這家公司開在帕洛阿圖的阿爾瑪街，名叫阿特邁斯研究（Artemis Research），會用這個名字純粹因爲他們的辦公室原先是一家健身中心，健身中心搬走後，留下一個金屬的射手雕像栓在戶外的磚牆上。他們懇求赫斯特加入這家公司，成爲第七位員工。赫斯特覺得他們做的東西有點跑在太前面，而且3DO的崔普·霍金斯（Trip Hawkins）說服了他相信3DO的前途更爲光明燦爛。在3DO工作一向是「好玩得沒道理」，而且崔普還答應他更多的東西。當時3DO的股價是每股十二美元；一年後，跌到了三美元。在此同時，阿特邁斯研究改名爲WebTV，然後以三億五千萬美元賣給了微軟。

有過這樣的經歷之後，你眞的不知道該信任誰，該聽誰的話，該替誰工作。所以你認眞思考，也找出了可行的對策——只接高價的短期工作，管它去死的購股權！你是否只關心眼前的生活，不去管高報酬所能帶來的保障？你是否細細翻閱《說明書草案》（*Red Herring*）

和《上升趨勢》（*Upside*）這種雜誌，希望藉此就能習得商業本領？你是否只肯替你看得順眼的經理工作？

於是，赫斯特往往就站在巨星身旁，或是大筆財富的門檻，但毫不自知。最有名的一個故事是赫斯特在帕洛阿圖機場所結交的一位飛行員朋友。那時候，赫斯特和麥克斯共同擁有一架外覆布面、六〇年代款式的 Piper Colt，每逢星期一、三、五的早晨七點半，他會去賺他的儀表飛行等級（instrument ratings）的積分。在寒冷的早晨，赫斯特必須先擦掉結在機翼上的霜，這時他總會略帶嫉妒地看著另一個飛行員，可以把他很炫的 Malibu 停在乾燥的機棚裡。他們後來成爲朋友，但談論的話題僅止於飛機，對於這位中年男子，赫斯特只知道他是退休的職業美式足球球員。他曾告訴過赫斯特他的名字，但那對赫斯特毫無意義。

有一天，他們公司裡一個俏麗女郎談起美式足球，赫斯特便提起他認識一個退休的四九人隊球員。她問，是誰呢？「大概叫傑夫吧。」她努力回想到底有哪個四九人隊的退休球員叫傑夫，但想不出來。赫斯特說：「他姓蒙坦那。對了，傑夫・蒙坦那。我的好朋友。」㊟

譯註：此人應是喬・蒙坦那（Joe Montana），而不是傑夫・蒙坦那。喬・蒙坦那曾是舊金山四九人隊的四分衛（一九七九至九三年），曾帶領四九人隊獲得四屆超級盃冠軍。許多專家認爲他是史上最偉大的四分衛。他是全美鼎鼎大名的人物，更不用說在舊金山地區，所以作者甚至沒有多加說明。由此例可見資訊工程師與外界有多麼隔閡。

我們且把優秀程式設計師所面臨的困境叫做「ABCDEFG問題」，之所以這麼叫它，是因爲每一個優秀的程式設計師都有太多的選擇可挑，從A一路到G。有些選擇看起來比較酷，有些比較無趣；有些比較可能實現，有些較不可行；但說到徘徊在門後的報酬，所有的看起來都一樣。不過就是A到G，任你隨便挑一個。選A，或許是3DO；選G，或許是兩百萬美元的微軟股票；選C，或許是一個戴了四枚超級盃戒指的四分衛。問題在於**你根本不知道哪個是哪個**。它就好像有各國的一百萬元鈔票擺在你眼前，而你對匯率一無所知，選擇的標準只是看誰的鈔票花色最漂亮；又或者像是拿一百萬去賭誰能贏得全美大學運動會總冠軍，而你下注時看的是哪個學校的啦啦隊最性感。程式設計師做選擇的變數（A到G），根本不是決定結果的變數（X、Y和Z）。

所以，當謝勒斯與韓克坐在高手之家的客廳沙發上時，赫斯特與麥克斯心裡想的是「ABCDEFG」。

韓克試著解釋目前的處境：他們才剛簽了一筆大合約，做一個要在一個月內推出的計畫；重建整套系統需要大量的程式工作。把這當成眞正的挑戰之類的。反正就是《新機器的靈魂》那一套。巨網沒有太多現金，所以他們想把公司股份給赫斯特與麥克斯，作爲報酬。

「噢，不，謝了。」赫斯特說。

「我不來這套。」麥克斯應和。

韓克不想說太多，免得他們直接找上輕捷，向它索取更高的費用。然而他仍得勸誘他們**這是眞正的大好機會**，於是他說：「這對你們是最有利的。我們是和某個市場要角合作。如果成功了，我們公司的身價會立即飆漲。」

但是赫斯特與麥克斯也有祕密。他們根本不想讓謝勒斯與韓克知道他們已經被購股權坑了太多次。

謝勒斯懇求他們：「我們只是希望能給你們適當的誘因。」

他們回答：「我們覺得按時計酬蠻好的。」

「嗯，那麼你們可不可以簽約，保證你們爲我們工作的最低時數？」韓克注意到他們兩人同時爲好幾家公司做事。

赫斯特說：「我可以幫你們一陣子。我會把架構做出來，再下來就是麥克斯的事了。」

赫斯特是矽谷中極爲稀有、非常非常精通所謂的「硬體規劃」(hardware bring-ups)的工程師。硬體規劃指的是硬體和軟體交界的地帶。大多數做硬體的是來自電機工程背景的人，他們並不瞭解「規模彈性」(scalability) 的重要性。赫斯特的背景則是計算機科學，所以他設計軟體系統時，能考慮到將要當作巨網骨幹的硬體伺服器。當一個自由工作者，對於赫斯特來說其實是很痛苦的。他的工作應接不暇，因此時常得回絕掉可能會喜歡的人或計畫。這種潛在的損失令他飽受折磨。而每當沒在工作時，他就開始計算他浪費掉了**賺進多少錢**的機會——以一小時一百一十美元計，這一翹班損失多少機會成本。

赫斯特認爲他已經解決了ABCDEFG問題。他剛答應了一份工作，薪水少算一點，年薪十四萬，但是每周只要上班四天；到了星期五他可以一起床就輕快地走到高手之家的車庫，在那裡進行他爲自己設下的終極考驗：組裝一架超輕的Dragonfly飛機。他打算在完成後賣掉高手之家，飛到高手村（Geeksville）落脚，那是他朋友理想中由電腦高手所組成的公社，大概在北方某處，可能就在恩賜村隔壁；他們可以在那裡快樂生活，並且以電子方式通勤。假如非來矽谷不可，開Dragonfly只需一小時航程。

麥克斯則非常安於當一個自由工作者。他不上班的日子愈長，就愈是不想找一份正式工作。他把辦公室叫做「隔板間農場」（cube farms）。他的心態跟赫斯特剛好相反：他很清楚如果全職工作，他一年可以賺十五萬元；但他每個月只需要賺到固定數額的錢就可以衣食無虞，而依照他的時薪，很容易換算出每周必須工作多少小時：十八。用他當「合約小子」所賺進的錢，麥克斯以每小時十五美元的代價，雇請他的朋友茜雅（Chaya）擔任「私人助理」。她把高手之家的廚房重新漆成鱷梨那種濃綠色，還爲他縫製萬聖節用的變裝服。他「委任」她做了兩個河馬娃娃那麼大的超大型懶人椅，放在地下層的娛樂室。他現在的生活「相當有勁」。

最能吸引麥克斯的不是購股權，而是合約上淸淸楚楚寫著：案子必須在綠色大X那一天推出，這表示全世界都可以看到他的程式，而且很快。對一個程式設計師而言，比拿到形同廢紙的購股權更慘的，是你做出了很棒的軟體但流落到不知哪個陰暗角落，從來沒有被人實際採用。在一九九八年，每一個有過幾年工作經驗的程式設計師都瞭解這種「不見天日」的屈辱，這也是他們決定ABCDEFG問題時的一項重要因素。麥克斯說他有一個「優先權轉鈕」，必要的話可以轉開。這次，他很願意轉開，只不過……

「別忘了，我十天後要去度假。」他一向對他的假期非常坦白，這並不令人意外。

韓克問：「不能重排嗎？」

謝勒斯也勸他：「留下來絕對值得。」謝勒斯有太多事想告訴麥克斯。他想告訴他：NBC已經向CNET買下了輕捷的大筆股權，而且雇用上奇廣告公司（Saatchi & Saatchi）爲輕捷籌畫龐大的廣告攻勢，將要在職棒的美國聯盟冠軍賽期間推出，屆時將有六千萬美國人收看紐約洋基隊如何摧毀克利夫蘭印第安人隊。他還想告訴麥克斯這可不是普通的機會，這是確保他未來發展的大好機會。當然值得他把假期往後延。

麥克斯堅持：「我的度假權是神聖不可侵犯的。」

「別這樣嘛……」

「不，我絕不延後。」

韓克說出他的看法：「你必定是去某個非常重要的地方。」

麥克斯不太確定是不是該告訴他們，他已學會在公私之間劃清界限。他不喜歡與別人牽扯太深，他甚至不曾去過巨網的辦公室。

然後他突然拋出一顆炸彈。麥克斯的表哥有一片四百英畝的空地沒做任何用途，只長了能夠吸引鹿、鴨、兔及松鼠等動物的植被。「我要去田納西和我表哥一起獵松鼠。」

獵松鼠！我的天！如果我們要選出一個時刻來彰顯世界已經出現多大的改變——來彰顯到底是誰掌握大權——這一刻就是了！如今再也不是一九九三，追趕著完成期限的程式設計師任人叫罵，折磨到筋疲力竭，而薪水又不高。現在是一九九八，網際網路的時代，它把程式設計的複雜性搬到台前，它爲優秀工程師的供需關係重建了市場新秩序。最頂尖的少數工程師從未享有如此的優勢。明星！他們**就是**明星，我們完全得配合**他們的**行程。

我要和表哥去獵松鼠！在山裡待一個星期！

該死，沒錯！全年當中唯一能夠獵松鼠的時節，是在秋季裡，寒夜乍來，松鼠被嚇得驚慌失措，牠們只忙著蒐集栗子，而忘了注意身穿迷彩裝、手拿獵槍在樹叢間潛行的人類。這也同時是交配的季節，雄松鼠會發出啣啣啾啾的小小求偶聲叫喚雌松鼠，因而暴露牠們的位置。好吧，你把這些告訴輕捷！

謝勒斯與韓克啞口無言，他們對麥克斯說：「就爲了這個，你狠心讓我們在這裡孤立無援？」雖然麥克斯大部分的時間都會在，可是，在計畫中途缺席，使得他們不能安排他擔任救火的角色。

麥克斯的朋友傑森・托比亞斯（Jason Tobias）正巧要找兼差的案子來做，麥克斯說他們可以去找托比亞斯談談。

「他行嗎？」謝勒斯探詢赫斯特的意見，他一向相信他老朋友的判斷。

「夠悍。」

韓克說：「我會去找他。我希望他能立刻加入。」

程式碼的重複使用

傑森・托比亞斯是二十六歲的程式設計師，住在高手之家南方一、兩哩遠。他身高五呎七吋（一七〇公分），穿著厚布牛仔褲和酒紅色短袖棉襯衫，以及時髦的黑色厚底皮面休閒鞋。他細軟的頭髮推到只有半公分長，嘴唇下方留著的鬍鬚，纖細得只能算是汗毛。托比亞斯大半時間住在德州，跟人打招呼還叫「老鄉」，開著一輛灰色的四速福特小貨卡。他看起來比實際年齡還年輕，而舉止也像他的鬍鬚同樣輕軟。托比亞斯在聖卡洛斯（San Carlos）某個山丘頂上的房子背後，分租了一個房間。今天，他就在這個房間裡嘗試解決他的就業問題。他把這類事務稱爲「頻外噪音」（「頻」指的是「線路頻寬」，任何與寫程式無關的問題全部是「頻外噪音」）。

托比亞斯願意替巨網工作一個月，每天十個小時，巨網則同意支付七十五美元的時薪。爲了要趕那個綠色大X，托比亞斯必須盡快完成遊戲系統的「核心類別函式庫」(core class library)，並且把它放上伺服器，時間是……明天。托比亞斯不願想太多職棒世界系列賽／NBC／輕捷／巨網等一長串名字，因爲正如他所說的：「我已經聽過太多次別人在我耳邊說著動聽的名字。」

一切都安排得很好，唯一的問題是……托比亞斯有一份正式工作。他還未離職！他目前仍是光學網路（Optical Networks）的員工，上個星期四他去找工程部門副總，說要辭職，結果比跟女朋友分手更糟。公司一直懇求，一直提條件，他愈說「不要」，他們愈把籌碼提高，讓他更難離開。

他的老闆哀求：「托比亞斯，你究竟想要什麼？是什麼惹你不高興？」

托比亞斯早說過沒有別的理由，他就是不想幹了。所以這次他又加上：「我討厭開車，要整整一個鐘頭。」

「公司可以替你租一間公寓。」他老闆這麼說。一個小時後，老闆又打電話過來，告訴他房子的狀況：離公司五分鐘，免費提供傭人服務，有火爐，如此等等。

「不要。」

「我們再考慮一下，待會兒和你聯絡。」老闆這次如此說。

再過一會兒，他老闆又打來，這次說，只要他肯多待四十五天，除了薪水照舊，另外再加一萬五千美元獎金及一萬股購股權。

這下子，要拒絕的可不是小數目，但是他知道，長遠來看，一萬五其實也還好。他告訴我：「這就是優秀的軟體工程師在目前市場所能享有的奢侈——最極致的奢侈——能夠堅守原則、不打折扣。」他知道他很幸運。

所以再一次的，他又說：「不要。」

他老闆終於明白：「你並不是以退為進，想要抬高價碼。你是眞的想離開，對嗎？」

總算有一次，托比亞斯可以說：「是的。」

「好吧，只能這樣子囉。」

這對托比亞斯是場賭博。他在四天前才第一次見過巨網的人——他們一起在赫斯特家裡吃美式臘腸披薩。他肯和巨網簽約，是因為他信任赫斯特的判斷能力。

托比亞斯說：「赫斯特能用兩句話就描述出一個人，通常他說的都非常精確。」這次赫斯特給的摘要根本不需要兩句話：「懂狀況。」

托比亞斯是在用他自己的方式來解決ABCDEFG問題。他原先的工作是開發網際網路工具，以供電子通勤者及虛擬公司的遠距通訊之用。現在他想在家工作，藉由實務經驗來增強功力。再過一陣子，他想回到德州的奧斯汀（Austin）買房子，從那兒接工作——這對巨網不是問題。等到他把虛擬辦公室工具改良得夠好之後，他要自己開公司來銷售他的軟體。

托比亞斯花了好幾個鐘頭才把這些壓力紓解掉。距離明天只剩兩小時。他的家庭辦公室就在他臥房的西半球，有一張書桌可以俯瞰聖卡洛斯各戶山坡豪宅的後院圍籬。他戴上耳機，放進Beastie Boys的新專輯《Hello Nasty》，然後按了「重複播放」鍵。流曳出的樂曲構成一堵聲音之牆，把幾天來擾亂他心思的頻外噪音隔絕開來。他終於可以全神貫注。

倘若有一首寫給程式設計師的饒舌歌，它的歌詞大概會是這樣：

住在吹泡泡的山谷
誰能讓你免於痛苦
ABCDEFG
輪你就快走，別怪我無情
國王選擇這條路
王后那邊中埋伏
遊戲規則誰來定？
誰願下場拚輸贏？

給幾百萬個人玩

我們有必要花一點篇幅來解釋，爲什麼一個很普通的撲克牌遊戲，寫起程式來居然會形成挑戰。原則上，如果某個程式是要專門處理某個很明確的特例，它寫起來會蠻容易的；但如果程式所處理的是通例（亦即各種狀況都要考慮進去），困難度就會大幅提高。撰寫特定在某一型電腦上執行的牌戲程式，其實很容易；但若要能在任何機型的電腦上執行，就會變得極度困難。若要能讓數千名使用者同時玩這個遊戲，而且不限定每個人使用的電腦機型，那可就難上加難了。

如果程式只在獨立的個人電腦上執行（也就是網際網路之前的時代），即使程式的內在結構很骯髒，也不難加以掩飾。我們這些一般大衆總是只憑功能來評斷程式，看的是它的外表，而不是內在。桌上電腦的時代並不會暴露出鬆垮垮的程式設計師與眞正精悍的程式設計師之間的差距。

然而一旦移到網路上，結構就是一切。你再也藏不住骯髒的結構。在網路上，骯髒的結構可能承受不了使用者人數太多的壓力，因而造成系統當機。網站一當機，全世界立刻會知道，誰都受不了這種負面宣傳。在網路時代，精悍與鬆垮垮，兩者的差距突然變得顯而易見。

矽谷在一九九八年秋季所進行的衆多軟體計畫中，我之所以選擇這個來報導，是因爲它純粹只關乎程式寫作。我的意思是，它所考驗的是內在結構，而不是功能。遊戲是確切不移的。打個比方，雅虎不能藉由發明一枚新的棋子，或是修改西洋跳棋（Checkers）的規則來贏過 Excite。拱豬就是拱豬，走到哪個網站，所有遊戲的外表看來都差不多，但內在結構可不一樣。

這是當今的程式設計所面臨的考驗：建造一個可以從數百名使用者擴充至數百萬名規模的系統。

吹出一個不會爆的泡泡糖泡泡。

核心類別函式庫，就是用來組成遊戲軟體的積木。你上線時，需要透過電話線傳遞的資訊愈少，你的遊戲就能玩得愈快。此處涉及的主要觀念是「程式碼重複使用」（code re-use）。如果遊戲都盡量以核心模組（積木）來組成，那麼當使用者從一個遊戲換到另一個遊戲時，相同的模組便可以重複使用。它有點像是今年萬聖節扮蜘蛛人，明年改扮超人：你可以重複使用藍色緊身衣和紅色靴子，只有披風需要買新的。

托比亞斯會做出哪些「積木」呢？有些是很明顯的，譬如所有遊戲移動棋子的方式都大同小異。移動方式只有三種子類別，托比亞斯把它們命名爲「滑動」（Slide）、「跳動」（Jump）和「翻動」（Plop）。舉例來說，西洋跳棋混合使用「滑動」與「跳動」，它的棋盤則可用「翻動」來構成。

至於下棋和玩牌之間的共通處，則較不明顯。謝勒斯與韓克希望能藉由「一般化」來建立他們的競爭優勢。謝勒斯知道，他們的頭號對手，TEN，起先做的是牌戲，稍後才加入棋戲，因此他們的程式邏輯的結構關係可能沒有做得很好，在從下棋轉成玩牌時，能共用的程式碼恐怕很少。

托比亞斯瞭解到牌桌等於是一面空白的棋盤，而且牌張和棋子其實沒什麼兩樣——從A到K的撲克牌牌張，就像是從卒到王后的西洋棋棋子。打出一張牌，就像下一枚棋子到棋盤中央。此外，玩牌和下棋都是由桌上的人輪流出手，都要記分，而牌張和棋子都只使用紅、黑兩色。托比亞斯把這些基本操作叫做「turn 陣列」（turn array），寫出了它們的程式碼。不管牌戲或棋戲，都是 turn 陣列的衍生類別（descendants）。

寫程式的一項慣例是，除非特別指定時間，否則當你說要在某天完成某件事，它的期限是到當天深夜的十一點五十九分——也就是子夜之前的**任何時刻**。巨網的伺服器放在聖塔克拉拉的一家伺服主機服務公司，出走通訊（Exodus Communications）。在凌晨兩點至三點之間，傑森·托比亞斯把他的核心類別函式庫上傳到位於出走通訊的研發用伺服器。

不管別人

ModelViewControllerModelViewController……整個兒虯結在邁克·謝勒斯（Mike Sellers）

的腦袋裡，模糊不清，使得邁克的思路迷迷濛濛，無法成眠。他無法抓住這種程式語言的概念。Java 程式不能隨便從一個程序溢流到另一個程序，它必須模組化，但邁克的程式仍然四處溢流。他的程式仍然互相依賴。ModelViewController。Model、View、Controller。Model 是一塊資料，View 是看資料的程式碼，Controller 是控制資料的程式碼。搞不懂。

惡夢。

邁克．謝勒斯是巨網的前瞻大師。他正在撰寫一本關於線上社群法則的書，另外，他寫過幾篇關於拓樸推理的文章——別管那是什麼。他哥哥史提夫．謝勒斯描述他具有「不受羈絆的創造力，沒有停機時間，頂多是只耕耘、未播種而已」。邁克花了許多時間在快樂鎮(Pleasanton)一帶開車閒逛，等候他的繆思來臨。但謝勒斯希望弟弟的A型性格只要保有百分之一即可。

在程式寫作方面，邁克已有四年不曾做過任何需要挽起袖子的粗工，然而，當那個綠色大X被刻在了日曆上，他也立刻被抓進來。他老哥不會要他碰觸系統核心，只需替某些功能做些加強和擴充就好。

邁克花過五年的時間寫 C++，但他從來沒有寫過 Java 程式，一行都沒有。

於是，邁克到家附近的連鎖書店買了一本《自修二十一天學會 Java》(*Teach Yourself Java in 21 Days*)。二十一天？沒問題，只不過……

韓克的進度表只給邁克六天的時間。

邁克坐在臥室裡橡木桌面的大書桌前，記下他的工作內容及時數。他試了書上一個很簡單的 applet㊟，也的確跑了出來，因此他相信這些程式碼眞的有用。他花了一兩個鐘頭研讀 Java 語法，日落前讀懂類別結構。可是說到寫程式，他的進展差不多是這個樣子：

10：讀 Java 半個小時。

20：寫了一行程式。

30：重複上述步驟。

接下來的一個星期，邁克每天工作二十個小時。他說：「我一輩子只有過五次在一星期裡面工作一百個小時。五次中的兩次，一個是上星期，一個是下星期。」他被 Java 原理的惡夢團團包圍，脫身不得。他結婚後成爲摩門教徒，住在快樂鎮的一個規畫社區，房子就在某條社區小道的路底，生活環境也正如鎮名的意思。邁克有五呎十吋（一七八公分）高，比他哥哥史提夫略高、略壯。每年的這個時候，家中總被他的六個小孩粧點得滿是萬聖節氣氛。

譯註：applet 原意是「小的應用程式」，它是由 app（應用程式 application 的簡稱）和 -let（表「小」之意）組合而成。以 Java 語言寫成的程式可以分成 application 和 applet 兩類。用簡化的說法，application 是可以獨立執行的程式，applet 則還需要瀏覽器之類的中介者才能執行。能顯示在網頁裡的，都是 applet 程式。

纏著他不放的惡鬼，卻是 ModelViewController 方法。

赫斯特曾經教我 Java 程式設計的第二個基本觀念：「不管別人」（"not caring"）。如果每一小段程式碼愈不必去理會別的程式碼在做什麼，你的泡泡糖就愈不容易吹爆。會「溢流」的程式碼是那些過於相互依賴的；它們犯了關心他人的錯誤。

爲網路軟體寫程式的一大痛苦在於：程式設計師無法在還沒人能看見之前，先私底下、「區域地」進行程式的編譯和除錯。邁克必須把他的程式上傳到研發用伺服器，而他的程式也會立即和別人的銜接起來。有時這會令人相當困窘，有點像是在衆人面前換衣服。星期六晚上，進行了四天之後，邁克第一次把他的程式放上伺服器。

邁克馬上接到麥克斯的電話（他還沒去田納西）；接著他又寫來一連串惡毒的電子郵件（後來被大家稱爲「麥克斯電報」）：「你要逼得我把頭髮扯光了！你想害死我！我要瘋了——搞什麼鬼？我會爆出一顆動脈瘤！」邁克的程式把系統搞得一團亂。

邁克說：「我從沒假裝我是程式高手。」

「我沒想到你會差勁到這種地步！」

直到此時，邁克才解釋他在四天前才開始學寫 Java。麥克斯恍然大悟。他教邁克一些 Java 的基本觀念。果然有用。

麥克斯的氣還未消。他衷心信仰「無我程式設計」（"ego-less programming"）的觀念，這指的是在一個團隊裡，程式設計師必須吞下他們的傲氣，聽從最資深高手的指揮。邁克居然敢動他手上的程式，甚至沒事先打聲招呼，顯示他對正常程序的全然無知，這比對 Java 無知還更糟糕。

因爲赫斯特自從做好最初的系統結構後幾乎就完全站在場外，所以麥克斯是他們當中最資深的 Java 高手，整個小組都應該聽他指揮。居然隨他高興就往伺服器上放東西，這些傢伙是怎麼回事？

巨網的科技長亞歷・葛洛斯曼先前已經留給了麥克斯壞印象。麥克斯建議使用一套叫做 Perforce 的軟體來做程式原始碼的管制。這套管理軟體可以追蹤軟體專案中每一代的程式碼，如果程式設計出了岔錯，程式設計師可以「返回」先前的版本（就像在迷宮中走到死路的話，能夠循原路退回）。據葛洛斯曼的說法，Perforce 的收費是每位使用者六百美元，所以他建議改用另一套共享軟體產品CVS，它的功能類似，而且價格近乎零。葛洛斯曼沒有先告訴麥克斯就把CVS安裝到伺服器。麥克斯非常憤怒——葛洛斯曼錯了！Perforce 的前兩個使用者是免費的，第三個之後才需要每個人收費六百美元。麥克斯和托比亞斯可以免費使用 Perforce。麥克斯再也不願相信葛洛斯曼，自已花了一整天的功夫把伺服器重新安裝成他想要的樣子。

以麥克斯的收費來計算，巨網在解決這個問題上所花的錢，已經和痛痛快快付錢買軟體所差無幾。麥克斯相信，韓克這種一軍混合二軍的策略，最後會讓他付出更高的成本。他告訴我：「便宜的程式設計師其實比貴的更花錢。他們寫得慢，產生的蟲又多。加起來根本不便宜。」

當上麥克斯自稱的「合約小子」的一個好處是，「我只要看不順眼，就可以破口大罵，罵得難聽到不管在哪家公司都會被立刻開除」。他的咒罵大多是衝著二軍。最近幾天他根本不肯瞧一眼邁克・謝勒斯寫的程式，因爲「不敢去想我會看到什麼」。關於葛洛斯曼的工作，他說：「能管一台 Unix 機器，並不能讓你成爲工程師。」至於大衛・迪斯（David Dies）的程式，他說：「我一看就想吐。」但是韓克除了使用二軍，也沒有多少選擇——麥克斯已經要前往田納西了。

一塊乳酪

「這些是通往王國的大門。」我們走進「出走通訊」的時候，亞歷・葛洛斯曼如此對我說。許多矽谷公司都把它們的網站伺服器架在出走通訊。葛洛斯曼今天要在巨網的籠子裡加裝兩部新的伺服器。現在是星期日上午十點。房間由上方的日光燈來照明，空氣透過地板上的格柵源源送入。所有的機器都鎖在裝有滑動門的籠子裡，固定在防震隔架上。有些還加上以指紋辨識的保全鎖來保護。

這個場所背後的驅動原則是光速。理論上，在光纖線路中的訊號，幾乎不需任何時間即可橫跨美國，所以你把伺服器架在哪裡都無所謂。但即使是以光速，訊號穿越房間所花的時間，仍然遠少於橫越全國。爲了要確保網站能夠快速回應，許多公司花了大筆銀子，把他們的機器裝在這裡。

「我們在許多方面都很吝嗇，但對出走通訊不會。在這裡所花的錢都很值得。」

我們走過一個一個籠子，葛洛斯曼嗚嗚哇哇對著別家網站的硬體發出贊歎聲。

「我們的在那裡，在低價區。」第六十二號籠，就在東牆邊。葛洛斯曼把它叫做伺服器農場（server farm）㊟。我們把兩台直立式的英特爾 Pentium II 塞進隔架，每台僅值一千美元。他解釋：「我們用的是省錢規畫。在品質上犧牲掉的，我們用數量來補償。如果其中哪台當了，嘿——我們就再買一台。」

葛洛斯曼身高五呎九吋（一七五公分），約一百四十五磅（六十六公斤）。穿藍色牛仔褲，繫一條與手錶錶帶相配的珠狀腰帶，穿球鞋及馬球衫。他今年三十六歲，和巨網的其他人一

譯註：指集中在同一位置的一組網路伺服器。如此，不但便於管理與維護，而且伺服器之間可以分攤工作；譬如把網站的交通流量平均分配給多部伺服器來共同承擔，如此可以減少網站塞車的頻率。

樣的是，他的小孩不只一個。他各方面看來都很沉靜，但眉毛不斷跳動，手也是，甚至到了顫抖的地步。葛洛斯曼是非常積極的聽衆，一直不斷提出問題，讓人覺得像在被審訊。基本上，他頭腦非常好，而大半時間他的腦子沒多少事好做，只拿來擔憂其他人的工作。

凱文・赫斯特「不管別人」的原則，差不多就是每個參與此案的人的基本態度，就只有葛洛斯曼除外。輕捷不知道巨網的程式設計師跟案子的成敗沒有利害關係。托比亞斯不知道巨網所謂的「大筆創投資金」必須等輕捷的網站推出後才有著落。麥克斯甚至不知道，巨網所謂的「辦公室」只是架在鋸床上的兩塊門板。每個人都只管自己的事。但葛洛斯曼不是這種人。他關心這，關心那。他的關心變成侵犯。他大聲說出自己的關心，非常大聲。他處處介入。有時他似乎爲了擔憂別人沒有照顧到他們工作的細節，以致無法做他自己的事。

今天，他的心中有兩項顧慮。他剛剛才知道，跟輕捷的合約還沒簽。

我沒聽錯？我還以爲大家趕得死去活來，全是爲了達成輕捷定下的期限。如果不是因爲他們辛勤勞動的果實可以問世，麥克斯和托比亞斯可能根本不接這份工作。萬一他們發現了怎麼辦？史提夫・謝勒斯怎麼說？

「我信任謝勒斯，」葛洛斯曼小心地說。「眞的，我確實信任他。」

可是……

「該死的是合約就是**還沒簽**。我知道所有的條件都談妥了。輕捷說他們會簽。我相信謝勒斯會有所防備，但是從事情的發展來看，我們現在似乎是被輕捷耍著玩。」

他可看到了值得懷疑的跡象？

「我們知道輕捷還在跟其他公司談。我們知道他們還在跟供應網路遊戲給 Excite 和 Infoseek 的TEN洽談。輕捷跟我們保證他們不會再和TEN碰頭，因爲我們的東西比他們好，無疑的好太多了。但除非眞的簽約，否則我仍會繼續擔心。」

他的手抖得厲害。

才不過幾年前，葛洛斯曼仍是擁有加州理工學院博士學位的行星科學家。他在超大陣列無線電望遠鏡（Very Large Array）工作，那是全球最大的無線電天文望遠鏡單位，就從新墨西哥州的荒蕪之地憑空冒了出來，離最近的城市阿布奎基（Albuquerque）還有三小時的車程。他說：「基本上，我的工作就是整晚醒著，擔任望遠鏡的保姆。」望遠鏡從來不出差錯，所以葛洛斯曼有太多空閒時間，而且身邊就是最精密的電腦設備。網際網路也才剛剛成爲學術圈外的時髦玩意兒。

葛洛斯曼殺時間的辦法是去造訪各個遊戲網站，解開那些困難的動腦難題，贏走所有獎金、獎品。靠著他的聰明腦袋及「超大陣列」的電腦，「它就像從小寶寶手中拿走糖果一樣簡單」。葛洛斯曼幾乎什麼都贏。他贏得一輛豐田 Rav. 4。他從新力影業贏得電影《第五元素》（The Fifth Element）的氣墊船。他贏了一大堆現金——超過十萬美元！倘若有人反悔，拒絕依約給獎——譬如說，他們原先以爲他們出的謎題難到沒有人解得出來（多笨！）——不要緊，葛洛斯曼還有個哈佛畢業的律師老婆可以幫忙。後來，寶鹼企業（Procter & Gamble）在決定涉足網路時，辦了一項活動來促銷新推出的柳橙飲料，喜悅陽光（Sunny-Delight）。它的活動是尋寶遊戲：在連續十星期裡面，每一天都會有個小小的喜悅陽光瓶子藏在網路上的某個網頁裡，參賽者要想辦法把它找出來。十星期後，前十名的優勝者再參加一場爲期一天的決賽，最先找出果汁瓶的人就是總冠軍。葛洛斯曼寫了簡單的自動程式專門來尋找果汁瓶，令人驚訝的是，這居然沒有犯規。葛洛斯曼非常仔細地讀過規則——「根本就很蠢。他們如果稍微了解一點網際網路，就該事先想到有此可能」——還不只這樣，規則中沒有禁止他重複參加，或是借用他哥哥或朋友的名字。這麼下來，在決賽的前一天，葛洛斯曼打電話給寶鹼，說：「你瞧，明天沒必要比賽了。前十名優勝者都是我。」他贏到一萬元獎金及十套電玩設備。

後來葛洛斯曼終於想到，由他來出線上謎題必定遠遠強過那些小丑，於是他辭掉照顧望遠鏡的工作，自己辦了一個網站，Play-4-Prizes。他籌措公司資源的方式是去對手的網站贏獎品。缺伺服器？——就去贏一部SGI工作站回來。葛洛斯曼不但不花錢登廣告，他還「說服」寶鹼把一瓶喜悅陽光藏在他的網站（寶鹼後來又辦了幾次遊戲），於是那些尋寶玩家立刻發現他的網站。他很快就建立了八萬五千名註冊使用者，他的公司在去年和巨網合併，好擴大彼此實力。

葛洛斯曼現在有個綽號叫「亞歷老公公」(Arie-Claus)。當U.S. Robotics新推出五十六K數據機時，爲了促銷而每天送出五十六台數據機，爲期五十六天。葛洛斯曼贏了幾百台數據機，然後以每台一百五十美元的價格拿到線上拍賣網站出售。關於這場競賽，他說：「不知哪裡出了錯。我做過數學計算，預計可以贏得百分之三十一點四的數據機，結果只贏了百分之三十點六。我從來沒搞懂是怎麼回事。」

才在最近，他又贏了一大堆視訊會議的迷你攝影機。他送給巨網的工程師一人一個，好讓他們能有些影像上的接觸。

葛洛斯曼的故事聽起來有點像是全憑機遇，就像他得在星期日上午來到這裡加裝硬體設備，而問題只是因爲幾個突發的意外狀況所導致。既然他如此聰明過人，我很好奇，在那些憂慮的背後，他是否有遠大的夢想仍未吐露。我的問題似乎突然把他凍住，一時不再打顫。

「不，我……我不太作夢。這些天已經有太多現實需要應付。」

他看著新裝上的兩部伺服器，現在籠子裡已有六部。下星期他還要加三部。目前巨網的尖峰負載是三百名使用者同時上線，通常發生在午餐時間及剛下班後。約翰・韓克預估，在輕捷推出的第一周，負載會立即跳升三倍，然後……持續攀升，有增無減。

葛洛斯曼說：「我們沒辦法知道它是否能負荷。我們的預估是每部伺服器可以負擔兩百人至四百人同時使用。但萬一估計錯誤呢？如果每部只能負擔一百人怎麼辦？我們沒有應變計畫。」

能夠稍微預估負載的唯一辦法，是由麥克斯寫一個程式，模擬幾百人同時上線的情形。上個星期，麥克斯說寫這樣的程式就像「一塊乳酪」（"a piece of cheese"）。葛洛斯曼聽了，根本弄不清楚他是什麼意思。「一塊乳酪」是不是表示很容易，就像我們平常說簡單得像「一塊蛋糕」（"a piece of cake"）？或者是指那東西有酸味，也就是說模擬程式是個爛掉的軟體？

「他說是一塊乳酪，我們根本聽不懂。究竟是什麼口味，是甜奶油味還是酸臭味？」

系列，系列

史提夫・謝勒斯打電話給丹・柏克哈特，問他怎麼回事。他們到底是要，還是不要簽約？柏克哈特立刻跳上機車，騎過灣區大橋，親自過來解釋目前的情形。他才剛到輕捷擔任商務開發總監一職，和巨網的合作案是他的第一個案子。

謝勒斯想知道，輕捷是不是還在跟其他競爭者洽談。他逼得柏克哈特保證絕不會去找任何別的遊戲軟體公司。輕捷在隔天晚上有一個慶祝公司新總部啓用的活動，爲了示好，柏克哈特邀請謝勒斯與韓克參加。

我和謝勒斯一起進到這個活動的會場，但我才剛把名牌別在襯衫上，便被捲入了喧鬧的架架聒聒裡，陷進入口網站業者交互授粉的花叢之中。這會場非常擠，才幾秒光景我就和謝勒斯失散了。我等了幾分鐘，但情況似乎變更糟，於是我從褲子口袋抽出行動電話，撥給謝勒斯。

「我是謝勒斯。」我聽到背景的嘈雜噪音，和我身邊的噪音幾乎完全一樣，但仍略有不同。

「你到底在哪兒？」

「我在音響舞台邊。」

「站在那兒別動，我離你不到五、六公尺。我會在五分鐘之內到。」

我在「路上」撞見了約翰・韓克，他對著我的耳朵吼說，謝勒斯在找我。我跟在他後面。經過一面電視牆，電視裡反覆播放著上奇爲輕捷製作的、準備在NBC播出的一系列新廣告。我們找到謝勒斯，然後推擠著走到一個角落，從局外來觀察整個聚會。謝勒斯把我介紹給席恩・提伯列克（Sean Timberlake），他是輕捷的藝術製作，和柏克哈特有密切的合作關係。提伯列克約五呎六吋（一六八公分）高，全身的裝扮超炫——頭髮染成黃銅色，穿著艷紫絲絨的運動外套，戴厚框的圓形眼鏡。會場實在太吵，根本聽不見彼此說的話。

邁克・謝勒斯也來了。有一陣子沒有任何人開口。我們只是看著由柔軟軀體所構成的渦流，看著身穿義大利西思黎牌（Sisley）襯衫的陽剛男性，以及穿著比比牌（Bebe）迷你套裝的長髮女子。所有巨網的成員幾乎同時冒出一樣的想法：

「天哪，這一行何時開始出現了這些艷麗女性？」

這些人最近兩年全都忙著工作，而且他們都已有了小孩，因此自從一九九六年後便再也不曾參加高科技業的活動。他們如今才頓時驚覺，在此期間，這個產業已經起了劇烈變化。參與者都變了。除了他們之外，場中沒有任何程式設計師，只有這個那個網站的商務開發副總、行銷總監，或是公關、CEO——而且他們都有研究所學歷，出自名校，曾當過管理顧問。並非全部的人都是金髮碧眼，但仍以此爲數最多。他們握手的勁道恰到好處，交談時兩眼直視你，周末時有了不起的休閒計畫，而且不會心不在焉，知道在什麼場合應該發出笑聲。就像是矽谷的人們集體去做了整容，全都換上「那種MBA外表」，換裝後，剛好來得及趕上在矽谷演出的大堆頭戲劇與暢銷書約。我看著這場景，心中溫習著NBC買下輕捷股權、介入經營的過程，然後我突然想到：這場聚會看來就像電視影集《六人行》(Friends)中的一幕，彷彿每一個沒被錄取的演員都被派到網路部門工作。

這是一九九八年底的文化場景。程式設計一向是高科技業的食糧，是它的麵包與奶油，但如今的圈內人是捨麵包而就印度麵包，捨奶油而就鮮奶油。他們在乎的盡是合縱連橫的交易、品牌經營及全國性廣告宣傳。

我找上NBC一位口才便給的公關，羅勃‧席維曼(Robert Silverman)，和他談了一會兒。

他對我解釋了從高空縱覽大局的策略，言談中不時丟出新造的當令辭彙，如「聚合化」（convergenced）、「優勢化」（advantaged）。在入口網站玩家的口中，你不時可聽到「等同」（parity）以及「差異因子」（differentiators）。如今「等同」已是基本要求，換個說法就是「緊追雅虎不放」。他們有免費電子郵件，我們也有；他們有旅遊訂位，我們也有。席維曼說：「等同已經是天經地義，甚至不算新聞了。」等同一點兒都不性感。現在的新聞已完全集中在差異因子：也就是席維曼這類人可以重複講述、永不休止的特殊字句。

在我整晚的談話中，這已是與程式設計關係最接近的了。

站在會場的最外緣，謝勒斯突然發現場中有幾個人是TEN的，就是那家提供遊戲軟體給Excite、Infoseek和網景的公司。

他們在這裡幹什麼？

柏克哈特走過來告訴謝勒斯一個他尚未聽聞的大消息：「C／NET剛跟TEN簽約。」這可把謝勒斯嚇壞了。C／NET握有輕捷過半的股權，這兩家公司的關係密切。TEN背後的金主是重量級的創投基金公司克萊納·柏金斯，而柏金斯最為惡名遠播的，是使用檯面下的運作來擊垮立場中立的議約者（deal makers）。克萊納模倣日本人經營企業的模式，建立了稱為「系列」（keiretsu）的公司親族。這些緊密聯繫的公司，在簽約時總是優先考慮自己人。他們稱此為「共同發展」，這種說法顯然太過客氣。新創公司其實是被逼著彼此合作，被逼著互相採用彼此的標準。供應商及製造廠（如地主、辦公家具公司及電腦商店）會給那些報出金主名字的新創公司折扣價，以期能成爲該創投基金所屬的所有新創公司的主要供應商。（這種經濟模式可以庇護不賺錢的公司免於現實的衝擊考驗，最後終致拖垮了日本經濟，可是這似乎不能令柏金斯退卻。）「系列」具有極強大的脅迫力量。我所聽過最戲劇性的故事發生在一九九六年二月底，搜尋網站 McKinley 再過一天就要送交 S1 公開說明書，即將成爲第一家公開上市的搜尋引擎。這時，柏金斯找上了 McKinley 的承銷銀行羅勃森史蒂芬斯，「說服」他們放棄 McKinley，轉而承銷柏金斯所資助的 Excite。

如果克萊納已經打進C／NET，它毫不遲疑就會在輕捷身上施加影響力。

「所以，柏克哈特，合約呢？你們到底有還是沒有跟TEN談？」

柏克哈特硬說他自己沒和TEN洽談，但他老闆山姆・派克（Sam Parker）可能有。不肯跟巨網簽約的是山姆・派克。柏克哈特同樣不喜歡目前的處境，因爲輕捷找他進來時，所給的承諾是他在議約發包方面可以全權作主。「山姆很信TEN那套。」

柏克哈特拜託謝勒斯趕快把案子做完。

「我們已經給你看過 demo 了。」

「我們要看到牌類遊戲。」

他們同意在下星期五做牌戲 Spades 的 demo。麥克斯明天應該就會打獵回來。

由於事關重大，約翰・韓克把 Spades 交給托比亞斯負責。

污染了爪哇

星期五上午：約翰・韓克必須決定下午對輕捷的 demo 是否照常舉行。

韓克說：「我不知道托比亞斯從昨晚到現在做了什麼，但他似乎把事情弄糟了。」托比亞斯因爲要趕做 Spades 而心情大壞——這讓他沒有時間徹底思考程式的核心類別函式庫。正確的程序應該是先寫好通例的程式，然後再往個例做下去，因此應該先建立一個可以適用於任何遊戲（從 Spades 到 Uno）的基礎架構。如今他只是在爲一個特例寫程式，而且他得頻頻在心中做筆記：「這裡將來要修，那裡將來要改。」他抱怨：「如果爲了做一堆 demo 而打亂工作進度，這樣子根本寫不出好程式。」

他們所要進行的是韓克所謂的「逼死人的 demo」。上午十一點，約翰・韓克、邁克・謝勒斯、傑森・托比亞斯及麥克斯，給系統做了一次迷你的壓力測試，希望能找出在何種狀況下系統會故障——然後呢，或許當他們向輕捷示範時，可以小心避開這些狀況。

韓克與邁克・謝勒斯在柏克萊飯店地下室的孵育室，兩人共用三部電腦，麥克斯和托比亞斯則從家中登入。

他們用各種瀏覽器來考驗系統，在聊天視窗裡快速鍵入一堆無意義的文字，並且一再重設遊戲。幾次下來，他們找出了模式。

聊天功能運作得很好，但只要遊戲一開始，它就掛住了。Spades在微軟的IE下很正常，但在某幾種版本的Netscape Navigator卻會當掉。只有第一次玩的Spades可以順利完成，一旦有人按了「重玩」按鈕，一切就都掛住不動。現在是正午，托比亞斯和麥克斯大概還有兩個小時來解決這些問題，不過……

……他們必須走了。他們得趕場，去做另外一個案子。唉，眞抱歉！

這就是網路時代的市場生態。大牌明星有自己的行程。一軍選手前來投效的時候，總會有附帶條款。

我非走不可！你沒看我的行程表？

誰知道托比亞斯和麥克斯能不能在兩個小時內解決問題？或許不行。但這麼一想，我們還是回到根本的老問題：當巨網**眞正地、確實地、不可違逆地**需要這些高手上場表現的時候，他們會在嗎？他們所領的時薪會是足夠的誘因嗎？

在Spades遊戲旁的聊天視窗，韓克懇求麥克斯別把他的行動電話關機，以免發生緊急狀況時聯絡不到人。麥克斯卻回他幾句饒舌歌歌詞：

你有詭計我知道，

休想騙我中圈套。

爲網站所寫的 Java 程式，往往很難兼顧各家瀏覽器，不是微軟的出問題，就是網景的會衝到；此一現象令大家抓狂。這是根本不該發生的問題。昇陽微系統便不滿微軟擅自爲 Java 新增功能從而污染了 Java，於是控告它違反授權合約。（後來在一個月內，承審法官作了對昇陽有利的初步裁決。）市場上演變出兩種 Java，一種是微軟的，一種是昇陽的，導致瀏覽器之間很難彼此相容。因此之故，網站所開發的程式，必須爲兩種瀏覽器各作調整。

巨網目前還沒時間做這工作。

在麥克斯離線後，韓克與謝勒斯討論究竟該硬著頭皮 demo，還是該取消，哪一種的結果比較糟。時間是訂在星期五下午，所以他們在考慮能不能裝蒜，乾脆連電話也不打。

韓克說：「如果不打電話，我擔心他們會對我們失去信心。」

「這種事情應該是**我們找他們**，還是**他們找我們**？」

「照理講是**我們找他們**。」

謝勒斯建議：「那麼，現在是吃飯時間。或許你可以打電話過去，留話在他們的答錄機。然後情況就變成了**他們找我們**……」

韓克猜到他的想法：「然後我們就整個下午都不接電話？」

「我們必須想出辦法，名正言順地把這事延到下星期一。」韓克說：「我可以用私人理由當藉口。」他這個周末要搬家，但到目前都還沒有打包。他們再怎麼看都覺得 demo 做不下去。韓克提議，還是打電話去留言。他可不能太直接，明講 demo 必須延期，而要說他另有約會，因此只有一小段時間窗口可用，然後默默祈禱輕捷趕不及回電。

他拿起手機，說：「我要出去打。」

謝勒斯跟我解釋：「他討厭當著別人的面說謊。」

一個小時後，韓克還在玩 Spades，他想找出失敗的模式。突然，遊戲大廳多出了兩名使用者。他們是誰？韓克知道麥克斯和托比亞斯正在做別的工作。葛洛斯曼呢？也許。韓克跳去看上線者的名單。

那是輕捷的席恩．提伯列克和丹．柏克哈特，他們跑上來突擊檢查。韓克根本沒想到要打開伺服器的安全功能，把他們擋在系統外。

情況變得格外麻煩。如果你是親自對著一群觀眾做示範，你可以只按那些安全的地方，避開會造成當機的位置（軟體業甚至還有句行話，把它叫「走雷區」）。但讓輕捷自己來走，可就大不相同了。如果他們用的是 Netscape Navigator 怎麼辦？如果他們想重玩呢？如果他們邊玩 Spades 邊聊天呢？

我以爲韓克會開始抓下一把一把的頭髮，結果他很冷靜。他把邁克・謝勒斯拉過來，開始在線上與提伯列克和柏克哈特聊天。趁著邁克向他們示範各項聊天功能的同時，韓克試著替Spades遊戲開局。連試三次都沒成功，第四次終於出來了。準備妥當後，韓克拿起電話打給提伯列克。另外三人加入韓克的遊戲。當然囉，聊天功能現在是不能動了，但是幸好電話遞補上來，擔任起溝通工具。提伯列克和柏克哈特似乎並未察覺異狀。韓克開始出牌。提伯列克很努力回想Spades到底該怎麼玩，注意力全放在這上面，因此沒空像以前那樣挑剔各種小毛病。令人訝異的是，牌局居然進行得很順利。提伯列克與柏克哈特用的必定是微軟的瀏覽器。

千萬別按「重玩」。

爲了拖住他們的脚步，韓克問起了提伯列克與柏克哈特的萬聖節計畫。然後提伯列克說，系統不讓他打出他想出的牌。

提伯列克的聲音從電話的揚聲器傳出來：「我一直按，但牌就是打不出去。」

「你想出什麼？」韓克問。

「我才不會讓你知道我有哪些牌！」提伯列克開玩笑說道。

「你是不是想出黑桃？要先用完別的花色之後，才能出黑桃。」

「噢，對了。」

韓克看了看錶，現在他眞的有約會。四個人沒有玩完這一局，也沒有重新開局，就停了下來。

柏克哈特說：「嗯，這是相當不錯的開頭。」

提伯列克補充說：「這是極大的改進，你們的確進步很多。」他們聽來蠻高興的，兩人開始比賽看誰比較會誇獎人。

「我們喜歡新設計的外觀——」

「很明顯看得出來，比前一版大有改進——」

「我們很願意把它秀給公司其他人看——」

「如果約得到人的話，我想在下星期拿給他們看。」

他們準備去和山姆·派克約時間。

衆人一一告別。

韓克鬆了一口氣，歎道：「我們總算避過一顆子彈。」

單一程式架構

約翰·韓克相當依賴他當外交人員的經驗，來應付愛發脾氣的工程師。

今天星期二，輕捷的 demo 訂在星期五，而托比亞斯爲了房子的事跑去奧斯汀談價錢。程式又壞掉了，所有地方都有問題。這次可是大麻煩。

赫斯特設計的是雙程式架構。一個 applet 帶出遊戲室及牌桌的坐次安排。當使用者從選單選擇遊戲時，會啓動第二個 applet，後者**不必**管前者。這讓伺服器農場比較容易配置——每種遊戲一部伺服器，而遊戲室軟體又在另一部伺服器。然而有時候使用者會在選好要玩的遊戲時不巧斷線，也就是在離開遊戲室的伺服器之後，卻沒能連上打算前往的遊戲伺服器。

要跳換伺服器時，能不能成功，多少都有點機運的成分。這種不可預測性，在網際網路上是難免的。當天夜裡，麥克斯寄出了一個可能的解決方案：把大廳及遊戲合併成由單一 applet 來執行，讓每部伺服器都可負責大廳及遊戲，如此使用者就不必離開。這樣已經更動了基礎架構，等於是給系統做換心手術，然而輕捷的 demo 就在三天後。

第二天早上，葛洛斯曼一見到約翰・韓克就暴跳如雷。他的手指一直在抖。他試圖控制住情緒，卻只是抖得更嚴重。因爲他憋住一切，憋住的不只是憤怒，還有他的溝通能力。他簡短地說：「那是個**壞**想法。」

韓克問他：「怎麼說？」

「很壞就是很壞！」

韓克希望葛洛斯曼解釋，但葛洛斯曼實在太煩躁，以致講不清楚他所預期的是什麼。（麥克斯和托比亞斯這樣描述葛洛斯曼的爆炸脾氣：「他懷了小貓。」）相反的，他對著韓克吠叫出命令，希望韓克自己想一遍，找出問題所在。他的吠聲變成是引導韓克思路的線索。

葛洛斯曼吠道：「如果使用者重新載入網頁，怎麼辦？」韓克想了一會兒，但是弄不懂葛洛斯曼的意思。

葛洛斯曼又吠：「如果每頁只有一個 applet 會怎樣？」韓克還是不明白。

葛洛斯曼說：「從一開始我就不懂爲什麼我們要採用這個架構！我跟他們講過會發生這個問題，但麥克斯的反應是『我比你多四年的經驗，你去幹你自己！』」

韓克回答：「我想他並不是真的講這幾個字。」

「沒錯，他就這樣講！赫斯特還說我需要去學怎麼『吸蛋』。」

「我很懷疑他真的說『吸蛋』。」

計畫開始之初，全隊人馬在高手之家開了一次會，而葛洛斯曼也的確整晚在「吸蛋」，閉嘴聆聽赫斯特和麥克斯解釋程式架構。回想這件事，韓克說：「我以爲你的問題都在會議當場就得到了解答。」

「赫斯特跟我保證這種網路通訊方式沒有問題，但它當然是有問題的！」葛洛斯曼同樣不喜歡麥克斯的新方案。基本上，他是不肯信任他們——如果麥克斯曾經錯過一次，他豈不是很有可能會再錯一次？每種辦法都會帶來它自己的新問題。

韓克現在很爲難。他這兩個程式設計師，麥克斯和葛洛斯曼，現正在爭辯一個深層的技術問題。（試想，一個只懂英語的法官承審一樁以西班牙語進行的訴訟是何場景。）如果他倆能解釋清楚，韓克或許還有專業知識來裁決兩人中是誰比較對。但是兩人都沒有足夠的人際溝通技巧來向他解釋清楚。麥克斯告訴過我，他八歲時，母親帶他去見心理醫師，心理醫師判定他的心智年齡是十六歲，但他的情感發展只有四歲。麥克斯從不隱瞞他不太能察覺到那些能透露出人們內心想法的細微徵候。

韓克覺得程式架構畢竟是麥克斯的管區，但既然葛洛斯曼聰明絕頂——聰明到能解開網路上所有猜謎遊戲，簡單得像是搶走小寶寶手中的糖果——或許有可能他這次也是對的。

韓克明白其實他別無選擇，於是說：「用麥克斯的方案或許會失敗，但麥克斯畢竟是我們的一份子，我們必須團結，彼此信賴，人人各司其職，才有資格論輸贏。葛洛斯曼，你的任務是維護硬體系統及網頁的HTML框架。Java架構則是麥克斯的。」——然後他丟出了一些外交辭令——「不過能有這類的辯論是非常健康的。在這些課題上進行辯證蠻不錯的。我很高興你提出了你的關切。」

葛洛斯曼雙手的震顫已到達八級地震的規模。你絕不可能沒有察覺到他的不安。

韓克說：「葛洛斯曼，我真的相信麥克斯知道他自己在做什麼。」

「韓克，我還是懷疑！」

葛洛斯曼並不覺得基本架構完全是麥克斯的管區。它會導致巨網的每一部伺服器都要有全部的程式，而不是把它們分開放置。原先計算的，一部伺服器可以負擔兩百人同時上線，現在可能已變得毫無意義。或許他們需要八部伺服器，或許需要十部。葛洛斯曼的手之所以抖得像地震中的大吊燈，是因爲他的伺服器農場可能無法處理這些負載，到時他們又會怪罪到他頭上。

「葛洛斯曼，不會有事的。」

「韓克，我還是懷疑。」

「你認爲我們在自尋死路？」

葛洛斯曼停頓了十五秒，他在思考。問題在他耳際迴盪。

你認爲我們在自尋死路？

在demo的前三天改變架構！

你認爲我們在自尋死路？

三天！

「沒經過測試，我很難說。」葛洛斯曼終於如此回答。

這似乎是到目前爲止他所說的話裡戰鬥性最低的，韓克想抓住機會脫身。他以極其外交辭令的和悅態度懇求葛洛斯曼冷靜下來：「就實際情形來看，我們必須照麥克斯所發展出來的走下去。這是我們的1.0版。你何不寄給我一封電子郵件，把你的提議解釋清楚，或許那會成爲我們做2.0版時的發展方向。」

唯一的好消息——這麼說似乎有點變態——是麥克斯的貓沾了有毒植物「毒橡」(poison oak)後，睡在他臉上，這造成麥克斯的雙唇裂傷，前額腫得很嚴重，因此不願在大庭廣衆之前出現。他的皮膚「超級過度敏感」，而他又對可體松過敏，注射之後連續三天睡不著覺，因此要不是赫斯特有「超威猛」的藥膏，他恐怕已經進醫院了。赫斯特之所以會有超威猛的藥膏，則又是因爲他的皮膚對用來替飛機上烤漆的樹脂起了燒灼的過敏反應。

韓克說：「麥克斯現在不再每天下午跑出去比賽擲飛盤。所以我非常相信他會專心解決這些問題。」

凍結程式

向山姆・派克做的 demo 是一樁慘劇。

demo 前一晚的十一點，系統跑得非常完美。麥克斯新做的單一 applet 架構顯著改善遊戲的執行速度，因而帶給他們虛假的信心。在 demo 的前一晚，照理說應該是「凍結程式」(code freeze) 的階段，再下來只做測試和除錯，不會再加寫或修改功能。

但因爲系統實在跑得太好了……這叫誰忍得住不去修修補補？

就這樣東修西補。到了當天上午十一點，亞歷・葛洛斯曼加進一個很酷的小功能，它可以讓使用者更改名字，並選擇一個卡通人頭來代表自己，顯示在螢幕上。
demo的時間到了，幾個輕捷的人試用這項功能，然後呢，等到他們加入牌局時……
……系統當了。
慘劇。
約翰．韓克用電話把葛洛斯曼叫起床，叫他把這項功能拿掉。拿掉後，系統便又運作平順。韓克打電話給丹．柏克哈特，告訴他：「你看，你看，它跑得多完美！」沒有用。傷害已經造成。柏克哈特的老闆們看到這些就夠了，柏克哈特在他們面前丟光了臉。
韓克評道：「一個星期前我都還在問自己：『我們辦得到嗎？』我不確定我們做不做得出這個系統。現在我知道我們可以。而現在我變成要問自己：『我們能不能說服別人相信我們辦得到？』我們眞的讓柏克哈特的處境很艱難，我們讓他在老闆面前出醜。」
史提夫．謝勒斯問：「所以，葛洛斯曼根本不該那麼晚加進那個功能嗎？」
韓克可不敢確定。葛洛斯曼是在上午十一點加進新功能，而示範是在下午一點，中間有蠻長的時間可以測試和除錯。但托比亞斯的網路連線在那天上午奄奄一息，慢得一場糊塗，直到下午一點整，他才終於把重新編譯的程式送上伺服器。那時已經沒有時間做測試。韓克說，程式永遠會有錯，問題出在測試時間不足，而不在葛洛斯曼。眞的，誰都不該被責怪，只該怪托比亞斯的網路服務提供者（ISP）爲何偏偏在這時候出毛病。

但麥克斯氣炸了。葛洛斯曼居然在公司最重要的 demo 之前兩個小時做重大的系統變更，他相信這件事差不多快把公司給搞垮了。但既然他們倆連人都處不好，他們寫的程式無法相處不是也很正常？

麥克斯在郵件上如此寫道：「我無法相信我這麼努力所做的東西，竟被形同玩火柴的三歲小孩給徹底毀了。」

究竟麥克斯是否只在發洩怒氣已經不是重點。麥克斯和托比亞斯開始認眞討論要不要向韓克下最後通牒——「不是我們就是葛洛斯曼，你只能從中選一邊。我們再也不跟他合作。」——以及這種決裂會帶來何種後果。麥克斯也開始談起葛洛斯曼的背景（他這才知道，葛洛斯曼是加州理工的博士），他說：「爲什麼一個應該飽含聰明才智的人，竟然是這麼該死的低能兒！」他也對葛洛斯曼累計贏得的十五萬美元不以爲然，認爲就是像他這樣的駭客（hacker），搞壞了程式設計師的形象。

對麥克斯而言，問題的根源很清楚：二軍思維，處處想省錢。麥克斯提到了一大堆令他困擾的撙節手法。他們使用了一套統計資料蒐集工具，卻連最低的使用費三十美元也沒付。他們從不雇用專業的測試員來抓蟲。二軍陣營的葛雷格・蕭（Greg Shaw）和大衛・狄斯，也沒能在預定時間內完成他們各自的遊戲程式，西洋棋和雙陸棋。

巨網一度想設置兩部測試伺服器：一部供展示用，只安裝穩定的程式；另一部則可當程式開發人員的遊樂場。如果當初這樣做，就不會發生這次的慘劇。事實上，葛洛斯曼有一次說他裝好了第二部伺服器，其實他只是把一部測試用的伺服器切割成兩個，但這種取巧的辦法**根本行不通**，因爲每部電腦只能有一個所謂的「慣用埠號」（well-known port）。

麥克斯說：「我簡直被逼瘋了。沒有正確的工具，就不可能做出很棒的軟體。」他警告過：一再省錢，最後反倒會讓他們付出更大代價，現在看來的確如此。

韓克終於了解，在未簽約之前，他承擔不起繼續使用二軍的潛在風險——即使這意味了他將更容易被一軍選手的行程拖累。韓克打電話給托比亞斯，詢問麥克斯的狀況：「他現在還在我們這邊嗎？他的心還在計畫裡嗎？」托比亞斯是唯一眞正受合約拘束的一軍選手。韓克要求托比亞斯把西洋棋接去做完，並要麥克斯去做雙陸棋。儘管這些明星跟案子的成敗沒有利害關係，他還是交給他們更多任務，而倘若他告訴麥克斯輕捷從未簽約，麥克斯恐怕會非常非常惱怒。

停機問題

韓克與謝勒斯還有最後一次機會，這次他們要親自到輕捷的公司做示範。也將首次與山姆・派克見面。他們早聽說派克「非常專注」、「對問題窮追不捨」，若有機會把對方逼到無處可退，他可毫不猶豫：「他可以在瞬間『變成鬥犬』。」

韓克要求赫斯特和麥克斯一起出席，來回答技術問題。韓克告訴麥克斯，這是一次「在此一舉的 demo」，沒人跟他明講，但他已了解，意思是合約還沒簽。

他如何反應呢？麥克斯有「變成鬥犬」嗎？

他垮下臉說：「這一行常有這種事。像輕捷之類的大塊頭總是要著小角色玩。爲什麼？就只因爲他們可以。一向都是如此。」

一開始時，麥克斯在乎的只是那個綠色大X，但如今他對他的程式投入甚深。最終，對工作本身的榮譽感成爲突然浮現的神祕因素，成爲促使他徹夜不眠、全力以赴的動力。

原先擔心著兼差的工程師在關鍵時刻一走了之（跑去獵松鼠，或是去德州買房子，或是替別人工作）對於計畫造成傷害，卻從未眞的成爲影響因素。雖然有時會冒點煙，卻從沒有眞的著火。

有一天，在通宵趕寫壓力測試用的模擬程式（也就是那塊出了名的「乳酪」）之後，麥克斯邀我去高手之家吃午飯。我們開車到聖馬太歐機場，租了一架造型頗似牛虻的、「超級飛快」的 Katana 教練機。天候檢查，北風、風速十五節。化油器預熱，關。阻風門，開。襟翼，良好。燃料幫浦，開。配平，歸零。

麥克斯呼喊：「可以走了。」我們在跑道上加速，時速六十五英哩。這時麥克斯拉起操控桿，我們開始爬升，呼嘯越過甲骨文公司朝北而去，一〇一號公路就在我們下方。

麥克斯大叫：「帥！」

很快爬到三千英呎，到了此時，麥克斯才有那份閒情告訴我，他在勞動節假期前往「燃燒者大會」的經過。

爲了去「燃燒者大會」，麥克斯向朋友麥特（Matt）借了他的古董級、徹底翻修過的一九四九年西斯納（Cessna）一二〇機型。他預期著駕這架雙座飛機降落在黑岩沙漠時，必定大爲轟動。但在沙加緬度（Sacramento）附近時，引擎開始震動，他聽到金屬擠壓聲，然後飛機開始有金屬碎片掉落。它的連桿（rod）折斷，曲軸失效，螺旋槳脫離。在九千英呎的高度，它一分鐘內就掉五百英呎。麥克斯用無線電呼叫奧本（Auburn）的一處小機場。他飛得有點過頭了，但總算是迫降成功，人沒事。把飛機滑離跑道後，他立刻打給租車公司，叫車趕赴黑岩沙漠。

在討論巨網系統的負載模擬時，我們聊到了「停機問題」（Halting Problem）。這是每一個修計算機理論的程式設計師都知道的邏輯困局。基本上，你可以證明某些程式可以停下來，有時候也就是當機，但相反的情形並不一定成立：你永遠無法證明任一給定的程式不會停止運算。

拿它來類比，你可以證明某架飛機的引擎在某些狀況下，**必定**可以折斷連桿，但你永遠無法證明它不會。在它出岔錯之前，你只能算是好運。或者再換個例子，巨網的系統可以跑得很順，模擬時從不發生問題，但這**根本不能證明**它在推出後不會當機。

大約在金門大橋朱紅色的懸吊塔上方一千英呎時，麥克斯壓下飛機右翼，飛機開始像陀螺一般打旋。我的胃大概掉到了膝蓋的位置。

麥克斯呼嘯：「帥！」

十五分鐘後，我們降落在半月灣（Half Moon Bay），到「獨行俠咖啡屋」（Maverick's Café）買午餐。

麥克斯向我坦白他思考人生問題的心路歷程。他一向以爲，維持自由工作的狀態是一種得以掌控生活秩序並且保護自己的方式。他可以享受瘋狂的生活樂趣和適才適性的工作，對年輕小伙子而言，夫復何求？但現在他重新審視，覺得自己是在躲避所有的情感聯繫：沒有固定工作沒有小孩沒有婚姻沒有愛情。擁有房子的部分產權及志願參加「聖馬太歐大哥哥」計畫，算不算是面對現實？他的工作契約上明白寫著：「任何一方均可在任何時間終止此項關係。」「我思考這些，然後心想：我是否眞的找到了另一種新的、可行的生活風格，或者我只是個逃避現實的懦夫？」

奇怪的是這些情緒是如何浮現的。播出五年的節目《巴比倫五號》（Babylon 5）最近剛演出完結篇，這是所有的角色互道別離的時刻。整集有三分之一以上的時間，麥克斯都噙著淚水。「它確實又翻出了埋藏在記憶深處的某些失落感，即使過了八小時，感傷仍然徘徊不去。

於是它讓我開始思考：如果過去的生活經歷告訴你，任何事都不可能維繫長久，那麼避免任何情感聯繫似乎比較保險。很少人會星期天做禮拜；沒有人（至少在我們這一行）一直待在同一個工作；你搬走，鄰居搬走；任何事都不可能長久。任何事都不可能長久。從這個角度來看，人心中總是盤算著一走了之，是再自然不過的事。」

如果不知道他心中有過這番周折，光看外表，我們很容易低估他的投入程度。事實上，他沒有想過要離開，他也沒那麼在乎他恐怕不能在這個案子裡賺到多少。「我沒冒風險。眞正承擔超級風險的是韓克和謝勒斯。」看來他很明白，約翰・韓克和史提夫・謝勒斯之所以甘願活在極度不確定狀態的煎熬之中，是因爲它的財富「增值」潛力。「不管怎樣，如果他們做成了這筆又大又甜的生意，我可以提高價碼。」

他仍然說：「如果想煽動我再去搭上新創公司巴士，恐怕還得再等一陣子。我眞的很怕又是做得要死要活卻得不到錢。」關於股份及購股權，他說他是「超級排斥」。他曾受傷慘重，但他知道錯並不全然在別人身上。

「我就是看不準什麼會大賣。」他解釋，同時列舉了一家又一家他認爲必死無疑的公司，結果卻都被高價收購。他不了解「非工程師」所扮演的角色。以他的話來說，巨網就是一個「經典」範例。他大聲問道：「他們所賦加的價値在哪裡？我看不出來。別誤會，我很喜歡韓克與謝勒斯，但我就是不知道他們的貢獻何在。我們是眞正寫出程式的人。如果有人問我，我會說他們沒搞頭。」

然後，似乎出於對自己的嘲弄，麥克斯如此推理：「但既然我總是看錯，所以如果我覺得他們沒搞頭，巨網或許會成爲巨款也說不定。」

麥克斯大約半個小時後回到高手之家，然後開始進行壓力測試。當模擬人數增加到兩百五十人時系統仍無異樣，他開始放下心來。而在與山姆・派克的攤牌僅剩二十二小時的時刻，韓克把系統開放做公開測試，邀請巨網所有目前的用戶前來使用 Java 版的遊戲。當天晚上，在模擬了一百人快速進行聊天之後，麥克斯又再修改一些功能，以便大幅提升聊天視窗捲動的效率。

第二天早晨，約翰・韓克開始看到許多消失了幾星期的錯誤訊息。上午十一點，離 demo 只剩三小時，他打電話告訴我 demo 目前處於「未定」狀態，他認爲照常舉行的機率是一半一半。麥克斯和托比亞斯正急著尋找錯誤原因，就在時間用盡而麥克斯必須出門之前，他決定把程式「倒退」到尚未改寫聊天功能之前的版本。因爲他想保留托比亞斯在兩個版本之間所做的幾處修正，所以這次是很複雜的版本倒退。他希望不會出錯，但是沒有時間測試了。改好之後，他看也沒看，直接跳上車子，朝北開去。

規模彈性

巨網的成員約好下午一點半，在輕捷位於39號碼頭（Pier 39）新址對面的漢堡咖啡店（Burger Café）碰面。這是一家採用鉻黃與霓虹色系的餐廳，紅色的塑膠坐椅、閃亮的美耐板桌面，以及黑白相間、棋盤狀的地板。他們桌子上方的電視正在播放電影《阿波羅十三號》（Apollo 13）。

在其他人還沒來之前，我質問史提夫・謝勒斯：「你們的產品毛病一大堆，沒簽約，銀行戶頭只剩三十天的現金，程式設計師與案子的成敗沒有利害關係，再過兩個星期你們就要被踢出辦公室——你怎麼還睡得著覺？你怎麼還能鎮定地面對各種狀態？還能繼續活在**極度不確定狀態的煎熬裡？**」

謝勒斯的臉上露出笑容，而且不是神經質的笑容——他看起來似乎頗爲怡然自得。他笑著聽我點數他的噩運，然後說：「坦白講，我覺得我們的狀況還蠻不錯的。」

但他承認，對大多數人而言，這種風險的等級恐怕高得荒謬。「久而久之，它就成了一種生活風格。人們常說：『那不能消滅你的，會讓你變得更堅強。』我覺得很有道理。」

謝勒斯在大學主修人類學，對世界有著敏銳觀察。他永遠都能後退一步，站進理論、哲學或文學裡面，以全景的角度來觀照自己的生活。他告訴我尼采如何鼓吹人們當個戰士，但要是個**快樂的**戰士，保持愉悅，怡然地身處險境。給他機會談尼采，他可以說一整天。創業家的精神，正是尼采所擁戴的精神。

「歸結到最後就是意志。這就是我為這個方程式所貢獻的價值：我一行程式也不會寫，從沒提出任何創意，而儘管資金是我找來的，但我眞正投進來的是我的意志力。絕不放棄的意志，為達目標不畏艱難的意志。」

巨網的成員圍著一張桌子而坐，唯一明顯缺席的是葛洛斯曼。他們不願冒險讓他在場，以免他發脾氣激怒輕捷的人。麥克斯看起來像是快崩潰了。赫斯特非常穩健，仍能侃侃而談。約翰・韓克仍一如往常，冷靜到引起隊友們開玩笑地談起百憂解的服用量。

這次會議的主題是規模彈性。他們已被告知山姆・派克非常關切與一個產品尙未完全獲得證明的簡陋公司簽約太過冒險。所以即使 demo 時四個人玩很穩定，但他們可否處理數千人同時上線的負載？在他這個層級的議約者所思考的是「建立品牌」及「消耗品牌」，而系統當機必會消蝕輕捷的品牌。用丹・柏克哈特的話來說：「山姆・派克賦予抗風險性極高的價值。」

所以他們必須說服他相信，輕捷的交通負載交到他們手裡很安全；這就好比銀行說服你相信，錢在他們手裡很安全。這也正是銀行為何要有宏偉的花崗岩拱門、大理石地板、硬木材質的櫃員窗口，以及安全警衛。其實錢根本不在那兒，如今錢只不過是聯邦準備系統電腦網路中的電子訊號，但是堅不可摧的門面有助於說服存戶大衆，他們的錢是安全的。派克是副總，不是技術人員。無論麥克斯或赫斯特提到任何有關診斷工具、beta測試及抓蟲報告的事，派克的心中仍會暗忖：「他們只是一群連辦公室都沒有的牛仔——我能冒險嗎？」他免不了會想：「如果是和TEN簽約，至少我可以安心睡覺。」

史提夫・謝勒斯利用這個機會告訴所有人，他們最可怕的強大對手、如今又有柏金斯在背後撐腰的TEN，他們剛進軍線上牌類遊戲時，是靠著買下一個叫做Webdeck的小公司，而Webdeck只是個從甲骨文出來的程式設計師在自家車庫所開的一人公司。只有一個人！就在不久前，這項TEN最主要的生財工具，規模還遠小於巨網。所以心裡別想：**我們辦不到**。也別想：**我們以爲自己是誰，居然敢和這些大塊頭玩？**

然後謝勒斯指著電視，要大家抬頭去看。正在播出的一幕是阿波羅十三號太空艙的防熱罩損壞了，如果太空艙不能以絲毫不差的正確角度進入地球的大氣層，它會被彈出大氣層，而且永遠飄流，一直到毀滅。在地面的任務控制中心，艾德・哈利斯（Ed Harris）所飾演的指揮官轉身面對媒體，大膽地說：「各位女士、各位先生，這將是我們的最佳時刻。」

時間掐得多準。在他們起身赴約之前，謝勒斯對著在場的每一個人喊：「這就是生活所追求的。這才叫生活。一生當中可沒有多少次是刹那可以決定一切。」

程式設計師之間流行一個所謂的「侯世達定律」（Hofstadter's law）——它有點像是透過M．C．艾雪（M. C. Escher）詮釋的墨非定律——它是這麼說的：「完成工作所需的時間，永遠比你以爲的還要久——即使你先前已經把侯世達定律考慮進去。」輕捷的合約及網站的推出都並沒有眞的完成，而仍在持續進行。輕捷看到了香腸的製造過程，嚇得他們失去信心，不敢當巨網 Java 遊戲的第一個採用者。他們寧願別人先當白老鼠。結果，那隻白老鼠是 TheGlobe.com，它在這段期間已經因爲市場因素取消了原訂的股票上市案，然後在第二次嘗試時出奇地成功，創下股市有史以來上市當天的最大漲幅紀錄。既然未曾目睹搞砸的 demo 或是程式設計師的火爆衝突，TheGlobe.com 沒有什麼好怕的。

5

業務員

進入銷售機器的靈魂

在資訊產業的正史裡，根本沒有位子留給銷售業務。每當提起新創事業的生命周期，標準的說法是：首先，出現了一個點子；然後，點子變成產品；產品變成新創公司；而如果這家公司可以吸引一些勇於嘗新的測試版用戶，它就可以數百萬美元的價格賣出。故事就此結束，接著再回去捕捉下一個點子。不管是誰買下了公司，以後的賣產品、找客戶全都是它的事了。

比爾・凱林傑（Bill Kellinger）一直是個業務。八〇年代晚期還待在甲骨文；而當網景還叫做馬賽克（Mosaic）的時候，他就加入網景了。如今他的落腳處，是在聖塔克拉拉的又一個普通辦公園區裡的又一條大街旁的又一家非常普通的高科技新創公司，公司正在面對死神的關頭。

大多數在這一行打滾的創業者往往完全不肯面對以下這個事實：總有一天死神將會駕臨他們公司門口。他們可以是「網際網路世界」（Internet World）商展的當紅要角，送給所有人滿口袋的解碼鑰匙環（decoder rings），但死神還是會來敲門。他們可以放出股票上市的消息，做出非常亮眼而流動現金堆得比天高的財務報表，但死神還是會來敲門。他們可以付給雅虎幾百萬元來吸引訪客，但死神還是會來敲門。時辰若到，誰也躲不掉。

一定得有人把產品賣出去。

當比爾・凱林傑加入 Manage.com 時，他是公司的第三十個員工，職責爲拓展公司的業務組織。根據營運計畫，該是到了籌募第二輪創投資金的時候，今年度他應該為公司帶進一百五十萬美元的收入；以平均每筆交易三千元計，也就是說，他要完成五百筆交易。每筆交易的成交週期是三十至四十五天。他準備雇用電話行銷及現場推銷的業務代表各一名，只等上頭批准了，兩人都會從網景挖角過來。

凱林傑願意提供給我依照媒體特性而分級的產品說明——《連線》（*Wired*）程度的、《資訊時代》（*Information Age*）程度的、《ＭＩＳ雜誌》（*MIS Journal*）程度的。

「我選《連線》程度的。」

在《連線》等級，凱林傑把他剛加入的這家新公司比喻成「飛在高空的飛機」。這架飛機已經飛行了九個月——基本上，它完全遠離社會。由程式設計師建造飛機，系統工程師是航管人員，而他的職責是讓飛機降落。

如果你覺得這解釋太技術性的話，不妨再重讀一遍。

唯一的問題是，正式來說，凱林傑的公司還不存在。至少再過三周，它都還不肯宣布它的存在，甚至連為凱林傑吸引顧客上門的網站都沒有。Manage.com 是由工程師創辦的，它深怕一旦宣告自己的存在及創業構想，產品就會被人抄襲。他們駕駛的是一架拒絕向航管中心表明身分的飛機。其實，只要有凱林傑在附近，公司裡從第一號報第二十九號員工都會變得相當緊張；他們會從辦公隔間的邊緣以懷疑的眼光盯著他。他們要求他只上半天班。凱林傑說：「他們怕死我了。」他太精神抖擻，說話太快，他們怕他還沒等到恰當時機就開始賣。基本上，他們的產品已完成百分之九十八。對習於銷售蒸汽軟體㊟的業務來說，百分之九十八等於百分之百可銷售。但工程師是完美主義者，對他們而言，「可銷售」離「可出貨」還遠得很。在心理空間裡，這是分隔工程師和業務員的X軸：一邊是科技的優雅，另一邊是務實的妥協。

儘管沒有產品可賣，甚至連公司名字也不能講出來，但凱林傑得開始掙他的一百五十萬。除他之外，這似乎沒有對任何人造成困擾；而且坦白說，這對他似乎也不是多大的困擾。原因在於，他的產品以一個明確的需求爲利基。基本上，近幾年來，財星一千大公司都買了太多企業內部網路（intranet）軟體——主要購自網景——如今已到了無法管理的地步。凱林傑的新公司（目前還不存在）所銷售的軟體（目前還不存在），正可爲部門層級的系統人員管理網路的調度。它有點像是替網路系統過於臃腫的身軀進行即時的電腦斷層掃描。

或許這只是《連線》程度的解釋，但在我聽來情形似乎是：凱林傑在網景時賣給一大堆

譯註：蒸汽軟體（vaporware）指產品還沒有具體的輪廓、功能還沒有齊備，就大張旗鼓宣傳，造成消費者錯誤期待的軟體。大多數的蒸汽軟體不是推出日期延後，就是功能大打折扣，有些甚至拖到後來就不了了之。

客戶過多的企業內部網路軟體，現在他代表另一家公司再來賣給它們新軟體，來解決他過去幫忙製造出來的問題。

不過凱林傑堅持，劫掠他在網景時期的老客戶是不道德的。關於這點，我沒意見。

倘若這些就已經讓你覺得非比尋常，我還得再提一提，這家不存在的公司的業績配額——第一年一百五十萬後，再來是八百萬，第三年兩千萬元——是怎麼來的。凱林傑說：「行銷主管看了另外十家新創公司的營運計畫，十家公司平均下來是第一年一百五十萬，然後八百萬，然後兩千萬。」接著凱林傑又瞄了一眼我的小說。那是我在訪談之初擺在他面前的，書名叫做《第一個兩千萬最難賺》。只是小說而已，不能當眞，但凱林傑看著它說：「是啊，兩千萬。那得要三年，不是嗎？」

使得工程師對業務如此戒懼的，正是這一種只論結果、無視產品性質，就悍然訂下配額的冷酷作風。這種集體的戒懼感如此之深，以致新公司的業務依例總是被隱藏在一般大衆的視線之外。我們根本看不到業務。成見已經太深太深，因此倘若與一個穿著普通西裝、帶著公司提袋而過度友善的顧家男人相比，即使是染紫髮、穿鼻環、雙手因爲彈龐克吉他而起繭並且桀驚不馴的程式設計師，也被視爲是更被大衆接受的人物——他們還更適於代表這個產業。這到底是怎麼回事？

捍衛正史的人認爲，軟體業的卓越與否，乃是發生在策略層面的決策制定。它完全在於如何談成最有利的交易——在合約中保留某項關鍵權利，或是與即將成爲通訊協定標準的公司結盟。先有產品，再行銷，最後簽約。這些都是展現大師級智慧的精湛手法——而在這個產業裡，再也沒有比大師級智慧更受人看重的了。

至於業務則無關乎腦力。業務只是出體力。晶片速度每十八個月就會增加一倍，然而拜訪客戶每次平均仍得耗費四百美元及半天的時間。它是勞力密集的。關於銷售的方法學，大體仍停留在嘗試錯誤的層次——你敲五十扇門，找到五個不錯的潛在客源，做成一筆生意。不喜歡？躲回你的辦公隔間去。

除了從隔板邊緣偷窺之外，你還敢怎樣？你有膽量去知道，到底是什麼在那一季又一季裡挽救了軟體產業嗎？爲了證實是否正如你所懷疑的最壞情況——這一切其實全靠那些格調不高的業務——你敢不敢挺身下探那其實不准擅入的禁地：進入銷售機器的靈魂？

現場拜訪

馬爾斯·加洛（Mars Garro）最明顯的特徵是他的嗓音：那是電視運動節目播報員共鳴良好的聲調，很能爲平凡的劇情帶來活力。有時候他會自顧自進行詳盡的現場轉播，向著他的廣播夥伴，一個假想的、名叫「葉爾斯」的人，發表意見。如果你是繁囂城市中某個蜜蜂蜂巢深處的工蜂，那麼加洛這隻大黃蜂的到訪，必定會把你生活中的沈悶一掃而空。他對生命的熱愛是會傳染的。

加洛（這是爲了把他身分保密而取的假名）是甲骨文公司的業務代表。在他即將調往另一地區之前的最後一周，我們拜訪威爾思法格（Wells Fargo）銀行的某個部門。業務代表的責任區永遠分得又多又細，而且彼此之間經常輪調，以避免承擔對客戶銷售過度的後果。今天對加洛而言是個大好時機——他可以塞給威爾思法格銀行一堆根本用不著的軟體，然後一走了之。他三個月前就達到了年度業績，所以如果今天做成交易，他可以賺得三倍的佣金。我詢問他的收入多少，他回答：「很肥。」我知道他最近的星期天都在尋找待售的房子，有沒有房貸無所謂。上周的某晚他出去看房子，看到一戶中意的，晚上十點下訂。翌日他又開車過去察看一番；在白天的光線之下，他發現原先以爲是精刨細磨的木質線脚和踢脚板，其實只是塑膠材質的倣品。他立刻打電話召來仲介商。

威爾思法格銀行的這個部門叫做「特設報告小組」（Ad Hoc Reporting Group）。他們是戴著綠色墨鏡的綠扁帽部隊，直屬CEO管轄。他們的任務是獨立查核各部門呈給CEO的所有報表，以確保沒有部門做假帳來掩飾虧損。他們需要能破解安全防護的工具，以穿透公司內部網路，攫取散佈公司各處而類型殊異的各種資料庫。

加洛所要展示的，正是甲骨文所完成的這類工具。嗯，算是完成了。幾乎可以出貨了。眞的，相當接近。前後頂多差一點時間。接近到已可告訴特設小組，他們現在儘可放心下單，就在本季結束之前。嗯，至少至少，我們可以宣稱這套工具已能進行示範，這比三星期前大有進步，那時候，就在同樣這群觀衆面前，加洛無法讓它正常運作。此事的關鍵在於：特設小組乞求這套工具很多年了。只要它執行起來還算平順，能夠妥貼地應付小組的主管，接下來的事都很容易。特設小組太想要這套工具，因此雖是星期五早上七點半，會議室裡已經滿座，沒有任何一個該到的人缺席。

不過還是有一點小問題。加洛嘗試經由電話線路撥號進入威爾思法格的網路，但他的手提電腦無法建立連線。他改用另一電話插槽，然後再換一個，全都無效。

加洛擠出笑說道：「看來，墨非定律又佔上風了。」

加洛相當清楚這是威爾思銀行那邊的問題，但這仍令他頗爲狼狽。人們開始出去添咖啡或是收信。特設小組的某位監督搔著頭。他打電話給系統管理員，卻一個人也找不到，於是改撥呼叫器。在此同時，加洛在辦公室的各個座位之間來來回回，爲特設小組解決他先前出售的其他軟體的技術問題。

加洛之所以成爲絕佳業務員，原因之一在於他出身於甲骨文的技術服務部門，那段經歷教會了他處理軟體日常使用問題的各種實際而有效的解決辦法。因爲購買者永遠沒有辦法了解某一套裝軟體及其同質競爭者之間在技術方面的所有差異，有時採購的決策關鍵就移轉到某些全然不同的中介者變數。中介者就是業務代表。你願意跟哪個業務打交道？你願意哪個業務每個月都來和你聊聊、請你吃飯、解決系統的疑難雜症、打擾你的員工？特設小組一向很高興跟加洛往來，因為他的幫助很大，到了最後一天加洛仍不鬆懈，希望這能成為他們長久留下的印象。

上午八點，終於有個系統管理員回話。他說：「噢，是的。看來似乎昨晚有個笨蛋把網路機器關掉了。」他重開電源之後，加洛立刻就能撥入網路，一點兒問題也沒有。加洛打開投影機，把電腦螢幕投影到牆上的白板。特設小組的監督把整個小組的人馬叫回房間，燈光打暗，終於可以上路了。

不過……還有一個很小、很小的問題。白板上寫滿了公式，加洛上前去擦掉，好清出乾淨的表面來投影。但那紅色字跡擦不掉。不知是哪個白癡用不褪色的紅筆寫滿了整個白板。突然間，滿滿一房間的半專業程式設計師都得對付板子上的問題，唯一有效的辦法似乎是下苦功——不是用力算題目，而是用力擦。有位組員用藍色的白板筆把白板打上格子，命令每個人選一塊格子，開始努力去擦。十五個人，全擠著擦一面牆。

「很戲劇性吧！」加洛自我解嘲。

五分鐘後，除了藍色白板筆壓到紅線的地方之外，大部分的字跡都沒了——這種化學組合似乎真的擦不掉，在白板上留下了紫色的點點斑痕。每個人的手掌和拇指都紅通通的。

除了這因小小的不便所耗去的四十分鐘之外，整個示範進行得很順利。軟體的操作非常完美。不妙的是，特設小組得在八點半和資訊長（CIO）開會，加洛還沒找到機會讓程式好好表現一番，示範就得結束。甲骨文公司裡撰寫這套軟體的研發小組必定會恨透這個場景的草率——不夠精確、時間不足、最酷的功能都沒展示出來。但特設小組對軟體的觀感仍然很好。小組監督依例提出一個他每次必講的提議：「你何不免費送一套給我們評估？」

加洛大概用掉十二分鐘，他還可以再擠出三分鐘來推銷軟體，但他需要時間來好好兒道別。小組監督替他開了場：「好的，各位，你們有些人可能已經知道，加洛要調往新的責任區，這是他最後一次拜訪我們。」

有人端進來一個點著生日蠟燭的肉桂蛋糕捲。大家都不知道該唱什麼歌，所以只是鼓了幾下掌。加洛是天生的藝人，他用法蘭克·辛納屈（Frank Sinatra）的嗓音演唱了柯爾·波特（Cole Porter）寫的〈我心因你悸動〉（I Get a Kick Out of You），才唱了幾句就激動得唱不下去，連自己也覺得有些困窘。他勉強笑了幾聲，試圖掩蓋這並非出自本意的眞情流露，說道：「噢，眞丟臉！別鼓掌，拜託。」大家看了看錶——好了，這幾分鐘已做足交情——頓時人全走光了，只剩下小組監督和加洛（還有我）。生意怎麼辦？

我們往電梯間走。

正常來說，從示範到簽約得要一個月，在這期間買主需要評估產品和磋商合約。示範之後這麼快就簽約，在程序上是有瑕疵的；標準程序之所以耗時繁瑣，就是要讓買賣雙方都能從容釐清任何含混不清之處，太快簽約反倒顯得非比尋常。此外，加洛也不希望他留給人的最後印象是咄咄逼人。話說回來，加洛畢竟是業務，我不確定他是否能按得下話，不提生意。

加洛試著採用所謂的反向成交。我曾聽說反向成交是一種超高難度的推銷術，沒有多少人能辦得到，但在每季的最後一天，它通常很快奏效。

他說：「你瞧，這是我的最後一周，我已經沒有時間來談合約。即使時間還夠，我有什麼招數你也都明白。我們沒有必要彼此算計。我知道你急著要軟體，愈快愈好，而你也知道我得在這個星期拿到簽約意向書（letter of intent）。所以問題在於：你的預算還有多大空間？告訴我，我就給你CD。我們現在的合約可以簽多少套？還有多少套要等到下一季？」

監督爲他按了電梯按鈕。「嗯，我得再看看。」

加洛開玩笑似的丟出一句話，但話中不無期待。「難道不願意給我一個小小的臨別贈禮嗎？」

然而電梯來了，時間已到。他們又再回到習慣的那種男性之間的互不相讓。

「要禮物？這就是了，接著。」小組監督伸出拳頭，對著加洛的肩膀輕輕搥了一下。

加洛岔開話題：「好好兒練習高爾夫揮桿。下次比賽時，我可不想贏光你的錢。」

電梯門闔了起來。

我看著加洛，他微微發汗。他雙臂向外微張，並且搖晃著肩膀。「噢，天啊。」他有點暈眩，呼吸因爲情緒激動而急促。「最後一次來這裡，吉姆。」

我想把他拉回這個話題，於是說：「眞可惜生意沒談成。」

他的心思已在別處，但仍能回答：「別擔心，他是好人。只要東西一好，他立刻會買。我會再找他。」

加洛一頭撞上大門玻璃。「噢，天啊。」他又說了一次。

大黃蜂自由了。

名詞解釋

冰球球棍症：試畫一隻冰球球棍：「_/」，這就是每季銷售額的線形圖。前兩個月全無業績，到季末急劇上昇。百分之四十五的業績集中在每季的最後兩天，是很平常的事。

「我也是」（Me too）產品：與其他公司的軟體非常相像的產品。

脫褲子：降低售價，以達成交易。

把市場吊高：答應客戶他們想要的功能，會加進將來的昇級版。

用戶數（seats）：大宗交易的軟體使用授權，亦即允許使用該軟體的使用者數目。

認同度（Mind Share）：相對於市場佔有率。當一個業務員宣稱「我正在建立市場認同度」的時候，眞正的意思是他什麼也沒賣出去。

周期：完成一筆交易所需時間的平均值，最長可達九個月。如果產品每六個月就更新及重新訂價，會使得交易很難成交。

「瑪麗皇后號調頭了」：指猶豫不決的客戶終於準備下單了(瑪麗皇后號是一艘超大型的豪華郵輪)。

神氣獎：軟體公司提供給最佳業務員的犒賞誘因，如越野脚踏車、一年份的BMW租約。

動機

業務員是被金錢驅策的。這一點，他們會以不同於常人的坦率態度直接承認——這對他們不是禁忌。他們不會畫下拙劣的動機流程圖，話裡暗示說金錢畢竟只是一種狀態，也不會辯稱他們之所以追求自身的利益乃是因爲如此最符合公司的利益。他們需要錢買車、買房子、讓小孩上私立學校，或許還要再買艘遊艇，或是到大溪地旅行。他們不玩證劵遊戲——他們要的是實實在在的所得，要的是現金。他們不要承諾，而是當下的收入。立刻就要。他們沒有公司創辦人的資產淨值，但他們拿回家的酬勞已可相抵。

金錢，也是引導他們度過艱苦日子的動力。當客戶一再反悔，當業務經理挑剔爲何那麼多在上月列爲「八成可簽約」的案子如今仍無著落——他們全憑「錢」這股意念來支撐。爲了把這類閒言閒語壓制下來，他們全心全意地貫注於達成他們的數字。一旦辦到了，那種兩倍、三倍佣金的誘惑，便可讓久積的鬱悶一傾而出。

「數字」指的是配額。大多數軟體業務都有每季業績配額，有些則是每月配額，而在瀰漫著屠宰場氣氛的地區經銷商圈子裡，每個星期都是「交不出業績就走路」。配額是根據營運計畫算出來的，換句話說，它們可能與現實沒有任何關聯。每當業務代表達成配額，超出的業績佣金可以加倍，再來是三倍。配額的數字會被刻意壓低，好讓業務平均能達成百分之一百二十，因而獲得成就感。

你所賺的錢決定了你的事業生涯。當你參加面試，交出履歷表，負責甄試的人所做的第一件事——聽好了，第一件事！——是拿出計算機，把兩個數字加總起來：一個是你幹業務的年資，一個是你靠賣東西賺了多少錢。就這麼簡單。如果你靠著過濾潛在客源可以賺五萬美元，他們就願意提供你年薪九萬的電話行銷工作。磨練一年後，你就可以出去見見世面，當面和客戶打交道，年薪起碼十四萬。若能證明你確實夠行，還可以期待來年加倍。

如果一切只爲數字，那麼業務眞的相信他們推銷的東西嗎？或者套用業務的行話：「他們眞的會去喝他們賣的只是色素糖水的飲料嗎？」

如果這是選擇題，最可能被勾選的答案會是「不適用」。我見識過樂觀度常態分配圖下的每一種人，從酸透了的嘲諷者到認眞透頂的傳教士，但就是沒人假裝這是重要問題。業務需要相信的——也是他們唯一必須相信的——是他們可以把產品賣出去。東西有沒有用並不要緊，賣得出去就好。先別急著吹鬍子瞪眼，請記得：絕大多數情形都不是推銷不能用的軟體，而是推銷能用但沒人要的軟體。這是業務的偏頭痛。別管能不能用，給他們一些能賣的東西就是了。

傾聽

吉姆・葉爾斯（Jim Yares）是一位神箭手，他是遠遠射中關鍵客戶的專家。他所屬的凡提夫企業（Vantive Corporation）銷售的是高階的顧客資料庫軟體。他所簽下的訂單，一併計算基本軟體和用戶使用授權書，每筆金額平均約在三十五萬美元上下。

聽到這兒，你恐怕以爲他是冥王一樣的狠角色。如果哪個傢伙能把佛羅里達的沼澤地賣給久臥病榻的人，葉爾斯就有本事把鬃毛刷賣給那位掮客的老婆。但是矽谷畢竟位在北加州，而且電影《大亨遊戲》（Glengarry Glen Rose）[註]在此的銷路不怎樣。我們想要的是交心與結緣。所以，最成功的業務大多是能夠建立知心又結緣的購買過程，可以讓你對你的購買決策覺得

譯註：《大亨遊戲》這部電影，從房地產銷售業的眼光來探討資本主義的無情。主角是一位過氣的房地產銷售員，他看著年輕一輩的同業爲達目的不擇手段，感嘆人情與倫理不再。

舒服而安心。

葉爾斯以前是個未達目的不擇手段的權術論者，但這令他透支殆盡，於是他學會了把行銷變成一種過程。他年滿三十五歲——對男人而言，這是內省的年齡。在進凡提夫公司之前，他和老婆乘著遊艇在墨西哥灣待了七個月。如今他有了一個剛學走路、還不會說話的寶寶。當他在一〇一號公路來回奔馳時，心中夢想的多半是再回到遊艇上。他最近重讀《萬里任禪遊》(*Zen and the Art of Motorcycle Maintenance*)，覺得該書作者皮爾西 (Robert Pirsig) 眞是他心目中的英雄。會讓吉姆・葉爾斯這麼北加州的原因是，他是在美國南方長大的，那兒的好客之風充沛得彷彿天生。葉爾斯雖是知心結緣那一型的人，但不黏人。他絕不濫情。他是門前的敞廊、鞦韆椅，他是夏日微風。

我跟在葉爾斯身旁所發現的推銷要訣：銷售完全繫乎傾聽。傾聽其實是收緊圈套的優雅說法。拜訪客戶時，你所要求的至少是見一次面，而且最好能夠相談甚歡。客戶能夠傾訴多少，直接影響到他們對會談的滿意度。(工程師沒法子當個好業務的一大原因便是他們習慣插嘴。即使他們試著當個聽衆，由工程師轉行的業務仍忍不住要向客戶展現他們優異的腦力，證明他們只需靠邏輯推理，不必客戶開口就能知道他們的需求。)

葉爾斯的談話技巧非常像是回聲或反射，很能讓對方覺得他是眞的感同身受。他只把所聽到的再做重點重述，絕不先提問題。他們的對話聽來並不像客戶訪談，反倒像是婚姻諮詢。

到頭來，葉爾斯經常是在協調工程師與部門主管之間的齟齬。

工程師／夫：她嫌我懶。

部門經理／妻：他不理會我的要求。

吉姆・葉爾斯：在我聽來，你們似乎都同意需要一套更好的客戶資料庫，差別在於你們對於採用這套資料庫的困難度，雙方看法不同。

葉爾斯可以看出他們思路的走向，不過最重要的是讓他們自己說出口。這有點像是一個十二道步驟的輔導課程，他們得先承認彼此之間有問題，然後才能化解紛歧。此所以葉爾斯非得和多人一起開會。私底下，別人總能把他們的問題告訴業務，在此階段，它仍是私人問題。倘若他們在同事面前明講，這問題就轉變成組織議題了。不妙的是，有些人一旦發覺有人願意聽他們的心事，便閉不了口。

吉姆・葉爾斯（面對經理）：聽來你們似乎有些同事不願改變。

經理／妻：嗯，是的……

工程師／夫（插嘴）：你的系統能在PDA上面用嗎？

那天下午，葉爾斯身陷在某家超大型工業集團一個小部門的棘手處境裡。我答應不透露他們的眞實身分，所以姑且稱呼該公司爲「奇妙電器」。「奇妙電器」這個小部門的肥仔老闆剛向葉爾斯買了一套功能非常有限、使用人數也非常有限的軟體模組，簡言之，一套迷你系統。現在他希望凡提夫的「顧問」（也就是工程師）能幫他修改系統。軟體顧問費通常是一天一千五百美元，葉爾斯當然希望「奇妙電器」能買一個月的顧問服務，但他知道這是不可能的——肥仔老闆有權動支的預算額度，根本出不起這筆錢。

肥仔老闆反過頭來向葉爾斯推銷。他解釋道，如果系統修改後，在他的部門運作順暢，另外十幾個相關部門也可能跟著採用。他沒明講的是：「你何不用超低的價錢（也就是免費）提供顧問呢？在我的系統上投資，屆時你可以回收更多。」

但如果這只是誘餌呢？如果他對其他部門的影響力其實極其有限呢？

如何拒絕這位老闆的要求，而且不說出「不」字——這是葉爾斯面對的難題。如果只是一對一的會談，葉爾斯鑾可以藉著打官腔來脫身：「要不要把你的要求寫下來，我好請求我的老闆核准。」可惜很不巧，肥仔老闆把他手下的工程人員全部帶來——房間裡有七個人，全部充當見證。葉爾斯很清楚，肥仔老闆絕不可能在他的子弟兵面前讓步。

處理這種狀況時，由工程師轉行的業務可能就會搞砸。工程師往往毫不體恤，急匆匆就要解決客戶的問題。他們不懂得替人著想。如果讓問題看起來很容易解決，只會讓客戶覺得自己很笨，才會無法早早自行解決。

葉爾斯的處境很微妙。既然不能從老闆身上敲出一大筆顧問費，退而求其次，最好是讓這些「奇妙電器」的員工全都參加較便宜的軟體訓練課程，學會自己修改系統。但如果他立即提出訓練課程，聽起來就像是說：「辦不到，我們不會給你免費顧問。」而且他不能直接勸誘他們其中任何一人，因爲，主導全局的人還是他們的老闆。

所以，葉爾斯開始應和肥仔老闆的話，就像心理諮詢師一樣以催眠似的專注語氣說：「聽起來似乎你有一些個人需求，希望系統能爲你辦到。」他立即誘出一項抱怨：系統所列印的某種報表格式缺少傳眞號碼。

肥仔老闆坦言：「沒有傳眞號碼，什麼都辦不了。」

葉爾斯拿出手提電腦。他打算教老闆如何在報表中加入傳眞號碼欄位，就在此時此地。如果老闆能做，屬下也會跟著做。這是一項風險極高的動作，因爲萬一老闆在屬下面前出糗，他一輩子都不會原諒葉爾斯。就像葉爾斯先前在車上（以著猶如朗誦佛斯特〔Robert Frost〕詩句的甜美聲音）對我說的，「銷售軟體如同要別人自願暫時顯得無能」——要記得，沒有人願意顯得無能。

葉爾斯示範了，但是肥仔老闆不願冒丟臉的風險，不過此時他也明白了：葉爾斯不會給他免費的顧問服務。

這時候就是行話中所謂的「等待」階段。你可以把「等待」想像成一手拿著意向書，一手拿著鋼筆，只待對方簽字同意。在許多議題、許多形式上，也會有「等待」的階段。業務必須坐在那兒，熬到客戶先撐不下去。等待的技巧在於既要固執，但又不能流露出任何帶有挑釁氣息的頑固。業務不能挑起客戶的排拒心理。

葉爾斯這位傾聽高手，同時也是一位絕佳的磨菇專家。時間一分一分過去。房間裡的交談又岔到別的話題，但是肥仔老闆和葉爾斯仍然耗在那裡，悶不作聲。葉爾斯仍是那鞦韆椅，他不會離開敞廊；他可以枯坐數日，等著青草長出來。

最後，肥仔老闆受不了啥事不做就這樣窮耗，於是把他淸閒許久的雙手慢慢移向鍵盤。

客源名單

在軟體業，糟透了的客源資料正鋪天蓋地席捲而來。由壞資料所形成的颶風離岸只有十哩，並且即將登陸。每一家軟體公司的免付費電話，鈴聲響得連話筒都被震了下來，但打來的永遠只是又一個住在亞利桑那的老奶奶提供她想到的在網路上賣手織童襪的餿主意，並且順便跟你報告一下家務事——她覺得她可以在第二任老公又偷走支票簿之前，先花四十九塊錢。每一家公司的網站都被一大堆惡劣工程師寄來的電子郵件淹沒，目的不外乎是想敲詐一套免費軟體來試用。每次參加商展都可以得到滿滿一缸的名片，但大多是想賣東西給你而不是向你買東西的人。每一家郵購公司都有一份客源名單的目錄，名單是由住在偏遠小鎮的家庭主婦辛苦建檔的，她們調查一千萬家企業，問的行銷相關問題精確到像這樣：「您公司的員工數是：a，一至五十人；b，五十至一千人；c，一千至一萬人……？」

業務與他的潛在客源之間有一種錯綜複雜的愛恨交織。一方面，業務人員最常講的抱怨，是他們眞正花在推銷上的時間根本不夠，反倒花太多時間在做垃圾工作——寫合約、拜託工程師改錯誤，以及追逐無效的客源。我發現這類抱怨對所有的價格等級都成立。太多無生產力的時間。

但另一方面，許多業務又堅持非得把所有的潛在客戶一一拜訪完畢。儘管極不可能，但也難保天空掉下來的某顆小雨滴不會是鑽石，是一個值得開發的客戶。

軟體業的困境在於客源品質的查對。一個好的系統應該可以篩掉那些沒營養的，然後把好的客源立即送到業務人員手中。問題在於：沒人願意拿起電話，去做那最沒意思的事。矽谷現在什麼人都缺，任何可以把一個句子完整講完的人都能找到比這更好的工作。打電話？眞是太低科技了，這跟人們爲何要加入這個產業的目的恰巧相反。電話行銷公司可以代勞，但是生意必須夠大，他們才肯接；小公司往往達不到最低限額。

所以，劣質客源名單的風暴依舊肆虐。

季末

我討厭寧靜。一定有事情不對勁，有事情非常不對勁。今天早晨我再次和一位某大軟體公司的業務一起上路。我們約在聖塔克拉拉市鮑爾斯大道（Bowers Avenue）上的麥當勞停車場見面，我下了我的福斯 Jetta，坐進他的保時捷，現在我們正要前往某家銀行，簽回一筆交易。他默不作聲。他向來不是如此，隨時口中必定會吐出一些話語。他的靜默是一堵我不敢攀爬的牆。

咖啡因造成了暈眩。塞車時汽車廢氣排出的輕微毒性。我的胃部輕聲說著暈車。他的行動電話鈴聲騷擾我們。他看都沒看。手機響了六聲後掛掉。過了一會兒，他把手伸到腰際，拿下呼叫器，把它放在儀表板上。

他和我，我們之間已經建立某種彼此敬意。我心中偷偷給他取了個綽號：「坑人專家」。自從結識他之後，我每每能從他過度誇張的性格中得到樂趣，這種情形有點像是人們會病態地喜愛約翰・馬可維奇（John Malkovich）那種型的反派角色。初次見面後，我在記事本裡如此描述他：「坑人專家癱在坐位上，像是一件隨手丟置的皮夾克，很快要去別的地方。他臉上還殘留著周末浪蕩的痕跡，手腕上閃爍著價值七千美元的勞力士。他的身材中等，但他的『自我』高高站在他的身後，大得必須要穿四十六號的衣服。」但這段話無法傳達出我日後有多麼敬佩他的狡獪。

我才要開始見識到他的本事。我告訴他，我想對銷售多了解一些，他告訴我幾樁令人歎服的案子。舉個例子：儘管他早就知道某個客戶已經購買了涵蓋全公司的軟體使用授權，他仍然又讓分支單位簽了授權合約——愚蠢的官僚作業才會讓這種一約兩賣的手法得逞。（他有時也會在佣金上搞鬼：他賣出的是軟體，但報回公司的訂單所寫的是顧問服務。顧問服務的佣金是軟體的三倍。）

請容我解釋一下業務人員怎會這麼不擇手段。假設你待的是一家上市公司，可以是成長型公司或是成熟型公司。成長型公司的股價會是利潤的非常多倍；爲了要成長，自然得做大量投資，因此即使公司虧損，華爾街也不會當一回事。而成熟型公司股價的本益比則非常正常；萬一哪一季發生虧損，CEO立即會被華爾街處決。所有想被歸類爲成長型的科技公司，每季都得向它們的股票分析師做財務匯報。分析師會看著上一季的營收說：「嗯，如果你還想當成長型公司，你這一季的營業額得達到這裡。」然後分析師會給他們一個明確的數字。如果達不到，等著看你們的股價立刻跌掉一半。

這是公司擺脫不了的苦差事。成長、成長、成長，每一季都要成長，每一個業務都有業績配額。公司承受龐大的壓力，非得擴展業務不可。

第二次見面時，我把他引到這個話題。他說：「有時候我們知道某個產品的功能並不好，其實應該停掉，它只會害慘客戶，而成爲客服部往後數年的惡夢。」今天的情況是不是就是這樣？「坑人專家」打算簽回一筆E-Shop商務系統的訂單，合約使用範圍涵蓋全公司，包括幾千名用戶。爲了拿到合約，他準備把價格降到一千萬至一千五百萬美元之間。他已經達成了這一季的業績，所以這筆合約他可以抽百分之二的佣金：二十萬美元。

我們抵達目的地的停車場。行動電話再響起，他沒理會。

他似乎很不自在，要我在車裡等他。他說：「我整年都跟公司說我們該停掉這項產品。現在我能談成合約，他們反倒不想教我賣了。可是等到鈔票堆到桌上，他們又說不出拒絕的話。」

他進去後，我獨自在車裡待了一會兒。手機又響了兩次，然後我走出車外，在附近走走。我想起我在行銷部任職的朋友，是她介紹「坑人專家」給我認識的，同時也想起她在五天前才剛生下的男嬰，小孩還在醫院照太陽燈。我走進一家丹尼餐廳（Denny's），坐在吧台上喝著無咖啡因的咖啡。身後的座位是兩個穿西裝的年輕人，其中一個一面玩著手提電腦一面說：「你記得上一季嗎，橘郡（Orange County）那次？天哪，眞不是蓋的。」

業務的故事總在事後才變得有趣。去見客戶時，業務會溫習幾則伊索寓言般的小故事，提醒自己什麼該做，什麼不能做。這些小故事就像愛麗絲遇到的紅色小藥丸，說著「請吃我」。那一次我差一點沒去追那位客戶，那一次我差一點要了太低的價格，諸如此類。但在歸途上，它們又都成了嘲諷，故事中沒有教訓。客戶永遠醜得像酷斯拉，蠢得像根棍子。痛苦時刻變成了幽默時刻，「天啊，她到底怎麼回事？那副表情像是在說：『你還要耽誤我多久時間？我快來不及了。我和醫生約好了四點鐘看診，要把屁股裡的掃帚拔出來。』」

我走回保時捷。「坑人專家」回來了。他一開口的前六個字都是F開頭的。他收好手提電腦，接著我們又上路了。

他說：「我所要做的只是脫褲子。他們知道，我也知道。但我最後還是沒做。我老闆一定會狠狠修理我，但他還是得和這一千萬說再見。」（幾天後，「坑人專家」告訴我，他們公司正式宣布停止銷售這項產品。）

「我不能再幹這一行了。」說完，他狠狠把保時捷打到低速檔，加入動彈不得的車陣中。

交際應酬

這種事不常發生，構成資訊業的是一堆不懂得享受的可憐蟲。噢，當然，業務代表有時會好好兒吃頓飯或喝一攤酒，而假如《麥金塔世界》（*Macworld*）到城裡辦商展的話，倘若你站在米契爾兄弟脫衣劇場外頭，就能看見參展的人拿下他們的識別證，收起他們的結婚戒指。然而就我所見所聞，比起那些主流產業，資訊業這一套頂多只能算是單調而乏味的翻版。這兒可有業務代表一晚的簽帳金額累積超過三千元？租用以哩數計費的大轎車，跑去雷諾玩夜間滑雪，到深夜兩點還在牌桌上，然後在那兒遇見阿爾巴尼亞公主，公主帶他們去她的小屋摸摸那頭鎖在後院的北極熊？

在如此短促的銷售周期裡，人們勤奮工作，在桌前磨蝕生命，努力拯救他們的公司——他們甚至不懂得偶爾打場無關痛癢的高爾夫球。故作瀟灑的舉止在業務員身上幾乎是見不到的。最近這些日子，你聽到的盡是「解決方案型銷售」(Solution Sell)，也就是說，業務所做的一點一滴最終都是爲了要讓客戶喜歡你的產品。這的確是高明的策略，因爲在這「旋轉門之谷」，銷售者和採購者極可能很快便會另有高就。「關係型銷售」(Relational Sell)的鐵橇——大筆的公關預算——儘管必定能撬開客戶，然而在此並不普遍。

公司確實是有公關預算，但那是分配給行銷部門用的，不是給業務部門。行銷通常會把九成的公關預算用在商展時辦一場盛大的酒會。酒會的成功與否，則以業界通用的泰樂諾指數（Tylenol Index，也就是參加者宿醉的嚴重度）來仔細衡量。之所以把錢全花在酒會上，而非拜訪客戶的應酬上，是因爲這樣可以讓CEO看到錢花到哪兒了（「天啊，你瞧那些冷凍蝦子有多大！」）。

另一個不必把錢花在客戶身上的主要原因是：根本沒必要。一頂棒球帽就可以哄住電腦工程師。即使你是賣軟體給水電工會之類的單位，跟你打交道的人，仍然是窩在工會大樓某個陰暗小角落的電腦工程師，光一件T恤就能讓他流口水。這也能當促銷贈品？我所見過的馬克杯贈品太多太多，多到我只要再看到就忍不住翻白眼——難道你只想得出這東西？我很訝異他們居然貪婪地收下這些價值不高的馬克杯，當滑鼠墊不夠分給房間裡每一個人時，沒拿到的居然會拉長了臉。彷彿他們沒有滑鼠墊似的，或者是滑鼠墊還沒塞滿整個抽屜，或者是滑鼠墊的數量還不夠當壁紙，貼滿大廳的牆壁。

神遊時刻

該是時候要回答每個人心中對高科技產業所抱持的眞正重大問題了：

它是否能一直維持快速成長？

因爲有時候看來，這些高科技公司似乎只是彼此把產品賣給對方。

的確如此。我跟著凡提夫的吉姆・葉爾斯的時候，他正遇上無法打進3Com的問題。他們公司判斷3Com很有潛力成爲主要客戶，但葉爾斯就是沒辦法讓3Com的任何人回他電話。最後他如何得到面訪的機會呢？他先在自己公司裡找，發現凡提夫經常採購大量3Com的網路設備。於是他打電話給3Com的業務，用最和善、最親切、最沒威脅性的口吻暗示對方：「嗨，兄弟！替我搔搔背，否則看我們還會不會繼續搔你的背！」

四位不同的業務，都告訴我他們帶著康柏筆記型電腦走進戴爾公司之類的糗事。他們都無法僥倖過關，這是一種忠誠測試：我們只向那些已經買我們東西人採購。

所以，當保羅・曼斯（Paul Mans）走進甲骨文，向這個軟體巨人推銷 Surveybuilder.com 的服務時，很重要的一點是：曼斯一定得先確定，在他們的公司裡，Surveybuilder 的確是在 Oracle 8 資料庫上執行的。這當然是甲骨文問的第一個問題，同時也是他們問的第二至第四個問題。「你們跑的是 Oracle 8 嗎？好極了。你們是甲骨文的協銷夥伴嗎？不是。爲什麼不是？你一定願意在向我們推銷前先更正這項錯誤，對不對？」

在此同時，曼斯對甲骨文作了一次非常吸引人的產品展示。Surveybuilder.com 是一套讓網站主管用來獲取意見反應的工具：網頁每被瀏覽十次，便會出現一個小型的文字框，進行問卷調查。回收的答案有助於改進設計，更重要的是，還能清楚呈現使用者背景資料的分布情形，這是廣告主堅持要知道的。要讓使用者願意花時間回答問卷，曼斯所找出最好的辦法是代使用者向二十二家慈善機構（例如世界野生動物基金會、美國癌症協會）捐款。塡妥問卷，即會送出一小筆捐款。

捐款金額多大？要讓一般的訪客願意認眞塡寫，金額得在兩美元左右。如果想讓主管階層塡問卷，通常得要五十美元他們才會認爲值得。我不知道這說明的是主管們比較吝嗇，還是比較慷慨。

所以對曼斯而言，推銷 Surveybuilder.com 的確是一件樂事。曼斯原先在人力顧問業，他和別人合開的公司，在三年內從八名員工成長到四十家辦事處。他賣掉手中的股份，賺了一大筆。如今他的內心平靜自在，他找到了一條他覺得眞正能夠助人的途徑。因爲有太多的網站負責人都被老闆逼著證明，爲什麼要在電子商務上投入大筆資金。他的產品夠酷、功能又好，所以他可以輕易朝迅速擴張或購併邁進，但在心態上他絕不急著栽進百米短跑。他的員工只有九人，公司迄今仍不肯讓創投基金進來投資，他也不願把 Surveybuilder.com 推銷給還不適用的客戶——即使這意味著他的創意可能會被其他願意以衝刺速度來玩的創業者抄襲。他開著舊型的保時捷從公司所在的索薩利托（Sausalito）下來，一身電影製片的穿著，心情好似假日出遊，反倒不像拜訪客戶。

曼斯在做示範時，他所等的是業務人員所說的「神遊時刻」。客戶的眼睛變得迷濛起來，朝向空中凝視。他們不是覺得無聊，而是在想像可以怎樣運用 Surveybuilder。所有科技界的業務都提到這點：他們眞正的成功，並不在於能夠如何引導客戶的注意力，而是在失去他們的注意力。

曼斯推銷手法的美妙之處，就在他把捐款這個賣點押到二十分鐘之後。一開始他根本不提。然後呢，當客戶準備聽他報出產品價格時，捐款這件事才突然蹦了出來。我親眼目睹這對甲骨文的人馬造成何種效果。就在一瞬間，他們私下的低聲交談，就從「我敢打賭一定很貴」變成了「哇噢，想想我們能捐出多少錢」。對於身陷在毫不慈善的辦公室生態系裡的平民慈善家，這種甜蜜而溫馨的念頭，有著難以置信的引吸力。兩塊錢的捐款其實會讓每一份問卷的成本增加兩塊錢，但這事實無法動搖他們。曼斯來這裡所推銷的，是讓人既能保住工作同時也在行善的機會。

這也正是曼斯的心靈爲何如此滿足——他既是跑業務，同時也在散播利他思想。

對於那四位聽他推銷的甲骨文員工，他們迷濛的目光神遊到慷慨、大方的白日夢的過程，快得就像按電視遙控器選台一樣。

價格

在今天的環境裡，廠商賣蒸汽軟體的問題，還比不上和它對等的另一問題來得普遍：客戶想用蒸汽來付款。爲了搶奪市場佔有率，太多軟體公司免費送出太多的高價值軟體，使得業務員很難再向客戶收錢。我講的不是免費的瀏覽器或附掛模組，現在有些大廠把原先訂價在五位數的產品大方送出，期望能在後續的安裝及顧問服務上收費。

飛機製造廠洛克希德就向某位網景的業務代表開出這種條件：一筆金額龐大的顧問服務合約，搭配免費的伺服器軟體。他的答覆：「沒問題，你當然可以免費得到軟體。對了，順便問一下，可不可以送我一架噴射機？」

一而再、再而三的，軟體公司得要說服客戶說他們所做的「絕非小事」，他們的產品絕不是前一天寫幾個 JavaScript 程式、拼拼湊湊而成的，過了今天就無法配合客戶的需求加以修改。業務為軟體工程師的努力辯護，堅稱他們的軟體確實值得這個價錢。然而公司為了推出昇級版而出清存貨，卻會每六個月便把現有的軟體大幅降價一次，從而推翻業務所說的一切理由。

雖說如此，軟體業界還是有幾個標準價位，似乎是不會改變的，其中最低的是「神奇九九」。低於這個數字，利潤便不足以支付促銷郵件、廣告及電話行銷的費用。若是賣這等級的產品，把軟體擺上展示架，郵購目錄上刊登半版篇幅，然後就看天意了。當然還有一些隱藏成本。電腦經銷商 CompuUSA 要收取五千美元的「產品測試費」，郵購目錄要收廣告費。別搞錯：在商店寄售是很貴的。最小的三格貨架空間、擺九十天，搭配櫥窗海報及貨架尾端的特別展示，價格在三萬五千至五萬美元之間，而且還不能保證你的貨品最後會不會大半都被退回來。

往上一級是「適合於信用卡」，意思是五百至一千美元之間。這個價位已經有足夠的利潤空間把零售商拉進來一起行動，建立整個經銷商網路，讓他們擺長期展示、辦活動。這種多層的配銷結構稱為「通路」。

再上去是「由部門自行決定」，約三千元左右。在財星一千大企業，所有超過三千元的採購都必須通過採購經理這關。採購經理全都上過課、受過訓，學會把所有的部門申購單積壓到每季的最後一天；因為他知道，到了這一天，業務會自動打電話過來，依報價再打八折，好湊足當季的業績配額。就像業務可以抽佣金，採購經理也可以依據他們為公司所省下的開支，每季領取獎金。所以，把價格壓在三千元以下，透過電話談生意，來來回回大概三十天至四十五天可以成交。

再來就到了直接銷售，一切面對面，類別名稱叫做：「全看市場承受度有多大」。或者得看業務能承受多久：在網景的早期，當公司的客源遠超過業務代表所能處理的業務量，他們根本沒功夫慢慢談。如果得要脫褲子才能談成交易，業務想怎麼脫都可以。在某種把銷售周期壓縮到只有三天的焦土策略裡，他們可以今天報一個價，明天就把價錢砍掉一半。（他們現在沒有這麼大的自由度了。）

從上述各項正說明了，從賣方觀點來看，軟體價格端視買方願意付多少錢，與軟體的研發成本無關。

銷售

約拿森·哈利斯（Jonathan Harris）一直很懷念 Macromedia 在股票未上市之前那種大家庭的感覺，所以他最近投入一家新創公司 Cosmo Software，擔任他們的業務經理，希望能重新體會那種魔力。Cosmo 研發最新、最酷的VRML軟體，用於建造立體的虛擬網路空間。

自從一九九五年開始，VRML一直是人們預測的下一波熱潮，基本上，這等於是說它根本不成氣候。Cosmo 的獨家投資者，視算科技，迄今都沒有改變它的支持立場；不過我所聽到的市場謠傳是，視算因爲本身也是虧損連連，所以需要在本季結束前爲 Cosmo 找到新的金主，否則被迫只好拔掉插頭了。要讓新的投資者願意進來，公司非得做出實實在在的業績——證明VRML在網路上的市場眞的要起飛了。更慘的是公司的旗艦級產品，Worlds 2.0，才剛在兩周前推出，這使得哈利斯的處境益形艱難。所以他和業務部的另外七個人，現在只剩下十星期來挽救這家公司。

讓我用更簡潔的話把眼前的狀況重講一遍：老闆們在不甘不願的心情下讓程式設計師花了三年的時間，把一個想法變成實際的產品，但要讓產品擴大成爲一個市場，他們只肯給業務人員十星期的時間。實在不是哈利斯所追求的大家庭的感覺，反倒像是靈魂被人劫掠了。一直到我們上路了，才又是另一番景象。

爲了測量VRML的脈搏，我和哈利斯飛到華盛頓州的貝爾維（Bellevue），拜訪西北科技（NW Tech），這是一家銷售工作站及軟體的專業經銷商，往來的顧客都是使用最尖端科技的人士。我們抵達時，先是公司的狗瑪蒂達把我們嗅了一遍，接著大丹（Big Dan）又再把我們嗅了一遍，他長得像那個可寫可導的演員索恩柏（Billy Bob Thornton），從頭到脚一身黑帆布。西北科技是個家族企業，公司成員還有老媽、大哥及汪汪叔。他們的公司開在購物中心裡頭，如果拿住家來打方，就像是住在拖車裡。哈利斯從他在 Macromedia 的時候就認識這家人，他和大丹互相問候時，我有點期待老媽會高聲喚著大哥：「去剁一隻兔子丟到鍋裡去，我們的哈利斯回來了。」我們和大丹一進門就賣起東西來，結果鼓起如簧之舌，強力促銷 Worlds 2.0 優點的不是哈利斯，而是大丹。

「是的，每天都有人打電話來問ＶＲＭＬ。我正準備要推。沒問題。Worlds 在刷卡範圍裡，我們愛死了。你們遠遠超前競爭者。不折不扣的三贏。把 Worlds 加進我們的每筆 3D Max 訂單裡，再多賺它十七點？這招不錯，我要我要。嘿，這是多賺別人一點錢的機會。沒錯，我們一塊兒賺它一筆。」

西北科技推銷新科技的能力是一項傳奇。辦公室牆上擠滿了各家軟體公司所頒的獎牌，嘉許他們爲「最佳代理商」、「百萬美元俱樂部」、「白金經銷商」等。如果你住在美國的西北部，以設計網頁或畫電腦三Ｄ圖爲業，你大概都跟老媽講過話，而她會把你的大小事都記得牢牢的。她年約六十，大家叫她凱明斯奶奶（Oma Kemmis），因爲一輩子抽百樂門一百的菸，現在只剩下一個肺，正在和肺氣腫對抗，一根管子從她的鼻孔接出來，連到身旁的手提人工呼吸器。

再來這件事是你可能料想不到的：老媽是軟體界的頭號成約高手。軟體公司手邊自有這項數據——他們把客源名單交給經銷商，然後統計談成交易的比率。老媽的成交率是百分之八十，而且更令人驚訝的是，西北科技從來不靠脫褲子來做成買賣。事實上，顧客還寧可多付點錢來跟她打交道。

爲什麼她那麼厲害？因爲她是老媽。當她喘著氣說：「不行，不行，那只是給業餘者玩的。如果你是替趕時間的客戶工作，你得花點銀子才行。」人們就是信她。讓我們把他們推銷的本事打個比方：如果哈利斯是用踹的，大丹是用搥的，那麼凱明斯奶奶則是用宰的。老媽說：「現在這些年輕的業務……〔吸氣〕如果顧客只認誰的價錢低……〔吸氣〕太多年輕人會放棄了……投降認輸……〔吸氣〕我想問題在於……他們根本喜歡這樣玩……〔吸氣〕我則只喜歡宰人。」

大丹說，他活著的目的只爲了老媽偶爾會拍拍他的背，以示嘉許。很久以前，他賣不出東西。他只負責產品示範，開了十二年的店，所有的買賣都是大媽談成的。他有工程師典型的缺憾：無法主動開口討生意。他可以把所有的骨牌都排好，但就是下不了手推第一張牌。他可以一直談產品，談到牛群回家，卻總是無法向顧客討錢。

然後一年半前，老媽因爲肺炎進到加護病房，結果西北科技開始賠錢，股東要求退股。大丹非得要賣出東西。孤立無援的他，緊張得要死，但他的第一筆交易值四十萬美元，利潤兩成五；於是頓時成爲：「嘿，我也會嘛。」

他志得意滿地說：「我沒到老媽的境界，但成交率跟她差不多。」他一邊說話，一邊揮動大得像火腿的雙手。上周的資訊展，單單站在走道上，他就談成了九筆合約——「他們遞的是名片，但我收的是信用卡。」他的利潤總能維持在肥厚的兩成五：「我在寫請款單時，第一行是產品定價，第二行是很酷的折扣要讓顧客高興，第三行是安裝費，於是再把總數拉回到原位。」

不管他的口中說出多少推銷辭令，我可以看出大丹做這事不是爲了錢，或爲了擢升，或爲了得到大筆的佣金好去大溪地度假——他是爲了老媽。

現在他無時無刻不在推銷。他愛透了。他喜歡幫助別人。午餐時間，在波士頓市場（Boston Market）排隊時，他會回頭問排在後面的人：「嗨，你有電腦上的問題嗎？」答案永遠是「有」。上周，他在坎摩爾初中（Kenmore Junior High）做各行各業的現身說法時，演講還沒結束，他已經開始在賣動畫軟體給人家國二學生。

我們的交談被電話鈴聲打斷。大媽要大丹接電話。「得幹活了。沒辦法抗拒賺別人錢的機會。」

我聽了幾分鐘大媽和大丹如何在電話上談生意。

大媽喘著氣對著話筒說：「聽來你昨天就需要這東西，而且希望在明天之前安裝好。」她不留給顧客多加思索的餘地，緊接著說：「那麼，你們公司要塡申購單嗎？不用？好極了，何不現在就告訴我送貨地址。」

大丹在另一條線爲他的價格辯護：「是的，看起來這生意我很好賺，但同樣你也賺到了。

你想想，用了它，你可以多做多少事。」他遇到了一點抵抗，但還不至於無法對付。他從反向的角度來著手——我懂買家是怎麼想的。「聽我說，我買東西的時候，希望對方能解釋得完完整整，明明白白。我要知道我在買的是什麼。我們會確保你也得到同樣的待遇。」他伸手去拿出貨傳票。

我們離開時，哈利斯的情緒非常高昂。與這一家人相處一個鐘頭，已恢復了他對 Worlds 2.0 的全部信念。「感覺眞好。」他一邊說一邊開車門鎖。「比起關在辦公室裡，有時候到外面走走還更能令人信心十足……」他的聲音飄遠，然後又回來。「有時推銷並不會讓你對你所做的發生懷疑，其實恰恰相反：當你看到大丹的顧客眼睛頓時亮了起來，再也沒有什麼能讓你更相信你所做的。」

後記：VRML的市場崛起得不夠快，沒能及時挽救 Cosmo。七月的第二周，Cosmo 關門了。

簽回合約

你可能以為推銷過程最困難的一步是開口談買賣。把話題從談論產品轉換到令人不快的談論價錢。業務得說出類似這樣的話：「你有足夠的錢幫你從這個問題脫困嗎？」

但其實沒那麼難。該說什麼早已寫好劇本，也細心排演過。推銷固然有著虛偽的和善和假裝的親切，可話說回來，嘿——再怎麼樣總比無禮好吧。

眞正困難的——非常困難、最最困難的——是在談成交易後，迅速道別。這是你必須表現粗魯的時刻，你得在人們自然而然想再多待一會兒、因爲剛做完生意而想再進一步表現親切的時候，切斷談話。待得愈久，客戶愈有可能重新衡量他們的決定，你的生意也愈有可能告吹；待得愈久，他們愈有可能改變心意。走爲上策。

噢，可是你好想再多待一會兒，好想畫下一個完美的句點。道別從來不可能事先排演，永遠是即興演出——等待一個最佳時機，好讓你留給客戶的印象不是虛情假意。這種毛病稱爲「漫長的告別」：難以抗拒那股想要表現得根本不像推銷員的誘惑。

在和業務人員共度六星期之後，我開始感到這股誘惑。我也想再找出另一個小故事和諸位分享，另一個更具道德衝突或是性格更爲鮮明的小故事，來彰顯推銷的微妙之處。

然而，我決定長話短說：請給業務員他們應得的尊重。他們讓許多公司得以持續，讓許多夢想不致熄滅。有時我們會懊惱，我們想買的那種未來跟他們所賣的未來，根本不一樣。但至少他們有現貨——就算沒有，也快要有了。

6

未來學家

在我們的腦袋上搔癢

在家裡，喬治・吉爾德（George Gilder）的太太不准他喝任何刺激性超過立頓紅茶的飲料，所以當從芝加哥飛往加拿大溫哥華的班機延誤時，他利用老婆不在的機會到星巴克（Starbucks）補充一、兩杯咖啡因。或者三、四杯。四杯卡普奇諾！一路上，吉爾德都是在高速檔。但是到了夜裡，他在溫哥華的旅館房間內努力想睡著時，想到的卻是隔天上午要對某個加拿大電話公司協會發表的演講。覺得運動或許能燒掉體內的咖啡因，他下到健身中心，跳上跑步機，坡度設定成把跑步機的前端抬高一呎，然後一路不停地跑了二十分鐘。雖然疲倦而且滿身是汗，卻仍沒有睡意，他只好再回到床上，等待黑夜過去。早晨，他覺得渾身疲乏，心想唯一能讓他恢復活力的，是到美麗的史丹利公園（Stanley Park）小跑一番。他以稍快的步伐從旅館出發，沒跑幾步卻感到左膝有點不對勁——因為昨夜賣力跑步導致腿部沉重、腫脹而僵硬。帶著沮喪及難過的心情，他轉身一跛一跛地走回旅館。

演講的效果很糟。既乏味，而且主題散漫。

次晨他到了舊金山。他擔心今天在千禧研討會（Millennium Conference）的演講又會重蹈覆轍。他收了幾近兩萬美元的演講費，演講非得精采不可。這些人期待能從他這裡一窺未來幾年的前景，但現在他很難想到早餐之後的事。他憂傷地看著麥片，找不到適當的動詞來搭配名詞。

他開口說道：「我得要……」然後停了下來，努力尋找下一個字，然後決定放棄這個句子，換另一句重新開始。「有時候，如果你眞的很想……」這一句同樣也卡住了。最後，他向服務生舉起手指，做手勢要更多的茶。

爲聽衆演一齣好戲

千禧研討會的舉辦地點是在市中心美景廣場（Yerba Buena Gardens）的藝術劇場中心，距飯店只有一個街廓遠。參加者多半穿著灰西裝和閃亮的鞋子，可見他們不是矽谷的科技人，而只是從附近的金融街步行過來的一般企業人士。入場券每張三百七十五美元。他們願意花這麼多錢，是爲了聽安迪・葛洛夫（Andy Grove）和彼德・杜拉克（Peter Drucker）講話。吉爾德只算是暖場。當主持人宣布杜拉克——一切管理理論的教父——不克出席，改由列斯特・佘羅（Lester Thurow）——不過是個經濟學家——代替時，群衆頓時顯得有點焦躁。

聽衆或許並未注意到，但活動的主辦者在挑選演講人時，已照顧到整個政治光譜。佘羅是最自由派的——假如眞有哪個經濟學家可被稱爲自由派的話。自由派經濟學家會認爲，政府最好對國民的識字率做點事情。身爲企業人士的葛洛夫，代表的是「務實派」——他站在中間地帶，因而可確保大家都認爲他的立場合情合理。他會說一些任何人都無法反駁的評語，像是「政府應該興利除弊」。相較之下，吉爾德則遠遠落在光譜的最右邊。如果你想把這幾人的政治立場畫進一張圖表裡，要畫吉爾德的座標時，你得再拿另一張紙。吉爾德相信，公辦教育才是美國識字率下降的主因。和其他講者相比，吉爾德或許會被視爲刺耳噪音，被視爲偏激分子。某種程度上，他已被設定成扮演失敗者的角色。

燈光打暗。先由吉爾德發言。一團藍色的聚光燈打在舞台中央，講桌是一個倒豎的磨砂不鏽鋼錐體，下窄上寬。吉爾德從右側大步走來，站在錐體之後、藍光的範圍內，他看來像是一球藍莓冰淇淋，吊在空中的球形麥克風則如他頭上的糖漬櫻桃。

吉爾德開始談起即將發生在砂（矽晶）、玻璃（光纖）及空氣（無線電）的革命。在下一個千禧年，我們將看到一小塊矽晶片可以放進十億個電晶體，一束光纖同時傳送七百條資料串流，費用僅需目前的千分之一的行動電話基礎設施，這些驚人的進展將一舉推翻所有中央集權式的體制。他的句子毫無窒礙地流瀉出來，他的聲音逐漸宏亮，而他的肢體語言也變得更加活潑：雙手忽而前伸忽而後縮，猶如在跳舞似的。聽衆席的人坐了下來。有人開始拿筆記下吉爾德所提到的一些重要數據，有些則翻看程序手冊上所寫的吉爾德的個人資料，暗自納悶怎麼以前從來沒聽過這傢伙。吉爾德的簡歷寫了整整一頁，但並沒有提到什麼特出的資訊，只是拉哩拉雜交代他在哪兒教過書，寫過哪幾本書。

吉爾德一路講個不停——他像是插上了電流，幾乎達到宗教式的狂喜狀態，他斷言有線電視即將淪亡，取而代之的將是DirecTV之類的衛星電視。四十分鐘之後，當他面前的監看螢幕閃起「時間已到」的字樣時，他卻還在興頭上，而聽衆則陷入了驚駭莫名的狀態。他已經說服了聽衆相信未來將是全然不同的世界，但他們對於如何因應根本束手無策，所能想到的只是打電話給旅行社取消度假計畫。

沒有幾個科技作家是會認眞做功課的，而喬治・吉爾德是那幾個少數之一。他是很實在的思考者中的思考者。等一下，這種用語有點怪。他是實在的人那一型的思考者。或者該說，他是實在的思考者那一型的人？呃，姑且這麼說：他是很實在的人，而且很有想法。

艾文・托弗勒（Alvin Toffler）是另一個很有想法的人，他在吉爾德之後隔著幾個人上台。台上的托弗勒看起來像個稻草人：他身高約七呎（二一〇公分），但不比掃帚粗多少；白襯衫的袖口遠遠露在西裝外套之外，而瘦骨嶙峋的雙手又比襯衫袖口長出一大截。托弗勒或許是最有名的未來學者，而吉爾德通常被歸在與托弗勒同類——兩人都被媒體稱爲美國衆議院前議長金格瑞契（Newt Gingrich）的顧問，不過吉爾德其實是總統候選人史提夫・富比士（Steve Forbes）的支持者——但一等到托弗勒開口說話，便可看出兩人之間的差別非常明顯：吉爾德，嗯……比較明確。托弗勒習慣把所有的科技都概括起來，稱之爲改變政治及商業的一股「力量」。他的語句是由「民族國家」、「非政府組織」（NGO）及「次國家」（subnation）之類的辭彙連綴而成；換句話說，他的言論有夠多的術語讓你覺得很重要，但又模糊得無法驗證，因此沒人能拿出證據來反駁他。這就是未來學的細膩技巧：看似預測了一大堆，但又避免眞的做出任何具體的預測。聽衆因爲腦子被搔了癢，因爲得到驚異感及想像，於是心滿意足。

多年來，未來學家所做的便是如此：對我們的腦袋搔搔癢。我們花錢不過是爲了搔癢。

這可不是吉爾德所做的。吉爾德是新一代的流氓未來學家、好鬥的危險人物，他是未來學的叛逆饒舌歌手。沒錯，他老得夠當我爹，卻不減年輕人的叛逆精神。吉爾德會花功夫列出哪幾樣科技將會消失，哪幾樣將會盛行；他的言論中夾雜了許多鮮明的陳述，像是「這些薄膜式太陽能集熱器具備百分之四的集熱效率，將可產生一千萬瓦的電力」。他會做出**具體的**預測，那種幾年之後我們可以拿出來檢查「他說對了嗎？」的預測。他先是對你的腦袋搔搔癢，當你的腦袋開始舒服地咯咯笑時，他卻狠狠賞它一巴掌：**給我聽好！**倘若新一代的矽谷人士來到這裡原已把管理理論斥爲咕咕噥噥的廢話，也不免會鄙棄其他未來學家那些模稜兩可、胡吹亂扯的說辭，而會對吉爾德的表現感興趣。吉爾德才是他們的人！不是因爲他帶著嘲弄或後現代的風格，而是因爲他敢拼敢衝。

可惜，像他們這種人今天似乎來得不多，出席者盡是穿著西裝的舊金山人士。

一天下來，到了研討會近尾聲時，所有的講者都聚集到台上進行對談；既然杜拉克沒來，葛洛夫便接下了教父的角色，擔任對談的主持人。現場人員把佘羅引導至最左邊的位子，把吉爾德安排在右邊，這必定早有預謀。爲了把談話盡快導入正題，演講者背後的大螢幕上閃著：《華爾街日報》最近刊出一篇名爲〈未來劣品〉（Futurist Schlock）的文章，文中顯示未來學家對網際網路所描述的美好前景，其實無異於百年前對電話發展所作的預測。從佘羅開始，所有的演講者依序發言，輪到時都坦承：是的，網際網路被過度誇大了，它確實還有些問題——所有的演講者都承認，只有吉爾德除外。

他很尖銳地反駁：「必定會有一些不知名的創業者會發明出新科技，來解決網路商業當前的頭痛問題，包括加密技術、病毒及微額現金的交易。網際網路將以百萬倍的幅度，擴大單人單機電腦的力量。」

百萬倍的幅度？群衆開始顯得有些不安。看起來吉爾德似乎不照規則來玩。我的意思是：他已經有四十分鐘的個人秀時間來做些聳動的預測，現在應該是冷靜下來的時刻，應該要歸隊入列；然後大家都能心滿意足回家。難道他不懂嗎？

感覺到氣氛不對，葛洛夫試圖把吉爾德拉回正軌。他知道吉爾德痛恨政府干預高科技，因此他要吉爾德至少得承認，軍方是電晶體發展初期的主要市場，而網際網路同樣也是由政府補貼的。

這聽起來很合理，不是嗎？

但是吉爾德不讓步。「網際網路及微晶片市場，都是在政府退出，放手讓民間發展之後才起飛。」

這讓群衆神經質地笑了起來：吉爾德居然損上了教父！電腦業所有人的飯碗可都多虧了葛洛夫，而吉爾德居然敢向葛洛夫挑釁！突然間，人人都對吉爾德冒出憎恨的怒氣。此時，不知位於何處的空調系統也發出了換氣的運轉聲。

佘羅抓住機會替葛洛夫幫腔：「吉爾德，這一點可能令你訝異，但美國並不是事事都居領導地位的。」這算不上臨場機智，但聽衆鼓掌大笑，重點在於這句話的精神：要講理，要認清現實，更重要的，要接受人人有各自的方式。佘羅又補充道，最好我們每個人都能學點西班牙文、日文，乃至——天啊！——學學踢足球。

這聽起來很合理，不是嗎？

但吉爾德還是要嘲諷：「我的小孩才不學西班牙文，他們學的是 C^{++}。」這可好了。這是一個自由派的城市，多元文化的聖地，甚至連城市名字"San Francisco"都是西班牙文！聽衆嗤笑起來，甚至有人發出噓聲。四十歲上下、穿著西裝的男女主管在噓人！吉爾德根本不在乎。哎喲，他們蠢蠢欲動，沒辦法好好兒坐在位子上。他們已經連續坐了五個小時，但現在沒人想回家；多年來沒參加過這麼戲劇性的研討會。更重要的，那三百七十五美元的確値回票價。就像所有作家一樣，吉爾德多少也有點表演天分（他最初是替人撰寫演講稿，當然很清楚一句好話可帶來怎樣的效果），因此如果需要幾句危言聳聽來挑動全場情緒，那就這麼辦。

對談結束後，還有一場精緻開胃菜及私釀啤酒的盛宴。大多數人仍然別著名牌，我把我的拿掉，以免暴露身分，然後混到一小群太平洋貝爾（Pacific Bell）的人裡；他們眞可憐，在這種場合談的還是工作。他們很快發現有張陌生臉孔，就問我是幹什麼的，希望能藉此找到聊天話題。但我不想談論自己，於是回答我是做會計的。這招向來管用。我問他們覺得吉爾德如何。

「聰明。」

「眞正聰明。」有位女士接口說道。

第三人補充：「但我絕不放心把我的公司交給他。」衆人聽了頻頻點頭。

「讓我告訴你什麼是我眞正想知道的。」那位女士似乎很喜歡「眞正」一詞：「我想知道，他是否**眞正**相信他所說的一切？我的意思是，他是否**眞正**相信CMOS晶片撐不到二十一世紀？他是否**眞正**相信，因爲有了電腦，五年之後最窮的小孩所受的教育，也比現在最有錢的小孩更好？」

衆人再次頻頻點頭。

女士接著說道：「就是嘛。要知道，我們是做工程的。所以當他說『百萬倍的幅度』和『五年』，嗯……你是不能這樣用數字的。不管怎樣，我們不會這樣用。我的意思是，難道他**眞正**以爲他比安迪．葛洛夫更懂嗎？」

這似乎是吉爾德與其他未來學的鼓吹者所面臨的難題：他們眞的相信他們自己那些聳動的論斷？或者，一切不過是表演——爲了吸引群衆的目光而不擇手段，就像搖滾明星把旅館房間搞得一場糊塗，命令保鑣鞭打記者那樣？它究竟是假相，抑或現實？

出席者所不知道的，當然這一小群人也不知道的是：吉爾德其實是葛洛夫的忠實崇拜者——崇拜到他在自己那本《微宇宙：經濟與科技的量子革命》（*Microcosm: The Quantum Revolution in Economics and Technology*）書中，花了相當大的篇幅講述他早年在英特爾的故事。諷刺的是，吉爾德還是佘羅的老朋友，他們兩人甚至約好會後坐同一輛禮車去機場。所以看來，一天下來的研討會，有點像是演戲的性質：吉爾德先危言聳聽一番，眾人再嘲弄和鬥嘴，凡此種種。哈！哈！沒事沒事，大家都是好朋友。**爲顧客演一齣好戲！**也不過就是今天的工作。

這項解釋非常完美，只不過出了個小岔錯。吉爾德回到旅館收拾，出來時卻找不到準備載他的黑色禮車，原來佘羅沒等他就直接去機場。被耍了！有佘羅這樣的老朋友，吉爾德還需要老仇家嗎？可歎哪，他的老仇家可是一大堆。噢，對了。還蠻有一些關於吉爾德的事是他的仇家很想讓大家知道的。

拯救

演講之後一天，吉爾德又回到舊金山，我們從機場駛往東灣（East Bay）的下層世界。吉爾德正面臨想出下一個宏偉主題的壓力。他在《富比士ＡＳＡＰ》（*Forbes ASAP*）上有個每期九千字的專欄，是該雜誌的主文之一。上一期他專門談新崛起的網際網路軟體，而這一期他答應編輯的九千字要談網際網路的硬體——誰發明這些硬體、誰是當紅人物，而誰又完全搞錯方向。文章在十天後就要交稿，他已經做了很多技術方面的研究，卻仍一字未寫；他打算要用一個大主題或用某個人物來貫串全文，但在還沒找出講述這個故事的適當方式之前，他還不想動筆。

吉爾德的專欄文章最後匯整成一本叫做《電傳宇宙》（*Telecosm*）的書，於二〇〇〇年底由自由出版社（Free Press）出版。《電傳宇宙》堪稱是書籍拖稿的經典範例，自從一九九三年起，吉爾德在《富比士》上的作者簡介就宣稱此書將在「今年稍後」出版，然而年年都有今年，差點就拖到了廿一世紀。撰寫關於新興科技的書，實在是非常困難的事。因爲等你把稿子編輯好、排版、印刷、鋪書上架了，書的內容早已不再那麼「新興」了。吉爾德發誓，寫完這篇網際網路硬體的報導之後，他就要把《電傳宇宙》做個了結，絕不收入新的文章——頂多再加上一篇談電磁頻譜的物理學。儘管如此，等待是値得的：市面上很容易找到幾十本談論新科技的潛在影響的書，但吉爾德對於各項科技明確內容的研究才是最紮實的。就像其他幾位頗受爭議的人物，如卡蜜．帕里亞（Camille Paglia）、路易士．賴芬（Lewis Lapham）等人，吉爾德自有一套完備的說辭來支持他的理論，因此即使你不同意他的看法，也能藉由閱讀他的著作而更加釐清你自己的觀點。舉例來說，他那篇關於網際網路軟體的長文，刊出的時間恰與 Windows 95 的發行上市在同一周——「發行上市」，在英文是用"launch"（發射）一字，彷彿是阿波羅登月任務似的。當全國各地的市場專家都在忙著評估 Windows 95 這套作業系統的優劣時，吉爾德在文章中所探討的則是：整體言之，作業系統是否將會被「高度可攜性」的軟體（指在當要執行時，才即時予以編譯的軟體）所淘汰。

吉爾德開車來到康特拉科斯塔郡（Contra Costa）。此處猶如由一堆整批製造的辦公園區及層層不知名的褐色山丘所構成的迷宮，不一會兒他就迷路了，只好打電話問路，最後總算把車子開進李文斯頓企業（Livingston Enterprises）的停車場。這是一家只有九十人的小公司，但它的網路伺服器及路由器擁有相當的市場佔有率。對吉爾德而言，最重要的是李文斯頓的江山完全是靠實力打下來的——他們沒有媒體寵兒來打知名度，沒有外界投資，連公關部門都沒有；一切全憑產品本身的優異品質。吉爾德通常懶得和CEO打交道，因爲他們在公司內的層級已經太高，以致不能瞭解眞正的動態。然而李文斯頓的CEO，史提夫・魏倫斯（Steve Willens），仍參與產品研發。

魏倫斯在大廳迎接吉爾德，然後把他帶進一間會議室。

每當吉爾德遇見工程師時，一開始他們總會兩台數據機那樣彼此「諮商」，經過一連串的訊號交換，找出最有效率而且雙方都適用的對話層級。其過程猶如高手對決：

吉爾德：幸會，幸會。嘿！瞧這台路由器多迷人呀。哇，Ethernet 和非同步傳輸埠兩者都有？

魏倫斯：是啊，看仔細了——Ethernet 埠提供了 AUI、BNC 和 RJ-45 三種插口。

吉爾德：所以，封包過濾你們可以用 TCP、UDP 及 ICMP。

魏倫斯：當然。爲了要支援電話撥接的 SLIP 和 PPP，非這樣不可。

吉爾德：set user User_Name ifilter Filter_Name

魏倫斯：set filter s1.out 8 permit 192.9.200.2/32 0.0.0.0/0 tcp src eq 20

吉爾德：001011011000101111001001 11011000010101010001111001

魏倫斯：……………………………………

吉爾德：是嗎？等一下，你誤會我的意思。

魏倫斯從沒遇過哪位科技作家對於他家的產品問得這麼仔細。很快的，公司的一切事務他都坦誠相告，幾次甚至差點說出公司機密。兩人差不多談了三個小時，談到李文斯頓的員工下班、人都快走光了，而魏倫斯也開始打起呵欠了，吉爾德還興致盎然。他太喜歡學新東西了，終了才依依不捨告辭。

去開車時，看得出來吉爾德心裡有點焦慮。時間只剩下九天，但他知道還有一大堆得學。

訪談時，魏倫斯告訴吉爾德，他相信用同軸電纜把家庭用戶連接上網會有一些技術上的問題——吉爾德本來一直認爲纜線才是最自然、最顯而易見的上網方式，他還曾預測纜線數據機的製造商將成爲熱門企業。但是吉爾德頗看重魏倫斯的意見；魏倫斯顯然有眞材實料，而既然他說有問題，那麼……

「我眞的得專心弄淸楚它們的科學面。」吉爾德邊說邊看行事曆，希望能在接下來幾天裡騰出一些時間。很不幸，他隔天得在好萊塢演講，接著從那兒飛到科羅拉多州的滑雪勝地亞斯本（Aspen）參加另一場研討會。他看起來非常焦慮。「我不行……」卡住了，換個方式重講。「在要演講的那幾天，我很難集中精神寫作，甚至連思考也很難。」感覺上，他似乎很想從大衆面前消失九天；說到此事，可只能怪他自己：一切行程都是他自己安排的。吉爾德不像其他的知名顧問，他沒有公關，也沒有助理——唯有眞正出自喬治・吉爾德之口的，才是喬治・吉爾德的意見，任誰都不能代表他發言。這種掌理自己生活的努力眞是值得敬佩，而且它還證明了吉爾德呈現在大家面前的，並不只是演戲而已——但這麼一說，又讓我們想起那個眞正的問題：難道他眞的相信網際網路將「以百萬倍的幅度」，擴大單人單機電腦的力量？

爲免繼續爲即將在亞斯本度過的周末覺得苦惱，吉爾德專心挑出一些好處來想。「亞斯本附近有一家數位衛星通訊公司……或許我該過去拜訪一下。然後還有亞杰峰……」亞杰是在亞斯本村背後的滑雪山峰，每年的此時非常適於健行。「不知道我的膝蓋到星期五會不會好一點。」

《傑特森一家人》

且將時間倒回到一九八一年初夏，喬治·吉爾德的供給面經濟著作《富與貧》（*Wealth and Poverty*）登上《紐約時報》暢銷書排行榜的第四名，且被譽爲「雷根革命的聖經」。雷根一再告訴大衆，政府可以藉由減稅來增加稅收：由於此語聽來自相矛盾，於是人們就去購買吉爾德的書，從中尋找答案。吉爾德這麼說：減稅可以激勵民間投資及創業，因此可以擴大稅基。（要了解雷根的經濟觀點，這兒再提供一個例子。雷根還堅持主張，公營的精神療養院只是爲懶惰的遊民提供安身之處，倘若關掉此類醫療機構，即可把裡面的懶人逼回社會去就業。）由於此書的初印量只有五千本，因而此種突如其來的注目也頗出乎吉爾德的意料之外。他被拱上各種談話性質的電視節目，被要求以簡明易記的幾句話來表達他的觀點，他不無猶豫地照辦。大家所不知道的是，吉爾德這時迷上了另一個新題目，並且暗懷野心。

他讀過了基德的《新機器的靈魂》，而且——天哪！這就是了，答案原來在這裡。多棒的一本書！他立刻找上他的朋友彼得·史普瑞格（Peter Sprague）。當時擔任國家半導體（National Semiconductor）董事長的史普瑞格告訴他，不但在針頭大小的面積裡可以容納數十個電晶體，即使在針尖上也擺得進去。針尖耶！就是這個。

吉爾德從《羅森電子業通訊》（*The Rosen Electronics Letter*）上找到一張半導體製造廠的名單，挑出名單最底下的一家，美光科技（Micron Technology）。他爲《富比士》雜誌寫了一篇美光科技的報導，從此便迷上這一行。接著他打電話給班·羅森（Ben Rosen），索閱他的新聞通訊。

羅森碰巧讀過吉爾德在《富比士》上的文章，誤以爲吉爾德早就熟諳半導體，於是回答道：「不行，不能給你免費贈閱，但你何不替我們報導半導體呢？」吉爾德立刻抓住這個機會。他每三周寫出九頁篇幅，如此持續了一年半。他到加州理工去上卡佛·米德（Carver Mead）的課，米德遂成爲他的聖哲。他深深沉浸在科學之中。

這些年下來所得到的成果是《微宇宙》，一部半導體產業的詳細歷史。儘管出版於一九八九年，但即使到今日，此書仍屬值得一讀的佳作，部分原因是，早在安迪·葛洛夫尚未成爲業界巨人之前，吉爾德便在書中以相當大的篇幅來描寫他和英特爾。諷刺的是，吉爾德原本打算寫的是羅勃·諾伊斯（Robert Noyce）及英特爾，只可惜湯姆·伍爾夫（Tom Wolfe）已經先替諾伊斯寫了一篇情感洋溢的人物特寫，發表在《老爺》（*Esquire*）雜誌上。吉爾德不願和他最喜愛的作家競爭，退而求其次，選擇了葛洛夫。

即使是關於美光的報導——別忘了他幾乎是隨機挑選的——今日看來仍顯得頗有遠見。

近十年來，股市分析師不知看壞美光多少次，但它每次都反撲。每一次，吉爾德也都站在美光這一邊。

《微宇宙》之後，吉爾德成爲《富比士》的主要作家，他的封面故事吸引了廣泛注目及大量讀者，但他沒有對此沾沾自喜。因爲編輯總在背地裡大幅修改他的文章。沮喪的吉爾德於是跑去向（富比士集團的CEO）史蒂夫．富比士要求一個新的發表空間，一種類似他以前和羅森的合作模式。富比士原想爲他買下科技財經雜誌《上升趨勢》，不幸條件沒談攏，於是他乾脆新辦一份雜誌《富比士ASAP》，並從《上升趨勢》挖來一位認同他們理念的編輯，瑞契．卡爾嘉德（Rich Karlgaard），吉爾德也就得到了揮灑的空間。

到了頻寬開始成爲新聞的熱門題材的時候，吉爾德已經是這方面的專家。吉爾德從未眞的經營過公司，也從未眞的寫過程式，然而情況就像微軟的人對 Lotus 1-2-3 的評語——「先到先贏」。目前報導高科技的新聞人員多不勝數，而許多人才剛入行，也尚未開發出他們自己的消息來源。他們在吉爾德的文章中尋求指引，甚至訪問他以求取可資引述的專家意見。（在 Nexis 新聞資料庫上搜尋吉爾德，可發現他在近兩年內被引述了四百次。他在雷根時期所學會的、挑選簡明易記說辭的手法，此時必定也派上用場。）如此一來，吉爾德主導了辯論。在公關行業裡，這叫做「槓桿操作」（leverage）。它的危險是，許多人只聽過吉爾德那些聳動的說辭，而不曾讀過他的書或是他在《富比士》上的文章，因此對他們而言，吉爾德就像是喊著「狼來了」的牧羊童，爲了博取大衆注意，什麼話他都願意說。在比較喜愛嘲諷的那些高科技圈內人口中，「吉爾德」幾乎是被當成形容詞來用，譬如說「你眞夠吉爾德的，居然會相信生活品質正在改善」。甚至有人辯論，未來的世界會比較像是哪個人名的形容詞。它究竟是每個人都是爲政府工作的「歐威爾式」(Orwellian)，抑或是無人替政府工作的「吉爾德式」(Gilderian)，究竟是醒來變成一隻蟲的「卡夫卡風格」(Kafkaesque)，抑或是醒來成爲傑特森家一員(註)的「吉爾德風格」(Gilderesque)。

做個買賣吧

奠立起由砂、玻璃和空氣所構成的硬體革命，似乎需要具備堅強的信仰。倘若我們把一百顆人造衛星擺在亞洲的上空，亞洲人是不是就會去買衛星電話？我們是否該採用這種通訊標準，還是明天會有另一個更好的標準出現？如果我們把光纖網路鋪設到每家每戶，是否互

譯註：《傑特森一家人》(The Jetsons) 是六〇年代由 Hanna Barbera 卡通公司製作的著名卡通。描寫一個未來家庭，故事充滿對高科技的樂觀幻想，例如以太空船當交通工具，到火星度假等，所以常被用於形容過於神奇、乃至誇張的科技想像或實品。例如手錶電視機、能感受居住者情緒的房間，就可稱爲「來自傑特森家庭」的產品。〈http://www.superstation.com/disaster/jetsons/index.htm〉

動式娛樂便會隨之風行？對於種種未知，吉爾德就是具備這種堅強的信心。假設他去上電視節目《做個買賣吧》(Let's Make a Deal)，如果要他在凱迪拉克轎車與藏在簾後的獎品這兩者中擇一，不管主持人給他多少次機會，吉爾德必定選擇簾幕。

主持人：我願意給你凱迪拉克及一萬元現金……

吉爾德：我選簾子。

主持人：我願意給你參議員席位及三百萬元現金……

吉爾德：我選簾子。

吉爾德很淸楚，在簾幕之後的，不過是個相當平常的電腦高手——一個穿著趕不上時髦的電子工程師，最好擁有博士學位、渴望功成名就的移民；如果他懂得敬畏天意，而且有一家子要養，那更好。他相信，把問題交給人數夠多的工程師，即使是像「找出辦法避開作業系統」之類極度困難的問題，終究仍會有人具備適當才能，想出解決辦法。像史提夫・魏倫斯那樣既專注又有強烈動機的工程師，幾年後必能成爲新聞人物，而這類的人是吉爾德最樂於報導的題材。

「幾年後」，正是吉爾德這類主張供給面的人最覺得自在的地方。傳統的經濟學是一門研究在有限資源下作選擇的學問，譬如「因爲光碟的容量有限，我必須選擇要拿掉哪些動畫」。

但在吉爾德的世界裡，匱乏只是暫時現象；我們一般認爲將會匱乏的東西，如頻寬，很快會變得極度充裕。記憶體不會匱乏，電磁頻譜不會匱乏，問題的解決辦法也不會匱乏。所有一切都將會有人「供給」。每次到了最後，吉爾德總是對的——工程上的智巧必定會不負所望地解救他。對於制定五年計畫的策略規劃委員會，他的建議或許是無價的；但對於產品必須準時上市，以趕上耶誕節旺季的產品研發小組，他的話通常毫無助益。

身爲作家的吉爾德，喜歡把科技進展歸納成一些寬鬆的「定律」，好讓讀者牢記。受到摩爾定律（電腦晶片的電晶體密度，每十八個月便會增加一倍）的啓發，吉爾德也想出他自己的「微宇宙定律」：如果晶片中的電晶體數量增加爲原來的 n 倍，則其效能／價格比（performance-to-price ratio）將增加爲 n^2 倍。最近他又再根據鮑勃．麥卡夫（Bob Metcalfe）的類似假設，加上一條適用於網路的「電傳宇宙定律」：如果網路中電腦的數量及效能增加爲原來的 n 倍，則網路的效能值（performance value）將增加爲 n^2 倍。他的用意並不在於這些規則在數學上是否正確，它們只是用來說明社會變化的速率是以等比級數、而非等差級數在成長。所以如果你希望你的成功優勢能維持到明天，你最好立刻回去工作。

如果你沒看懂上述的任何一點，以下就結合吉爾德對指數定理的偏愛，以及他相信未來必將爲今日問題提供解答的信念，製作一則簡單的信條，姑且稱它爲「吉爾德公理」：假設烏托邦位在遠方某處，如果在任何一年我們已 n 倍靠近烏托邦，則在次一年我們將會 n^2 倍靠近。如此一來，我們是可以愈來愈接近，但永遠不可能眞的到達。這或許是最好的結果——我的意思是：烏托邦固然很棒，但只有我們偶爾可以把它開開關關，才是如此。

顯眼的人

另外一天，另一場演講。這次吉爾德是在比佛利山的瑞地森（Radisson）飯店，對一個由娛樂界重要人物所組成的早餐俱樂部發表演說。活動的承辦者是大衛・霍洛維茲（David Horowitz），他曾一度是左傾分子，後又轉變成保守派評論家。他本人及他轉變思想後的著作，致力於喚起大衆注意一九六○年代激進運動對社會所造成的破壞。今天早餐會所訂定的主題是，慶祝吉爾德的書《顯眼的人：一個後種族主義美國的眞實故事》（*Visible Man: A True Story of Post-Racist America*）重新發行。書在入口處即有銷售，而且每個桌子中央都立放了一本。《顯眼的人》所講述的是一個住在紐約州阿爾班尼（Albany）的年輕黑人男性，他儘管聰明且富魅力，卻不斷違法犯紀。吉爾德藉由這個故事傳達一項政治訊息：敗壞的福利系統製造並腐化了下層階級，遂導致該階層的犯罪行爲。簡單來說，吉爾德指責那些出手幫忙的人。《顯眼的人》原先出版於一九七八年，而如果吉爾德的老仇家想選一本書教大家閱讀，那必定是這本了。可惜讀過的人不多：第一年只賣出了八百本。

吉爾德站上講台、開始說話後不久，很快便露出本色。他說：「對於眞正有影響力的美國人士，種族主義已死。種族主義幾可說與美國黑人的噩運毫無關聯。如果依年齡及學經歷調整過後，黑人婦女的薪資是白人婦女的百分之一百零六。如果依年齡、智商及性別調整過後，黑人全職勞工的薪資較白人高百分之一。」台下聽衆全屬政治上的保守派，所以這樣的話即使說一個鐘頭也不致挑起任何異議。但吉爾德的聲調平板而無生氣，與千禧研討會相比，乏味多了。所以，才講了五分鐘，他就準備收尾了！他建議大家買這本書，仔細思考書中的理念。他停頓下來。場中的靜默使人不安。吉爾德接著談起電視的末日即將到來，然後切入他在千禧研討會上談的「砂、玻璃及空氣」的革命。

他轉換主題！

即使原本應該介紹《顯眼的人》，吉爾德仍寧可談論新科技將會如何改變好萊塢的權力結構。那時的影城可眞是令人目炫神迷：迪士尼和 Seagram 剛剛進行瘋狂大採購，買下了半個城，只要攤開報紙，當地人便會被提醒「內容爲尊」（Content is king）。可是吉爾德的觀點恰巧相反，而他想在此道出。

他緩慢而且仔細地解釋道：電影、電視的昂貴經濟，主要都是因爲用於製作及配銷的科技使然；隨著科技的進展，這些成本會顯著降低，因而破除此類行業最主要、最古老的一項進場阻障——你先得有錢，才有可能賺錢。市場將會充滿低成本而高品質的個人風格作品。然後有一天（它會比我們預期的還快到來），厭倦了輔導級電影、想來點激情、暴力的消費者，將可得償所願。我們將會從一個追求最小公分母的社會，轉變成追求首選的社會；而吉爾德深信，大家的首選將不會是女明星的短裙襬。

最後一段話惹惱了聽衆。這些人是藉由製造明星來建立他們的帝國的。好萊塢一貫的思維是：當市場被割裂成不計其數的數位頻道之後，消費者將被龐大的選擇搞得昏頭轉向，因而會緊緊追隨幾張熟悉的臉孔。台下有幾位聽衆舉手發言，表達此項看法。但是吉爾德斥責他們：「不要低估大衆的智力。那些低估的人必將失敗。」

頃刻間，吉爾德居然爲美國大衆的智力辯護，我眞想爲他喝采。然而我立即想起，他才剛剛否認種族主義的存在。此事好有一比：電視影集《歡樂單身派對》有一集，伊蓮愛上了替她搬沙發的傢伙，然後呢，爲了測試兩人性情投不投合，她問男子對於女性的選擇權利有何看法，不想那男人竟是死硬的反墮胎份子。儘管愛他，伊蓮還是得選擇分手。

對於許多崇拜吉爾德科技預言的人來說，吉爾德的過去所代表的正是此類問題。因爲在這些對科技抱持著自由放任觀點的人當中，只要話題一離開科技，便可發現在共同的表面之下其實潛藏著深深的裂隙。

稍後吉爾德告訴我：「我並不想迴避我在七〇年代的社會學著作。我的立場不曾改變。只不過……嗯，最近我把焦點放到別的事情上。」儘管如此，我們很難不歸納出以下的規律：

・吉爾德如此擅長運用媒體，因此我們可以很公允地說：在如何才能表現得像個專家這方面，他是一個專家。

・在他目前的崇拜者當中，某些人如果知道他的社會學觀點的話，必定會矢言反對。

・吉爾德切換話題。

看起來，對於該讓誰知道什麼，吉爾德似乎心中自有盤算。但這種推論似乎又不見得能成立。就在這場演講之後幾天，爲了呼應保守派在華盛頓舉辦的「百萬男兒大遊行」（Million Man March），吉爾德在《華爾街日報》寫了一篇長篇評論，再次重複《顯眼的人》一書的結論：福利國家制度使得丈夫變成多餘，年輕的黑人男性由於其供給者的角色被顚覆了，遂成爲街頭猛獸。如果吉爾德想要轉移衆人對他這些爭議性觀點的注意力，他當然不該昭告數百萬的報紙讀者。

被明星沖昏了頭

當比佛利山的早餐會結束，參加者都離開以後，吉爾德走過一張一張的桌子，喝掉每一杯沒有被碰過的柳橙汁。在到機場的路上，他一邊嚼著水果乾，一邊思索他的文章。在這一個星期裡，他已經見過加拿大的電話公司、李文斯頓的人，還有剛才那些好萊塢的頭頭。其間的差異多麼明顯。在李文斯頓，他們是眞的在做出東西，至於另外兩個地方，怎麼說呢？他們仍只是嘴裡說說而已。

吉爾德告訴我：「關於文章，我已經有個想法了。」它會像是這樣：如果電話公司夠聰明的話，它們應該向所有客戶提供單一價格的網際網路連線服務。然而電話公司卻分心於搶食好萊塢的大餅。他們被明星沖昏了頭。在此同時，數以百計的網路服務提供者正汲汲於攫取這片令人垂涎的新興市場。此外，萬一網路電話流行起來（因爲它可以用市內電話的價格來打長途電話、乃至國際電話），網路服務提供者將會「挖空」地區性電話公司。這正是吉爾德的註冊商標——小人物對抗大巨人。也正是這類宏偉主題把他的網路硬體專文與那些俗不可耐的伺服器、防火牆購物指南區隔開來。但他很清楚，除非他的論證具有堅強的說服力，否則單單宣稱電話公司的命運岌岌可危，必定會被斥爲危言聳聽。

吉爾德告訴我這些時，汽車正在四〇五號公路朝南行駛，我們兩人坐在後座。這是一個決定性的時刻：我已窺見吉爾德正在想出下一則預言的關頭，那種會令人納悶他到底是眞的相信，抑或連他自己也搞不清楚他是否相信的預言。

吉爾德帶著這個想法，又旅行了幾天。截稿前五日，他出現在《富比士ASAP》位於紅杉市的辦公室。他從緊湊而忙亂的行程中淸出幾天的空檔，在位於同條街上的那家新潮的索菲特爾飯店（Hotel Sofitel）訂了一個房間。他打算不分晝夜寫稿，一口氣寫完。雜誌社借給他辦公室及電腦。碰巧另一位專欄作家安迪・凱斯勒（Andy Kessler）這時也來了。他是投資銀行「烏特柏格哈利斯」（Unterberg Harris）的合夥人，在吉爾德眼中，凱斯勒是個腦袋超級靈光的傢伙。於是吉爾德跟凱斯勒講述了一番網路服務提供者將會挖空電話公司的宏偉主題。

不想凱斯勒卻澆了吉爾德一盆冷水；他認爲這事不可能發生。門兒都沒有。電話公司太大了，不會這麼容易被宰殺；如果開始有人能藉由提供消費者上網服務來賺大錢，電話公司會立刻跳進市場，踩扁它們。凱斯勒指出，電話公司已經具備了提供網路撥號服務所需的所有科技及收費系統。而倘若出於任何因素使得它們踩不扁網路提供者，那麼它們會乾脆把它們買下來。

這番談話令吉爾德憂懼萬分。一方面因爲他現在需要爲文章另尋主題，一方面是想到網路革命居然仍得依賴官僚的電話公司，便令人覺得痛苦。如果提供地區電話服務的貝爾寶寶們（Baby Bells）能從中獲利，這還算是革命嗎？

我們到了雜誌社，十月號的《富比士ASAP》剛剛印就。我翻著雜誌的光鮮頁面，其中有十頁是業界名人的投書，全都是回應吉爾德前一期的網路軟體專文。史考特・麥尼利、安迪・葛洛夫、史考特・庫克（Scott Cook）以及拉瑞・艾利森，都寫了回應文字。大多數人都同意文章的中心意旨——網路必將日益重要——但大多數人也都批駁吉爾德的遣辭用字。

令他們格外不悅的，是他預言網路將會「挖空」個人電腦的說法。葛洛夫在投書的一開頭寫道：「唉呀呀，喬治啊喬治！還沒有哪樣新科技不是你一見鍾情的。」一封接著一封，都是反對意見。到了第九頁，吉爾德終於有機會回話了：「我承認……『挖空電腦』的用語……確屬誇大，嚴格來說，甚至有誤導之嫌。但從相對觀點來看，桌上電腦及網路之間的均勢，確已急劇傾斜。」

翻閱這些文章時，我心想：如果他們不喜歡「挖空電腦」，那麼必定也不會喜歡「挖空電話公司」。

吉爾德關上辦公室的門。等到所有《ASAP》的人都下班了，吉爾德仍待在那兒，不斷閱讀與思考。爲了獲得寫作靈感，他又重新閱讀湯姆・伍爾夫《電子色素糖水酸性測試》(*The Electric Kool-Aid Acid Test*) 的篇章，對他而言，這本書談的「盡皆宗教，盡皆超越經驗」。吉爾德說，他最好的文章都是在電腦螢幕前連續枯坐四、五個鐘頭後寫出來的；唯有此時，所有生活中的雜念才會褪去。但是今夜似乎得交白卷了——他就是找不出該如何著手。夢想並未帶他遠行，於是他只能寫些私人筆記、隨想，以及反駁批評者的論點，直到凌晨三點才踱回旅館。

宗教及超越經驗深深注入吉爾德的風格與內容。在教導群衆方面，他有著傳教士一般的毅力；他的談話，又有牧師講道的熱忱。他堅信道德價值可以轉化爲創業精神及科技發展。

當和我談論宗教時，他說以後他想寫本書，探討科技如何根源於神祕及宗教經驗，然而⑴他還沒想出該如何動筆，而且⑵如果他寫了，但未達到「所言甚是，或恰中題旨」的標準，那麼書只會被貶抑、被忽視，甚至可能被嘲笑。

當要申述宗教與科學之間的聯繫時，吉爾德是有充分的理由保持審慎的。《富與貧》談的就是商業如何與宗教相容。他指出，企業的成功信條在於服務顧客的需求，而基督教倫理則要求人要爲服務他人而活；兩者之間，多麼相似。先有施，才有受。先有投資，才有繁榮。雷根愛死了這理論，但它惹惱了亞茵・藍德（Ayn Rand）㊟——不巧，藍德是自利派自由主義（libertarianism）的女祭司長，是吉爾德熟讀其著作並且景仰的作家。吉爾德這小子被稱爲自利派自由主義者，而他居然叫大家服務別人！是可忍，孰不可忍！生命應該用來實現自我的憧憬，而不是用於滿足他人的需求。她把在福特論壇（Ford Hall Forum）上所發表的生前最後一場公開演講，用於斥責吉爾德，所以在蘭德派的自由主義者當中，吉爾德遂成爲被逐出門牆的叛逆。

譯註：藍德（Ayn Rand, 1905-1982）爲俄裔美籍的小說家暨哲學家。她主張絕對的個人自由，認爲個體應凌駕於群體，自利應先於利他。政治上，則屬於極端反對共產主義的保守派。她被許多保守派人士及自利派的自由主義者視爲思想導師，具有極崇高的地位。

所以，每有一個雷根派的人頌揚吉爾德，就有一個蘭德派人士詛咒他。每有一本書能登上暢銷書排行榜，就會有一本書只賣出八百本。一九七四年，吉爾德因為《男性與婚姻》（*Men and Marriage*）一書，獲得美國的全國婦女組織（National Organization for Women）頒贈「年度男性沙文主義豬」頭銜。一九八一年，他在美利堅大學（American University）的畢業典禮致詞，五十位學生戴著白臂章、背對講台而坐，以抗議他的種族主義言論。一九九一年，女權運動健將蘇珊·法魯迪（Susan Faludi）在《反挫》（*Backlash*）一書中，以一整節的篇幅專談吉爾德。她把吉爾德描繪成一個因為約不到女生轉而憎恨女性主義者的傢伙，然後，或許更為狠毒的是，她控訴吉爾德之所以挑起反女性主義論爭，只是為了想上電視曝光。

我真不明白吉爾德是怎麼辦到的，他簡直是刀槍不入。或許他一身裹著的是牛皮。

翌晨，吉爾德從飯店的窗戶眺望隔開一〇一與二八〇公路的聖卡洛斯嶺（San Carlos Ridge）。穿上慢跑服裝後，我們驅車往西行約一哩，來到山腳下。他不需要先暖身。吉爾德在大學時是田徑選手，所以迄今身材都沒有走樣。他是少數那些還穿得下大學卡其褲的人，或許現在也真的平常還在穿。他跟我解釋，因為膝關節炎的緣故，所以他在平地上跑不快，但他喜歡跑山路——跑上坡路對膝關節不致造成壓迫。說到這裡，我們正跑在一條非常陡的街道，於是他閉上嘴，專心調勻呼吸。我開始擔心會被他甩到後面。大約十分鐘後，我看到前面的路逐漸平緩，這才放下心來，鼓起餘勇，趕在路口前追上他。等到了路口，我才發現我們根本還沒到路的最高處，如果向左轉，還有半哩可走。不消說，吉爾德選擇了左轉。

他在每個大城市都有一條偏愛的慢跑路線，但他很少有同伴。大多數的時刻，他是一個人向前奔跑。

《朱門恩怨》

跑畢，喬治・吉爾德快速淋浴一番，然後下到矽谷，拜訪Netcom線上通訊服務公司，這是一家業務呈等比級數成長的網路服務提供者。吉爾德事先已約好公司的幾個重要人物。因爲早到了幾分鐘，所以他踱進了自助咖啡廳，拿了罐冰茶。

「我需要先振奮一下。」說著便把茶灌了下去。當他把空罐放在當天的《聖荷西信使報》上時，報上的一則新聞引起他的注意——顯然，AT&T宣布了將在六個月內提供網路服務，並企圖在兩年內占有半數市場。吉爾德簡直不敢相信——安迪・凱斯勒的預言竟然成眞！電話公司正要跳進場來，一心只想踩扁小傢伙！

他首先見的是Netcom的行銷主管，約翰・蔡思樂（John Zeisler）。帶著些許放棄的念頭，他詢問蔡思樂對AT&T進入市場的看法：他覺得這意謂了什麼？蔡思樂卻只是笑！居然在笑！蔡思樂向他解釋網路時間與人類時間的差別：人類的一年大約等於網路的五年。所以如果AT&T準備在六個月內提供服務，那等於是網路時間的兩年半！兩年半內可以發生太多變化，ＡＴ＆Ｔ永遠沒法子趕上。

接下來見的是ＣＥＯ，戴夫・蓋瑞森（Dave Garrison）。在這一場，吉爾德得到更多好消息。在 Netcom 訂戶所繳的每月二十美元帳號租金裡，僅有一元是用於電話連線費用。這筆費用實在太少，因此電話公司在價格上佔不到什麼優勢。蓋瑞森接著逐一列舉另外十九元的用途，而其中最大一宗是二十四小時的眞人客戶服務——注意，不是按來按去、永無止境的自動語音服務，而是有個活生生的技術人員坐在電話的另一端。蓋瑞森接著又指出，你怎麼樣也無法想像讓太平洋貝爾的接線生來修改你電腦裡的 config.sys 檔。說這句話時，他笑得很邪惡，因爲他很淸楚自己的觀點已充分得到證明。突然間，他看起來就像影集《朱門恩怨》（Dallas）裡那個（讓人恨得牙癢癢的）小傑。

吉爾德興奮了起來。凱斯勒畢竟搞錯了！Netcom 的這些人既饑渴、又專注，而且有強大的驅策力。他們不怕ＡＴ＆Ｔ！他們給予客戶的，正是客戶想要的，一點兒不多，一點兒不少。如果這還不是成功的公式，什麼才算是？吉爾德開始細細打量他所見的每位 Netcom 人員。我可以猜到他的用意：他想找出一個人來串起整個故事。他想找出一個人來突顯ＡＴ＆Ｔ與 Netcom 之間的文化差異。簡單一句話，他在尋找主角。

最顯而易見的選擇，應該是 Netcom 的創辦人鮑勃・瑞格（Bob Rieger），只可惜瑞格剛退休，不再插手公司的日常營運。假如某人才剛退休，你很難說他既專注又有活力。然後他聽人提起一位首席工程師，鮑勃·托瑪西（Bob Tomasi）。托瑪西曾在Timenet工作，然後是MCI，接著才到Netcom。他正符合吉爾德的宏偉主題：從官僚體制轉往太空船。

「我要見這個人。」

噢，沒錯，喬治·吉爾德信了。**真的信了**。只要看得夠仔細，看得夠久，總會找到一個地方；在那兒，他的誇張言辭及他對工程實務的熱愛，非但不會互相衝突，卻能和諧一致。夢想與現實合而爲一。當他到達了彼處，當他找到了那獨一無二的處所，他終於能夠動筆了。

臨離去，吉爾德仍想花點時間逛一逛控制室——把所有Netcom客戶的線路眞正連接進來的地方。在二樓一間空調過冷的房間裡，一個又一個的隔架塞滿了U.S. Robotics數據機、思科伺服器、昇陽SPARC工作站，以及李文斯頓路由器。吉爾德鑽進線堆裡，走到一個正忙著的工程師身旁。

「李文斯頓路由器，對吧？」他又展開那一長串的訊號交換：「嘿，RJ-45插口！」

7

中輟生

製造一座萬年鐘

午夜十二點整

希利斯想做的趣事

丹尼·希利斯（Danny Hillis）是一位設計電腦架構的傳奇人物，但他放棄電腦好一陣子了。他目前在加州格連代爾（Glendale）的迪士尼想像工程（Walt Disney Imagineering）擔任副總裁，並被授予迪士尼院士（Disney Fellow）的頭銜。此外，他正專心致力於一件乍見似乎異常古怪的任務：建造一座超大尺寸的機械鐘。倘若此鐘果眞完成，並且如期在二〇〇一年一月一日啓用，它將可走到公元一二〇〇〇年，報時不輟，長達一萬年。

試想，埃及金字塔及英國的巨石群（Stonehenge）也不過五千年之久，希利斯的目標似乎過於離譜，只要想想一萬年是多麼長遠的時間，便會令人頭痛起來。彷彿這工作的挑戰性仍然不足，希利斯又爲自己設定了一個更爲艱鉅的目標：

他要我們相信，他是來眞的。

希利斯希望這兩項要素——時鐘本身，以及他是來眞的——結合起來，可以促使科技產業拉長原來過於短視的時間觀。基本上，他希望我們不要再只想著午飯如何打發，轉而開始思考如何餵飽整個地球。如此崇高的目標當然沒人敢反對，然而區區一座鐘能有多大貢獻，卻並非顯而易見。

十二點零一分

他希望我們具備怎樣的時間感

丹尼・希利斯希望我們能把從環境議題上學到的教訓，進行思想上的「轉體後空翻」（back flip with twist）。我們已經體認到，即使是微不足道的環境衝擊，年復一年累積下來，幾個世代以後將會造成毀滅性的後果。拿它做「後空翻」指的是：停止抱怨它的負面影響，開始想像如果我們進行積極的改善，儘管努力再微小，只要持之以恆，幾個世代後或許將有所成就；「轉體」（twist）指的是，我們可以把這類思維的應用範圍，從自然環境擴及生活的其他面向。

結果呢，約有十五人受到希利斯的精神感召，決定加入此項工作(註)，而在他們身上，時間感也確實發生了改變。這些聰明人已經花了三年有餘的時間，思索各項設計課題，例如：

・技術手冊該以何種語文撰寫，才能讓幾千年後的人看得懂，知道如何維修時鐘？

原註：過二十秒。希利斯對科技人的魅力，大約類似電影導演羅勃・阿特曼（Robert Altman）之於演員。既酷又出名、能靠別的事賺一大堆錢的人，常被吸引來加入他的計畫，例如 Tinkertoy 電腦、「連接機器」超級電腦，以及現在的萬年鐘。和這些計畫有關的人名，列出來活像是一本當代名人錄。

・哪種計時機件可以經過一萬年不受侵蝕？

・如果我們爲了吸引大量觀賞人潮，而選擇把時鐘放在某個城市，幾千年後，這個城市還會存在嗎？

這些人幾乎無時無刻不在思索這一類似乎永遠無解的問題。在上班時，這十五個人發現自己逐漸對於做出下一個最酷的網站失去興趣，而把更多心思放在發展人工智慧上。他們把這種心智狀態稱爲「深層時間」(deep time)。

十二點兩分二十七秒

我們這些凡夫俗子該要多認眞看待此事

然而，造鐘這件事畢竟與大多數人無關；我們能有的，只是造訪萬年鐘的機會。正因爲這樣，所以「認眞看待」的態度是如此重要。無可避免的，時鐘開放參觀的時間大概會在下午五點左右結束，而在四點十五分時，總會有些觀光客來到入口，決定進去隨便瀏覽一番了事，出來後又趕去喝啤酒。他們會急急忙忙從時鐘旁逛過，並不怎麼認眞看它，而五點一到就準時離開。決定他們行程的，主要是四十五分鐘的時間空檔，而不是時鐘的萬年志業。唯有認眞看待此鐘——跟目前正在著手造鐘的那十五個人一樣認眞——那麼，瞻仰萬年鐘的經驗才能深深烙印在訪客心中，從而對他們的時間觀起正面作用。

爲了達成這個目標，希利斯打算把鐘造成一個待解的巨大謎題，或許把每一位訪客當成人類學家，要求他們發掘出時鐘的眞正目的。希利斯最常舉的例子是，越戰將士紀念碑在黑色石碑上所鐫刻的近六萬名戰士的名字，是依陣亡時間排列，而非姓氏的字母順序來排列；所以，爲了找到親友的名字，你必須逐一掃過幾百個名字，在此過程中，損失之巨與哀慟之深，也就積澱在追悼者的心底。

希利斯自有一套衡量成功與否的標準，叫做「10^3測試」：「如果我能號召矽谷百分之十的工程師，他們願意用他們百分之十的時間去思考得花十年以上功夫才能找出解答的問題，那麼這座鐘才算值得建造。」

十二點三分三十一秒

丹尼・希利斯在八〇年代初期有何成就

——會令《時代》、《老爺》及《紐約時報雜誌》以全版專文報導他？我們來看看有哪些證據能讓人說他是天才(註)。

原註：過九秒。如果我在文中稱某人爲天才，希望讀者諸君不要聽了就信，我希望在此能呈現出天才的一面。

當時，希利斯使用一種他稱爲「大量平行處理」（massively parallel processing）的革命性架構所造出的新型超級電腦，在某些用途上可以比既有的任何機型快上千倍㊟。在這之前不久，日本政府才剛宣布宏大的第五代電腦計畫，想重施故技，依照日本襲捲全球汽車、鋼鐵及記憶體晶片市場的模式，集全國之力主宰電腦科技。他們的論點是：在資訊經濟時代，誰操縱資訊的速度快人一步，誰就能掌理全世界。就像在冷戰時期，登月競賽成爲美蘇軍力競爭的象徵一樣，誰能造出世界最快的電腦，也就成爲東西方角逐經濟霸權的象徵。

大量平行處理之所以具有革命性，是因爲每個人都認爲這是不可能辦到的，都以爲它就像低溫核聚變（cold fusion）㊟一樣，純屬無稽之談。傳統上，資訊界接受一個由ＩＢＭ的資深

原註：過二十三秒。要了解千倍是多麼巨幅的進展，我們不妨做個比較：約在希利斯賣出他的第一台超級電腦的同時，個人電腦界也因爲ＩＢＭ推出採用英特爾八〇二八六處理器的 IBM-PC AT 而徹底改觀，但新型電腦只比原先流行的 IBM-PC 快三倍。

譯註：核聚變（fusion，或稱核融合）是指兩個較輕的原子核融合成一個較重的原子核的過程；低溫核聚變（cold fusion）是指在常溫及可控制的情形下發生的聚變反應。聚變反應（如氫彈爆炸、太陽燃燒）必須在非常高的溫度和壓力下才能發生，一般認爲低溫聚變是不可能的。一九八九年時，美國猶他大學的兩位化學家宣稱他們在室溫下、以普通的儀器，順利做出低溫核聚變的實驗。這項消息在大眾媒體及政治圈造成極大轟動，但始終未能在科學上得到明確的驗證。後來的看法普遍認爲這是一場世紀大騙局（鬧劇），低溫核聚變也就成爲科學騙局的同義詞。

系統設計師金・安達爾（Gene Amdahl）所提出的，稱爲「安達爾定律」（Amdahl's Law）的數學證明。安達爾定律非常技術性，所以我們最好利用譬喻來理解它：假設有個家庭在用餐，他們能吃進的食物總量愈多愈好，而不必管有幾個人在吃，也不必管他們是沒吃飽還是吃得太撐。媽媽不斷在冰箱及餐桌間跑來跑去，把食物分到各個小孩的餐盤裡。西摩爾・克雷（Seymour Cray）建造超級電腦的理念，是把每個元件都做得更大、更快：也就是讓冰箱容量更大，讓媽媽跑得更快。希利斯的創新構想則是讓幾千個小孩同時上桌。批評者指出，到了一定程度之後，媽媽會承受不了負荷——體力透支，精神崩潰，打包收拾，離家出走。增加太多小孩並無好處，媽媽無法把更多的食物送到他們盤裡。

但希利斯比其他人都更清楚體認到，處理器及記憶體都是由相同的材料（蝕刻矽晶）做的，因而沒有必要把運算與儲存強加區隔。在用餐的例子裡，冰箱是記憶體，小孩是處理器，媽媽是在兩者間來回遞送資訊的晶片組。然而希利斯了解到，小孩不是只有一張嘴而已，他們也有脚，可以自己去開冰箱取食物：他們不需要媽媽！

丹尼・希利斯遂被譽爲開創資訊紀元的英雄，商業階級的登月先鋒阿姆斯壯（Neil Armstrong）。當時他年僅二十八歲。在報導他的新聞所附的照片中，希利斯身邊總免不了有幾件玩具當背景。

十二點零五分五十二秒
親見親聞丹尼・希利斯

他說話的方式像是我們在讀詩的方式：每行只幾個字，然後停一下，再來又是幾個字，然後再停一下。他永遠會在把新的想法起了頭之後停頓一番，在托出下文之前，先弔弔胃口。

希利斯和我所訪問過的其他高科技巨頭有一點不同：他沒有試圖說服我、拉攏我，或向我吹噓。我發現矽谷的高級主管總是對錙銖必較的論辯興趣盎然，他們愛死了蘇格拉底式的辯證。對他們而言，辯論之用猶如磨刀石之於利刃——可以常保鋒芒，以便揮刀立斬。與其回答我的問題，他們毋寧更著意於挑剔問題的語病，指正其中潛藏的錯誤假定。

再看丹尼・希利斯。每當我們的話頭已經上了軌道，再也不需視覺接觸或是點頭確認之後，他往往會在形體上脫逸而去。雖然我們仍在交談，他卻或許會躺到地上，凝視著天花板。大概是爲了伸展背部吧？

他總能舉出絕佳的譬喻和蘊含深意的小故事，每一個都好比對空送出的禮物，就像卡通裡面用來表達想法的泡泡框。他喜歡談論如何解決全球饑荒、如何建立互動的敍事模式，或是「米老鼠與迪士尼公司，何者的壽命會較長久」這類問題，它們不見得有解，反倒像是禪宗公案。公案可以把我們從事事必須講道理的思維桎梏中解放出來，讓我們更能接納世界本就充滿矛盾的原來面目。以下是一則典型的希利斯獨語：

某種意義來看，我們
已將戲碼
表演完畢；演出的
故事是人定勝天——問題
不在於故事已終了，而在於
我們表演得過頭，
於是不知道
接下來又該如何。

十二點零七分四十九秒
初見面，希利斯所做的第一件事

我來到希利斯位在好萊塢的西班牙別墅式住宅的時候，他所做的第一件事是把一枚微晶片放到顯微鏡下，教我仔細端詳——不是應卯，是眞的仔細瞧！那是他以新式的微機電(MEMs)技術設計的，才剛由晶片工廠派快遞送過來，我進門時他正在簽收。就肉眼來看，這片指甲大小的粉紅色晶片，似乎和任何一片未磨光的銅片差別無幾；但在放大四百倍後，多晶矽、二氧化矽及鋁的層層紋理，構成了一個秩序井然而色澤多變的透明萬花鏡，好似夾雜了金、藍、琥珀、粉紅等色的嵌花玻璃窗。

「很漂亮，對不對？」

我說是，漂亮。他要我把它看成一件極小極小的藝術品，一件能供人鑑賞其實體之美的物品。這一點對他格外重要，他認爲，科技之美應該在實體層次欣賞。他當時表達的觀點，在我後來聽聞他的生平事蹟時也一再出現。他甚且還希望我能體會，即使晶片是電子產品，即使它的邏輯閘道極其微小，然而運作其間的，仍然是機械的、槓桿式的因果作用。

希利斯的心智特別有一種能夠自在縮放尺度的能力，這是我在別人身上不曾得見的。在此，「縮放尺度」(scale) 一詞係照科技業界的習慣用法，指一個東西在大規模運作時，也能和小規模取樣測試時一樣順暢良好。希利斯不但可以放大，還可以縮小，而且絕不會因爲忽大忽小而頭暈，以致思路不清——他永遠都能把閘門裝置掌握得清清楚楚。在我八歲時的迪士尼樂園，裡面的「明日世界」有一趟旅程是遊客逐漸進入雪花等級的顯微鏡尺度，最後小到和原子一樣。這就是希利斯的腦子能夠辦到的。

如果晶片設計可以把他帶進微小事物的世界，那麼萬年鐘便是落在尺度頻譜的另一端：它有全球最長的鐘擺（長六十呎），有三噸重的砂岩鐘面可以讓你坐在上面，刻下自己名字。

更進一步的——而這才是希利斯的腦子眞正出衆的地方——他不但可在空間向度上縮放，在時間向度上同樣揮灑自如。

當一九八〇年代，希利斯設計出採用大量平行運算架構、名爲「連接機器」(Connection Machine) 的超級電腦時，他的腦子必須能在奈秒 (nanosecond) 以下的時間等級思考。就像當年「明日世界」的雪花之旅，他能把奈秒放大到人類的尺度。一個奈秒等於十億分之一秒 (10^{-9}秒)，在此時間內，光子或電子可以行進約一呎的距離。「連接機器」的長、寬、高均爲五呎，所以行走一呎距離的脈衝，必須和蜿蜒而行、行走距離可能長達三十呎的脈衝相位一致。而既然「連接機器」有六萬四千顆處理器，每一顆都能接收和發送電子脈衝，要能控制這些脈衝全都相位一致，非得需要極富想像力的設計。

怎樣才能解釋這項挑戰有多艱鉅？試想一座擠進六萬四千人的運動場，所有人都要在同一瞬間鼓掌。讓這問題難上加難的是音速，聲音行進的速度慢到當這一頭的人拍手時，對面的人得等一小段時間之後才能聽到聲音。現在，把這六萬四千人分散到城市的各個角落，用叫喊來傳遞命令，叫他們按照相同的節奏鼓掌——這差不多就是希利斯所做的事。他能把思維縮小到十億分之一秒，在這麼微小的尺度下仍能悠游自在，想出辦法讓電子脈衝同步。

我稍微多端詳了晶片一會兒，以證明我確能感受它的精美。爲了避免我接下來問的無知問題觸怒了他，這麼做似乎是唯一辦法。

「眞棒，所以，呃……這是什麼？」

「噢，我只是要試試微機電設計系統，因爲一時沒有更好的題目，所以我做了個電波收發器。我也計算了一枚晶片能塞進多長的線，答案是十五呎。」

換句話說，這枚晶片根本沒有實際用途。它會留在希利斯的書房裡，成爲他的小型晶片收藏館（其實是一個抽屜）的又一件展示品。這同樣也是非常希利斯的人格特質：一件事的有用與否，並不是考慮要不要做它的因素㊟。而這特質既讓人感到無力，也覺得可佩。可佩，因爲希利斯是以好奇心爲驅動力，這比帶動近日矽谷的力量純粹得多；無力，因爲你會覺得，假如他肯專注於具實用價值的事物，不知能有多少成就。

十二點十二分十八秒
問答題

接下來是幾個希利斯朋友的名字，以及他們對萬年鐘計畫的評語。這些評語可以證明，

原註：過三十二秒。我想起一個關於希利斯與美國軍方開會的小故事。（由於軍方向他購買了太多部超級電腦，所以他已通過層級非常高的安全查核。）會後，出席者互相交換名片，但希利斯給人家的是小瓶子，他的聯絡資訊就寫在瓶中的DNA鏈上。對於大多數人而言，只要知道可以把資訊寫在DNA上就夠了。但希利斯會眞的去做。

即使是和希利斯親近、認為他聰明絕頂、甚至願意參與計畫的人，偶爾也會露出馬腳，讓人看破連他們也沒辦法把此事當真(註)。

1　保羅・沙弗（Paul Saffo）：萬年鐘計畫董事。

2　道格・卡爾斯登（Doug Carlston）：萬年鐘計畫董事。

3　馬文・明斯基（Marvin Minsky）：希利斯在MIT的老師，現也是迪士尼院士。

4　無名氏：不願透露身分的老朋友。

A　「這是用來炫技的絕佳題材，但我希望將來人們提到他時，不會只想到這件事。」

B　「我不確定我是否了解，我對象徵之類的東西所知有限。它令我想到觀光勝地。」

C　「讓事物流傳萬年的方法是建立起關於它的口述傳統。比造鐘更重要的事，是我們必須創造出關於這座鐘的神話。」

D　「像希利斯這樣的天才，居然把時間浪費在造鐘這件蠢事上，我覺得很不高興。」

原註：答案如下。A／3；B／2；C／1；D／4。

十二點十三分零五秒

除了微機電晶片的開場白之外，爲何我初訪希利斯的經歷可謂徹底失敗

當時，希利斯才剛接受迪士尼的職位，而迪士尼的公關部門也才剛敲定對外宣布設置院士制度的新聞稿文字。由於是第一個獲聘的院士，希利斯根本不清楚他該做些什麼。那時候他在各部門間都是做著類似顧問的事，在腦力激盪會議中提供建議。而儘管希利斯思考萬年鐘的設計已經好些年，但這計畫尙未引起迪士尼的注意。

希利斯同樣也小心避免公開任何未經公關部門正式批准的事情。我沒能獲准參觀想像工程的模型工廠，希利斯也不能提起任何他替主題樂園遊樂設施所想到的新點子，他當然更不能透露一絲一毫公司對於迪士尼線上（Disney Online）和新科技（New Technology）等部門的目前規劃。

爲了在不逾越這些嚴格限制的情況下招待我，希利斯和我約好在迪士尼總部吃午飯，然後下午去樂園遊玩。我的構想是：既然希利斯是這麼獨特的人，那麼即使談論的話題是拓荒世界的設計，他的「希利斯特質」也能像談論超級電腦的設計那樣鮮明呈現。我心想，只要和他一起用餐，就能見到他充滿原創性的特質。這正是所謂「望物生情」謬誤：以爲（希利斯的）片刻即能道盡（希利斯的）全貌。

希利斯倒是盡力而爲。他是主管餐廳中唯一只穿短袖襯衫的人，但你就是沒法子從一個人拿薯條蘸蕃茄醬的動作推斷出他是否天縱英明㊟。我們在迪士尼樂園和他四歲大的雙胞胎諾亞（Noah）和亞撒（Asa）相見，光用「可愛」還不足以形容兩人——他們簡直可以去拍嬌生嬰兒洗髮精廣告。我們玩了每一個人最喜愛的節目。在與我的一段又一段的對話中，希利斯試圖表達對迪士尼智識環境的傾心，講述不同文化對於美的觀念，還有早期動畫界的師徒分工模式。這一切全都和他沒有任何關聯，也全未展現任何「希利斯特質」。坦白說，我們兩人似乎都被這種期待束縛了。這種「希利斯英年顯奇才，大院士樂園展雄威」的報導角度反倒顯得牽強，根本無法營造任何動人的體驗。希利斯數度語帶歉意，說他覺得似乎沒能提供任何可供我報導的素材。儘管可看出他是迪士尼趣聞的活百科，但這不能展現天才之姿，只能證明他做了功課。

原註：過三十九秒。這次的失敗經驗，令我想起希利斯爲取笑ＭＩＴ人工智慧實驗室（他曾在那兒待了許多年）而寫的某則公案：

有個他宗弟子往見人工智慧學者蓋瑞・德勒舍（Gary Drescher），時值用早膳之際。

「爲了讓你獲得快樂，我贈予你此則性向測驗。」

德勒舍取過紙條，放進烤麵包機裡，說道：「我希望烤麵包機也能同享快樂。」

幾個月後，等我更了解他之後，我才明白，把他擠進「以片刻代表全貌」的文學技巧，正與他一生作爲的核心精神相悖——因爲，他所作所爲的特點即在於重全局而輕片刻。從這層意義來看，任何關於他的報導都應該以他的整個生活爲背景來呈現這座萬年鐘，而不只是描寫此一時刻。

十二點十五分五十二秒 萬年鐘爲何會令未來學家如此困擾

或許，這座萬年鐘最重要也最具爭議性的設計原則，是它所採用的科技必須是「透明的」，也就是說，要能讓三千年後的人只憑雙手和肉眼便能研究出它是怎麼回事，就像我們可以看懂魯伯．戈柏格㊟機器的一系列運作方式那樣。它必須是「能弄懂的」。這是不錯的想法。爲了遵守這項原則，希利斯規定，整座鐘必須使用青銅時代的技術：它只能有機械槓桿、計數器、轉盤和動力系統，不能用電。其理由有二：首先，電不是透明的——你可以盯著一塊電

譯註：魯伯．戈柏格（Rube Goldberg, 1883-1970），原名魯本．路雪思．戈柏格（Reuben Lucius Goldberg），美國漫畫家。他最有名的漫畫是描繪以非常複雜及不可思議的程序（每道步驟還用字母編號）來做一件很簡單的事。譬如「簡化的削鉛筆機」有十幾道步驟，其中包括放風箏及啄木鳥。<http://www.rube-goldberg.com/>

路板瞧上一整天，仍然看不出它的運作原理；其次，就像希利斯樂於指出的，電路不過是執行二進位運算的媒介之一。在希利斯所想像的未來，電子裝置的命運或許就像今天的八軌錄音帶一樣，是早被淘汰的東西；運算則改由神經元或DNA或某種我們目前無法想像的東西來執行。他希望他的時鐘到了那時還能行走，所以他必須訴諸永遠透明的技術，亦即簡單的力學工具。

希利斯從小就喜歡做有實體的東西，對他而言，這種想法再合理不過了；但他的決定令其他未來學家非常氣惱——可是，由於沒有人願意具名表示意見，以免顯得對希利斯莽撞無禮，所以我在這裡不能直接引用他們的話，只能轉述其意。他們的抱怨主要在於，既然退回到青銅時代的工程技術，那麼希利斯所瞻望的便不是未來，而是過去。如果他相信未來將是後電子時代，那就儘管用後電子時代的媒介來造鐘，而不是回頭用前電子時代的媒介。他們認爲，如果萬年鐘所展現的是過去的科技，它只會讓我們想到過去。

我們不妨以亞歷桑那州的大峽谷爲例：從某種角度來看，大峽谷同樣也記錄了歷史。河川的侵蝕作用，就像是一種刻鏤了地質時間的計時裝置。從峽谷頂端直落到谷底科羅拉多河、長約一哩的垂直距離，是大地歷盡千劫的殘痕。但當你站在那裡，眼前的景觀讓你想到的是過去，是讓河流得以切出如此深谷的亙長歲月；你不會去揣想再過一百萬年後峽谷會有多深。同樣道理，萬年鐘所用的青銅時代技術，只會讓我們想起青銅的黃金時代（抱歉，用了這麼奇怪的說法）。自今之後兩千年，倘若萬年鐘依然矗立，它會讓歡慶千禧的人心中想起的，恐怕不是公元六千年的光景，而是公元二千年時的生活形態，並且令人納悶為何當初會有人想建造這東西。

迪士尼的明日世界也顯露出類似的衝突。由於每年翻新遊樂設施勢必所費不貲，所以迪士尼決定展出過去版的未來：一百年前的美國人所想像的二〇〇〇年是什麼模樣？五十年前的想法又是如何？表面上談的是未來，但主導的底層文本是過去——各個年代對未來的心態，他們所織造的未來景象，究竟是表達恐懼，抑或蘊藏希望。它所告訴我們的，其實主要是十年、五十年及一百年前的美國。

我最近一次拜訪希利斯時，有位模型工廠的想像工程師（"Imagineer"）才剛依照希利斯的設計，做好幾個滾珠時鐘（rolling-ball clock）。這些鐘是一呎寬、兩呎長的厚鋁板，表面上刻著左右交錯往復、呈銳角相交的溝槽。希利斯把一顆鎢鋼材質的鋼珠放在最頂端的溝槽，然後傾斜鋁板。鋼珠蜿蜒向下滑動，當它從一道溝槽滾落到下一道溝槽時，準確地定時發出清脆聲響。

人類製作滾珠時鐘的歷史已有四百年。歷代設計的時鐘，其溝槽深度總是相同的，如此遂造成一個問題：如果鋼珠下滑的速度加快，便會導致量度的時間有所偏差。希利斯的設計做了一個相當簡單的調整：他所刻鏤的溝槽深度是依照鐘擺擺動的軌跡；如此一來，當鋼珠速度加快，珠子本身的動能會把它帶上較陡的坡度，從而減慢速度。換言之，鋼珠會自我修正速度，維持運動的周期相等。希利斯向我展示的兩個時鐘原型，是四百多年來所設計出最棒的滾珠時鐘。

是很酷，沒錯；但，重要嗎？除了希利斯之外，它們對別人的用處顯然不大。你瞧，他是當代最具前瞻性的工程師之一，結果去發明一個在四百年前必定大有用處的東西。難怪令那些未來學家氣結。

然而我得趕快自我檢討。我應該要記得，對希利斯而言，研究發明的重點不在於實用與否，而在於其實體性。希利斯的滾珠時鐘自有一種怡人的優雅，有點像是觸覺上的擬聲語（tactile onomatopoeia）。我拾起一塊鋁板，放入鋼珠。它就像個謎，發人深省——它要我找出它的寓意。

十二點二十分三十九秒
這一切與迪士尼何干

兩者間的關係，恐怕令衆人大失所望。希利斯的薪酬是迪士尼支付的，而萬年鐘計畫則是由「漫長此刻基金會」（Long Now Foundation）所掌理。這是一個新成立的公益組織，辦公室設在舊金山市的基地區（Presidio）。迪士尼願意以收費方式向基金會提供技術人力，交換條件是等到萬年鐘完成，迪士尼有權販售複製品。這個計畫目前進行到驗證概念的階段——時鐘原型正在緩慢製作中。

接下來幾年，將會有多篇關於希利斯設計成果的文章發表。許多人都在密切觀察及推測迪士尼對它有何盤算。迪士尼之所以能在公開市場上得到投資者的強力支持，是因爲大家認爲它擁有用之不竭的內容素材（小鹿斑比永遠不會褪流行），但其實，迪士尼深深箝制了兒童的想像力。任何能夠暗示迪士尼三十年後長期走向的徵候，都會被觀察家仔細分析。就此來看，我懷疑萬年鐘的前途恐怕無法令人鼓舞。迪士尼並未把它當成收入來源來投資，在公司的預算書上，甚至找不到「萬年鐘」這一項。

十二點二十一分三十八秒
「連接機器」後來發生了何事

去年秋天，我去拜訪曾在「連接機器」時期，與希利斯共事的布魯斯特・卡勒（Brewster Kahle）。他目前經營亞列夏網際網路公司（Alexa Internet）與網際網路檔案室（Internet Archive），辦公室設在普列西狄歐區一幢老舊的白色木板屋校舍裡。他帶我去一幢廢棄的醫院建築，那裡原是供二次大戰時炸斷四肢的士兵等死的地方——對於我將要看到的東西，這倒是蠻符合的比喻。卡勒打開了往地下室的門鎖，引我走下積滿灰塵的階梯。走廊兩側是水泥牆，天花板雜亂散布著水管、空調風管及電線。卡勒一時找不到唯一一支日光燈管的開關，但還是有些微弱光線從天窗洩露進來。塞在樓梯下、擠在櫥櫃裡的是一部「連接機器二號」。電腦的高度是原設計人塔米科・提爾（Tamiko Thiel）的身高，長、寬則是提爾站直身子後，水平展開雙臂的尺寸。這「連接機器二號」像是由魔術方塊組成的魔術方塊，每個小立方體的前方面板還嵌上黑色的磨砂玻璃。一九八六年時，「連接機器」是速度遠勝其他機型、世上僅見的超級電腦，但才沒多少年，連插上了電源讓它動一動都不值得了。卡勒是爲了緬懷過去時光，才向耶魯大學買下這部機器。耶魯非常樂於淸出它所佔用的五呎見方的樓地板面積，一聽到他願出價五百美元，立即答應。

「連接機器」可執行在此之前無法想像的運算工作：預測全球氣候的變遷、尋找油礦、模擬兩個星系碰撞的瑰麗景象。但到最後——請記得，我是把三十六集肥皀劇的劇情濃縮成一小段文字——「連接機器」成爲自己卓越設計的受害者。因爲它實在太過獨特，從實用觀點來衡量，專爲它撰寫程式遂變得不切實際，而希利斯的心力又轉移到企業經營策略，下場自是一團糟。爛攤子花了幾年的時間才淸理乾淨，結局不脫一向的劇情：把還有商機的部門獨立出去，賣給任何願意接手的企業，另外找來幾個強悍而幹練的經理人，把公司從破產邊緣拉回來，轉型爲軟體公司。

十二點二十三分三十三秒

這位最傑出的工程師是否已對高科技失去信念

當我開門見山舉出例證，直接質問他這個問題時，希利斯回答：「這是一個好問題。」在他某次凝視天花板的冥想過程中，希利斯如此說出他的困局：

我們正在相變的過程中：
蝴蝶唯有在
最恰當的時機振翅，
才可能造成風暴。
——我努力嘗試了解——
我正處於生涯中，
不知該向何處振翅的時刻。

所以，萬年鐘的本意或許眞的是要激發我們，但也有可能（而且並不衝突）希利斯不自覺地藉此來讓自己復甦。

十二點二十四分零五秒

今天的希利斯是如何造就出來的

以下是希利斯童年的二三事，它們或多或少造就了今天的希利斯：

- 希利斯的父親是一位生物學家暨外科醫師，專門研究肝炎的流行傳染。肝炎疫情往往是由於飲用水遭受排洩物污染所致。A型肝炎可造成兒童臥病床榻一周左右，成人則可能致命。希利斯是在好些個第三世界國家長大的（蒲隆地、烏干達、印度、剛果），親眼目睹許多病童的苦痛。
- 他父親特別強調，人需專注於能夠拓展自我的課題上。他父母的朋友都是科學家及醫生，因此希利斯完全沉浸在一個鼓勵聰明才智的環境。他們居住的地方通常無法提供正規的學校教育，希利斯的母親教了他一些，但他主要是靠著自己的好奇心來引路。
- 最重要的，在他身邊沒有年紀較長的人隨時提醒他，這個或那個是不可能辦到的。譬如他研讀電晶體和電子知識之後，興致勃勃想一顯身手，這時就沒有人在他旁邊澆冷水。加爾各答沒有像無線電屋之類的商店販賣供業餘玩家組裝的電子套件，所以，年僅十二歲的希利斯拿了些小鐵釘、幾個乾電池、一塊三夾板，以及一些紗門用的材料，再結合日後成爲他註冊商標的化腐朽爲神奇的智巧，居然做出了一部可以玩圈叉遊戲（tic-tac-toe）的電腦。因爲缺乏資源，他必須從根本處開始，逐一解決問題的每個環節；他必須從最基本的觀念起，對問題有著透徹的了解——這也是他日後面對難題時，一再採用的解決策略。

・加爾各答，十三歲那年。父親把他引見給德蕾莎修女（Mother Teresa），修女告訴他，饑饉既無法防制，也無法停止，但她願把有生之年的每一天都用來減輕人們無以逃脫的磨難。希利斯的父親自願幫忙，但被修女拒絕了。她怕外界的援助會減低當地印度醫生的責任感。

十二點二十五分四十二秒

怎樣的東西算是具有希利斯特質

簡言之，希利斯的發明其實是屬於後設科技（metatechnology）的範疇。後設科技的目的，在於變更我們對科技的看法，就像後設小說（metafiction）或形上學（metaphysics）一樣，它是藉由拓展媒介本身的定義來達成此一企圖。「連接機器」撼動了對大腦的研究，它質問：何時大腦才成為大腦，而何時它仍只是一部電腦？他的某些有趣的發明（譬如玩圈叉遊戲的電腦）質問我們：它究竟是玩具，抑或是件機械工藝的藝術品。他幾乎總是用不尋常的材料，用機械來模擬數位電子裝置，或用電腦來模擬生物演化。訪問期間他正在寫書，書中有一章描述如何以水管取代電線、以水流取代電流，如此即可用水管管路做出電腦。

他的發明改寫了下列數項根深柢固的科技假定：

- 數位電腦必定是電子的
- 電子裝置或多或少是非實體的
- 任何機器必定只能使用某種特定媒介
- 科技是令人望而生畏的

十二點二十六分四十一秒
矽谷的眼界是否太過淺短

批評一個全力傾注在近期未來的產業太過受制於眼前，似乎有點奇怪。高科技業裡，有太多公司目前都是賠本經營，只冀望將來能夠獲利；我們實在很難責怪這個產業太重視賺錢。的確，驅策人們的誘因是金錢沒錯，但也正是金錢讓他們更勤奮工作，也就因而促成未來提早到來。對於希利斯所提出的批評，矽谷普遍觀感不佳。

Broderbund公司董事長，同時身兼「漫長此刻基金會」董事的道格拉斯・卡爾斯登如此解釋道：「這個產業的最大隱憂在於：由於摻入了各種短期的經濟考量，它遂淪入了爬錯山的老問題當中。你頭也不抬、不斷往山上爬，但等你到達山頂、四處眺望後，發現不遠處有一座更高的山。而你必須先走下山谷，才能到達那裡。這就是所謂的『區域最佳化』（local optimization）問題。我們永遠都冒著整個產業網張得不夠大的危險。」卡爾斯登希望萬年鐘能啓發人們改變這種習性。

根據希利斯的看法，某些問題是無法在三年之內解決的，而人們天生又是不去處理無法在自己手裡解決的問題。如果能拓展人們的視野，許多挑戰會再回到衆人的關注範疇之內。只要想想微軟對整個產業的箝制：創投資金只願投資於遠遠避開微軟勢力範圍的新創公司，諸如此類的。在可預見的將來，這種現象不會改變，而對於一個以五年爲期的創投基金而言，這也是相當合理的決策。但倘若我們能把眼光放遠到十年後，屆時Windows的霸業或許不再，如果抱著這種心態，那麼就可以想出各式各樣極具原創性的藍圖。

希利斯希望能以身作則，挺身躍入未來之境。建造萬年鐘的行動，若非極度自負，便是極度謙卑，但答案還在遙遠的未來，目前尚難判明。

十二點二十七分五十二秒

某些看似無關的事實，或許可以闡釋萬年鐘的意義

・一一六三年，教宗亞歷山大三世爲巴黎聖母院奠下第一塊礎石。負責的匠師包括謝樂（Jean de Chelles）及孟特（Pierre de Montreuil）。匠師通常把畢生心力都奉獻於建造教堂上，他們的兒子、孫子，乃至曾孫、玄孫……亦然。直到十四世紀，巴黎聖母院才在他們的後世子孫手中完成。

・一九五三年，華特・迪士尼（Walt Disney）說服哥哥羅伊（Roy）爲他募集資金，建造一座主題樂園。華特構想出一座稱爲「明日世界」的展覽區，裡面有登月火箭、有聲控家電用品的遊樂屋，還有供迷你車行駛的迷你高速路網。在當時，原子彈隱隱有毀滅一切之勢，我們社會瞻望未來的能力也因而受損。科技的惡果，即使再小，終不免泯除社會中的人性成分。「明日世界」改變了一切，對於科技所能編織的未來社會，它提供我們一幅美好景象。

・一九七一年，經過了十多年的太空探險後，NASA發布了一張地球全景的彩色照片，圖中的地球就像一顆碩大的藍色彈珠放在黑色背景上。雖然只是一張照片——它的實

用價值就像希利斯的萬年鐘一樣低——它的象徵意義卻強大得不可思議。它幫助我們調整心態，重新認識到地球原來是如此渺小、珍貴而脆弱，而並非一向以爲的廣大且可任人漫無止境地掠奪。這張單純的地球照片，遂成爲環境運動的象徵。

• 一九九一年，美國能源部指派一組專家，研究如何爲美國的第一座核廢料永久置場——位於新墨西哥州的卡爾斯巴（Carlsbad）附近——設立警告標誌，以提醒後世子孫。根據環保署的規定，「永久」係指一萬年。「廢棄物隔離前導試驗場」（Waste Isolation Pilot Plant）的設立已有二十年。環保署選擇在維持穩定狀態已達兩億年的鹽床上挖掘坑道，寄望由鹽分自發的緩慢移動可以把坑道回塡起來，從而把貯存桶封固。最近，能源部選定了一項方案：堆築一座三十三呎高的土墩，牆內以花崗岩石碑刻上警告圖案以及數種語言的警示文字。土墩經過漫長的侵蝕，會逐漸露出雷達反射器，或是可供遙感探測器偵知的永久磁性物體，以告知人們石碑的存在。如果侵蝕作用比預期嚴重，他們準備把一座花崗岩的危險警示亭埋到地下。

十二點三十一分零四秒

爲什麼在想像工程的工作會令希利斯重獲青春活力

希利斯小時候，父母答應帶他去迪士尼樂園，是要他整理床鋪、拖地或割草時所用的手段。他要累積足夠的點數才能去玩各項遊樂設施。但最令他難忘的經驗發生在一九八四年：爲了拿到學位，他需要撰寫關於「連接機器」的博士論文。當時他和另外六個人一同住在波士頓的某間閣樓，而且才剛創辦思考機器公司（Thinking Machines），所以他的生命既擁擠且嘈雜。有一天，他跑去波士頓國際機場，搭上開出的第一班飛機，結果班機是飛往佛羅里達的奧蘭多。於是隔天早上，他從渡假旅館步行到迪士尼世界，坐在一張面對灰姑娘城堡（Cinderalla Castle）的木質公園椅上，開始認眞工作。

臉上沾了棉花糖的孩子們跑過來，請他幫忙把糖屑拿掉。德國觀光客請他幫忙拍攝他們與唐老鴨的合照。遊行隊伍通過，號角齊鳴，鼓聲咚咚。這一切可令他分心？一點兒也不。在迪士尼的語彙裡，灰姑娘城堡前的噴泉是全景視點（panopticon）——可以遍覽一切事物的位置——而這正是希利斯寫博士論文所需的地方。他第一天就寫完了整整一章；第二天他又回到同一地點。七天內，他用了七本筆記本，寫完了七章。

希利斯內心其實是個大孩子。他不只一次跟我說：「成人，只不過是懂得守規矩的孩子。」遊戲一直是他創造過程中的重要成分。他唸大學時，就爲布來德力（Milton Bradley）設計玩具，後來還參與設計了第一顆電視遊樂器的繪圖晶片。還待在思考機器公司時，他在樹屋上開會，而且開消防車上班——起先開的是城市用的福特雲梯車，後來則換成一輛車型較小、二十五年車齡的道奇水泵車，是他在拍賣會買下來的。希利斯認識幾個馬戲團小丑，每當他們來城裡表演，他會開著消防車，在馬戲團遊行隊伍的最前頭開路。他還有一輛水陸兩用車（Amphicar），他買的那一型，只在一九六〇年代初期生產了一、兩千輛。遇到天氣好的日子，他會和卡勒、費曼（Richard Feynman）和明斯基等人爬進帆布座椅，一邊討論禪學，一邊把車子開往麻省劍橋的紀念路（Memorial Drive），到了橋頭，他們卻不上橋，反倒轉彎開到草地上，駛下河堤，噗通進了查爾斯河（Charles River）。就像會變形的飛天萬能車（Chitty Chitty Bang Bang）一樣，下水後，水陸兩用車後軸上的推進器會自動咬入，於是當車子在查爾斯河上漫遊的同時，他們的對話則毫無窒礙地轉入神經網路。

我以爲，最具原創性的人會把迪士尼視爲創造力的大敵。大多數藝術家的創作過程涉及了剝除生活的虛像及幻想。他們的藝術講究的是坦誠以告，而迪士尼樂園卻是一個巨大的、樂觀的謊言，是一首我們自吟自唱、以忘卻現實的歌曲。馬莫（David Mamet）在文集《某些怪人》（*Some Freaks*）裡，一針見血地指出，迪士尼是在販賣超我（superego）——一種覺得自己很優秀，而且絕不會做錯事的感覺。

我有時會回想起和希利斯同遊迪士尼樂園的日子。那是我自己覺得很失敗的一天，因爲那天什麼都沒發生，沒有浮現衝突，沒有戲劇性的張力。關鍵就在於：待在主題樂園裡，小孩帶在身邊，希利斯覺得再安適不過。既然自小親睹太多受苦的兒童，我們又何需訝異，他會在身邊有快樂的孩子蹦蹦跳跳時最感自在？我們何需訝異，有著粉紅臉頰的各國小朋友快樂歌唱的「世界眞細小」（It's a Small World），是他最喜歡的遊樂設施？我們何需訝異，當他邁向中年，他需要再回到全景視點，回到那個可以遍覽一切的位置。

就像希利斯說的：「我剛來這裡上班的時候，有一天我問有沒有降落傘套帶（harness）。沒有人反問我爲何需要降落傘套帶，他們只說：『什麼尺寸的？』那時我就知道我來對地方了。」

十二點三十四分四十六秒
明確敍述希利斯心中所描繪的萬年鐘景象之一

你在一個高溫、乾燥的沙漠邊緣，或許是在峽谷之間、與世隔絕的舊湖床。又或許你是在舊金山的基地區，或者在聖塔菲上方的矮松林[註]。

原註：過一分十四秒。漫長此刻基金會的董事會曾一度難於決定某些關鍵事項，譬如應該把萬年鐘設在何處。他們收到一大堆提供意見的電子郵件。每次我拜訪希利斯時，他的主意多半又變了。最近一次他說他將退出此事，完全交由他人決定。倘若萬年鐘的設置地點是交給像我們這種眼界僅及此生的人來決定，結論應該不難得出。但此一決策的意義實在太過重大，他們還不曾做過影響如此久遠的決策，以致不肯輕易決斷。他們當然很清楚，他們的處理程序迥異於矽谷的習慣。後者往往在頃刻間做成關鍵決策，而後果却必須永遠承擔。舉例來說，Windows 至今仍然架構在 MS DOS 上。然而，倘若不是有他們自我設定的二〇〇一年完工的壓力，難保他們會做任何的重大決策。

你看到遠方（可能在沙漠中、在多層台階上，或在山頂）有一座金字塔。不是龐大的金字塔，還沒有大到會讓你驚呼，但會引起你的興趣，吸引你前去探險。或許，你來到這裡，是由於某種一年一度洗滌心靈、表達感恩的儀式；或許是某趟企業主管的渡假會議，而這只是在那些由一天拿一千兩百美元的創意顧問所主持的密集腦力激盪之前，先出外散散心而已；又或許你是在朝聖之旅來到這裡，試圖藉此治療離婚或失親的創痛，期望你的眼光能穿越現下的危機，看到未來；再或許你是巴士上的平凡觀光客，只是想瞧瞧《勇闖天涯》（*Lonely Planet*）旅遊書上稱爲「猶如李瑞（Timothy Leary）藉由迷幻藥開悟的心靈實驗」。

在希利斯心中，有一條小徑通往金字塔。小徑上的每一片石板各代表歷史記載上的一年，或者每一級台階代表十年。走到金字塔需要花上比你預期還久的時間，因爲路徑像是靜思迷宮一樣的曲折往復。起初，你因爲覺得受騙而有點氣惱，有點想抄捷徑以儘快到達，但路上另有行人，同儕壓力迫使你遵守規矩。此時你的「超我」卻介入了——你不想覺得自己被同儕壓力操縱，所以你說服自己相信，你之所以願意照著路線走，是因爲你眞的喜歡這種靜思方式。爲了尊重群體的沉默氣氛，你不多說話；就像教堂一樣，不需旁人提醒你輕聲，一切自然明白。等你走到了盡頭，到達金字塔塔底後回望來時路，頓時了解：最後一段路，其實是這一條代表你一生的里餘長路的一小部分。你知道，此時你應爲此而生謙卑之心，然而謙卑得來不易。

你至少帶了兩樣東西：一塊磚、一把手電筒。每一位訪客得在金字塔的周沿放上一塊磚，這是爲了教導你：累積衆人之力，可以成就莫大志業；只要有夠多的訪客每人帶一塊磚來，不消幾年，金字塔的高度即可倍增。當然你要多帶一條巧克力也無妨。你仿照前一位訪客脫掉鞋子，而他又是依照在他之前的訪客。有人告訴你，這是爲了避免把塵土帶進塔內。你經由角落進入金字塔，並且打亮手電筒。甬道只有幾呎寬，側牆是石砌的，若要再往前走，你必須鑽進一個窄小的開口㊟。

在這座金字塔裡，牆壁的任何地方都傳來緩慢、深沉的心跳，彷彿你是在某種動物的體內。但是心跳速率比你自己的心跳還慢，大約只和你的呼吸頻率相當。它會拉長你的呼吸，從而也使你的脈搏變慢。裡面的空氣冷而乾，適於保存物件，但它有夜總會裡那種乾冰氣體的刺激味。甬道或許向前延伸一百呎遠，但因光線太暗，所以你不太確定。你把手電筒指向遠端，看到對面的開口之後，有個龐大的東西橫掃過去；那東西掃過的頻率，似乎與緩慢的心跳相應和。你猶疑著一步步摸索前進，到達盡頭後，你發現橫掃而過的是一個鐘擺的擺錘。

原註：過十八秒。希利斯在此顯現了他的迪士尼筆觸——創始人老華特極爲在乎門檻和視線，他會非常用心地經營你進入他的世界的那一刻，而且一旦進入，便再也看不到外面。

鐘擺㊟本身非常高，高到根本看不到頂端。

你可以隨意探索。你開始攀登一系列的房間，每一間代表一種不同的時間架構。希利斯希望訪客或許能在塔裡待上整天。

第一間，是正常時間，也就是我們一般習慣的時間。房間的牆上有一個帶有時針和分針的正常時鐘。

下一間，是月亮盈虧的周期；房裡有一面圓盾以月爲周期，圍繞著一個半球體旋轉；隨著它的轉動，半球體或隱或顯。圓盾需要一個月的時間才能轉完一圈。你說道：「原來如此。」

然後又進入下一間，它呈現的是年。這裡是主鐘的動力系統，它們是十呎高的雙螺旋裝置。雙螺旋的曲道裡是一個下滑的砝碼，它需要一年的時間走完全程，它的下滑產生了驅動時鐘的動力。時鐘需要每年「上一次發條」，方法是旋轉曲柄，把砝碼推回到雙螺旋的頂端。

再下一個房間，地上放了一個直徑三十呎的巨大石磨。這個石磨僅供旋轉一圈，而轉完一圈的周期是七十八年。你花了一個小時在質地柔軟的石上刻下姓名縮寫，而如果你在十年

原註：過十八秒。在首府華盛頓的國立美國史博物館，有一個類似的六十呎長鐘擺，從天花板懸吊下來。希利斯曾經待在那兒觀察它對人們的作用。同樣一個家庭，即使他們的小孩會拿歷任總統的半身像當障礙物來蛇行跑動，而且只有抓著爸爸的衣緣花三秒鐘瞥一下「獨立宣言」的耐性，却能在鐘擺的正下方停下腳步。他們可以安靜站在那兒幾分鐘之久。希利斯說：「它似乎賦予人們放慢步調的許可權。」

後帶著小孩回來，你可以指給他們看，名字只移動了幾呎。先前幾代的石磨則會斜靠牆面放置。現在你已經在塔內待了不少時間，應該會想上廁所，而且你想了一下也認爲應該先去一下廁所，因爲你沒把握能夠撐過接下來的萬年房間。

你一路爬過時鐘的複雜機件，其中包括許多大型的機械裝置，偶爾還有栓子滑進、滑出，或是某個零件在轉動。現在你已爬到了足夠的高度，向外望時可以看到整個鐘擺，往下則可看到訪客進入最底下的第一個房間。金字塔的屋頂有一道容許光線進入的縫隙，但是只有正午時分的陽光才能直接射入。進來的光束會經由透鏡，聚焦在由黃銅與鎳鋼（invar）夾成的三明治式的金屬片。黃銅的吸熱速率比鎳鋼快，因而黃銅的一側膨脹，導致金屬片彎曲，其幅度剛好足以觸動機簧，讓時鐘校正時間，倘若它在前一天增快或減慢了幾秒，正可趁這機會調整回來。

你的大腦不會想要懂得一切細節，但意思你應該明白：他們期待，當你的人在那裡的時候，你會去思考你的一生。不是考慮在當天、在當年要完成哪些事，而是眞的去想想生命的巨幅擺盪。你可有一輩子的生涯計畫？你可曾想過十年後你會在哪裡？坦白說，答案是「不」，但或許你的思維立即有防禦性的反射動作：「那又怎樣？我向來沒有計畫，不也過得很好？」然而，不會有人聽你這麼說。或許你想離開，可是和你一同進來的人似乎還想多待一會兒，所以你只好坐下枯等，直到有個念頭突然浮現：「好吧，爲了配合此地的情境，姑且就說我有個十年計畫。那麼，計畫裡會有什麼呢？」離去時所走的是另一條路。路上的每一片石板代表未來的一年。如今，你多少有點溶入它的情境，或者更可能的情形是，你心中正在草擬幾句聰明的評語，好在結束後跟朋友討論。或許你在想，該如何跟沒來過的人描述這種經驗。你會發現自己認爲，即使這種經驗並不符合平常認爲的虜獲人心，但它的確是獨特的。最重要的是，你來過了，而且也可以說你已辦到了。短期內，你甚至不會感受到衝擊。或許得等到幾年之後的某個深夜，在一個有酒助興的聊天場合裡，當你試著向別人解釋，想要知道該不該跟約會對象結婚是多困難的事，天啊，簡直是個關乎永恆的決定，於是你突然發覺自己談起曾經造訪過萬年鐘，用這次經驗作比喻，爲你的懸而未決尋找藉口……

十二點四十一分四十秒

關於希利斯未來動向的一些臆測

目前的處境有一些內在的不穩定因素：希利斯的個性中具有強烈的實驗傾向，而迪士尼必須迴避風險以保護品牌形象，這兩者之間存在著緊張關係。儘管迪士尼讓它的想像工程師放手去玩，但倘若未經過三重官僚體系檢查通過，它是不會讓這些人輕易離開工廠的。希利斯是一個實作者。我預期，哪天迪士尼沒辦法說服希利斯放棄某項計畫時，也就是他得另尋舞台的時候。

來到迪士尼並不是他的新工作，從許多方面來看，這舉動都是一種精神上的回返。同樣的，謠傳昇陽微系統想找希利斯過去擔任科技長，而且據稱有人目睹他和史考特・麥尼利以及權力掮客約翰・多爾三人，在迪士尼的「愛麗絲夢遊仙境」遊樂區中，同坐在一隻旋轉咖啡杯裡。如果傳言屬實，而且倘若事成，那麼它仍可算是回返：三年前，當「連接機器」的存活希望日漸渺茫時，它的硬體小組投奔昇陽。那些工程師大部分仍待在昇陽。

希利斯的許多朋友把他視為一項不容浪費的自然資源，他們認為他是一個攸關國家利益的個人智庫。他們希望能讓希利斯率性而為，卻又覺得他們有一分看顧他的道德責任。這就是為何有人會對現況如此痛心——他們覺得，希利斯本該設計一些眞正重要的東西，但他進了迪士尼，把中年生涯虛擲在這座時間的紀念塔。另有一些人直覺認為，不論萬年鐘重不重要，他在迪士尼的日子該視為復原期。無論是彌補他自小在海外長大而未能得到的童年，或是把他從思考機器時期的財務問題隔離開來，迪士尼都是他生涯中的重要一步。

我初次遇見希利斯時，他剛進迪士尼，也才剛開始接受有人參與萬年鐘的運作——如果眞的造得成，這座鐘最好是用人力「上發條」。在此之前，他所構想的裝置都不需讓人碰觸，不必用到監護人，免得像他的「連接機器」一樣，多多少少是被人搞砸的。然而迪士尼樂園畢竟是把笑容掛到他家雙胞胎臉上的場所，他在迪士尼兩年的最重大收穫，便是他又重拾對人的信心。如今他的思路已回到原位，畫成一個完滿的圓：他現在堅持，時鐘必須由人上發條。人們得要參與它的運作，否則他們根本不會在乎它。

若能讓希利斯重拾起對人的信心，那麼這一切都值得了。許多人相信，只有在他關心人們時，他才能造出眞正對人有用的機器。所以，猶如把邏輯不通的思路再硬拗一趟，他們承認萬年鐘計畫或許只是浪費時間，但浪費時間或許正是他目前需要的，因此這裡的浪費其實並不是浪費。

有位希利斯的朋友相信他在迪士尼有點像是重回學校，補修一門從沒學過的課：流行文化。

我相信他的動機是對的，只是研究課題錯了。在迪士尼，希利斯學習的是耐久性。他的無法預見究竟是什麼能讓東西耐久，導致了「連接機器」儘管設計卓越，卻仍不免被淘汰。這問題令他困惑，不時啃噬著他。所以，就像一個好工程師，他走出來，向迪士尼學習，畢竟這家公司可以讓一隻簡單幾筆畫出的老鼠風行七十年不衰。萬年鐘正是明顯昭告他對耐久性的著迷。

十二點四十四分三十九秒

我的感想

我這一陣子幾乎全部的時間都待在矽谷，從這經驗中所得到的少數結論之一是：矽谷再也不像以前那麼有趣了。仍然有瘋狂、令人昏頭轉向（亦即有趣）的事情會發生，但是難得有幾個矽谷人還記得如何好好享受一番㊟。

牽涉的利益太大，可用的時間太短。

所以，批評高科技業太過短視，或許有點不公平，但我相信我們很可以批評它過於依賴電子郵件轉寄的笑話和呆伯特漫畫來得到每日的笑顏。就我個人來看，這才是高科技業前景的最大隱憂，如果它變得不好玩，我們的創造力就會變得公式化而且乏味。

布魯斯特・卡勒告訴我一個小故事。希利斯剛結婚時，他太太有一輛保時捷。希利斯坐上駕駛座後，所問的第一個問題大約是：「好了，我們可以拿保時捷做什麼？」既不是「要開去哪」也不是「去哪兒炫一炫」，而是「可以做什麼」，一心想著可以拿保時捷來做什麼物理實驗。他們辯論，如果把充了氦氣的氣球放在坐位上，那麼在跑車加速時，氣球究竟會往前移或是往後移？（因為氦氣球比空氣輕，所以當飛馳的跑車把空氣往後推時，氣球便被擠向前。）

原註：過十七秒。永遠會有人堅持說，努力工作本身就是樂趣所在，也永遠會有人是在長期的無趣工作之後，藉由找樂子來舒緩壓力。這些都不算數。

希利斯仍能找出挑戰大腦的方法來耍耍。爲了好玩，他最近在買賣外匯期貨——噢，很簡單，就是那種德國馬克對日元匯率的期貨，諸如此類的平常東西。

不管萬年鐘造不造得成，也不管社會會不會認眞看待造鐘計畫，丹尼・希利斯仍會是令我著迷的人物。他是我所見過最純粹的工程師，遠非任何人所能企及；倘若我們把工程師定義爲製作器物品的人，那麼，他是一個在哲學意義上近乎完美的工程師。然而他也是哲學家，他那渴求知識的巨大心靈會讓人迷失於其中，永遠找不著出路。他曾是全世界最快速電腦的發明者，但他現在似乎在造一部全世界最慢的電腦，一個每天只挪動一下的機械裝置。他的思慮可以緩慢如冰山，專心從事一項他無法親見完成之日的計畫，然而他又是一個絕對能夠活在當下的人，從不放過一個能夠體驗新事物的機會(註)。在所有辯論著希利斯應不應該造鐘的場合，似乎從來沒有人質疑他是否有此能力。我想這樣最好。

希利斯令我想起黏土動畫角色 Wallace 和 Gromit 爲了多弄點抹餅乾的乳酪，於是下到地下室造起了登月火箭；沒人告訴他們那是辦不到的，誰都不能阻擋他們。希利斯坦承，他不

原註：過二十七秒。有一次與他見面時，希利斯說他要研究出數種製造高空煙火或高空字幕的無污染方式。爲此，他需要知道飛船引擎會發出多大的聲音，所以他邀我搭一趟飛船，我當然去了。典型的希利斯作風：他很可以打電話向固特異公司詢問引擎音量，但他不願放過任何可獲得第一手經驗的機會。

8

革命尚未結束

矽谷的變遷如此快速，以致於我才剛描述完它的許多要素，便得再重新審視它新換的面貌。前集都還沒結束，續集就已經開始，書尚未完成，已經是開始修訂的時候了。

且讓我告訴你矽谷像什麼：你可知道那種賣得太貴的 Revere Ware 牌特大號的銅底煎鍋？矽谷周圍隆起的山地，就像鍋子的外緣。而在燃燒大把鈔票所產生的熾熱高溫下，裡面的任何人與物都熔成一鍋沸騰、滾燙、冒泡的燉肉。波士頓就像一桌安排得很清爽、盛在瓷器碗盤裡的四菜一湯，而西雅圖像一大塊微軟烤肉，紙盤還掉出了幾粒正在化霜的豆子。至於加州的矽谷，它不只是一鍋燉肉，而且是一直在爐上煮著的燉肉；肉汁溶在一起，歷史相互糾纏，而來自全球各個角落、追逐高成就的冒險者又爲它加上香料。熱氣從地面上蒸騰起來，把它整個兒扭曲成一個泥土色調的稜鏡。縱橫交錯的高速公路穿越過超大型的工業園區，以及蔭涼的三房二衛浴牧場式住家，偶爾還可望見遠方炙熱、焦枯的土地，它們是受保護的自然棲息地，用來容納那些好鬥成性、愛搜刮垃圾筒的土狼。附近一帶最高的地標是輸電線塔及電話線桿。眞正的工作，都是由窩在隔板小間、兩眼緊盯螢幕的人，在無聲無息之間完成的。每個人都努力想創造出前所未有的事物。而即使我們可以通宵達旦辯論這些新事物的實用性與重要性，我仍相信：甘冒失敗的風險去創造，才能眞正享受活著的感覺——就在創造發生的一瞬間，他們擺脫了沒沒無聞的處境，感到自己也成爲推動世界前進的一分子。

可別以爲只要把一堆工程師、創投金主、獵頭族及電子商店一起攪拌，把他們浸在錢堆裡烹煮，便可以依樣熬出這鍋燉肉。矽谷是獨一無二的。沒錯，附近的大學非常優秀。沒錯，加州的勞動法規讓員工可以近乎隨心所欲地，在不同公司間跳槽。沒錯，它的氣候吸引了許多優秀人才從寒冷地帶前來——只不過大多數衝著氣候而來的人，反倒因爲工作太過努力，以致沒什麼機會見到陽光。

這些常被提及的「矽谷優勢」理論所未能傳遞的，是這個地方在長達五十年的高熱環境之下所進行的演化。競爭，培養出面積達八個足球場大的電子產品商店，培養出二十四小時營業的電子產品商店，也培養出可以一邊購物一邊自助洗衣的電子產品商店。這裡有專門投資繪圖晶片的創投金主，有只接受外國資金的創投金主，有寫書的金主，有擔任社會學教授的金主。說到獵頭族（headhunter），這裡有只經辦新加坡籍 Cobol 語言程式師的獵頭人，有專挖玩具公司中高階主管的獵頭人。不止如此，我最近才知道，有一家人力仲介公司的專長是幫其他仲介獵頭公司找人。這太詭異了。程式設計師有經紀人，技術文件作家積了三本手冊的稿約。再來，有一家成長速度名列前茅的公司，它的產品是協助軟體公司處理技術支援的軟體——倘若你沒有讀出此事潛藏的寓意，且容我再多絮叨一番：因爲這裡的軟體公司數目太多太多了，所以即使專賣軟體給它們，也能成爲成長最快的軟體公司。這在數學上似乎不可能，但實情不然；原因在於高科技公司會毫不遲疑地採用任何可以提高他們效率的東西。他們也最好如此，因爲這個市場的競爭激烈得嚇人。

請隨我一同到矽谷四處逛逛。讓我們瞧瞧某些最近出現的高度演化的物種。讓我們親身體會一番，爲何這部經濟引擎別處複製不出來。讓我們來了解，即使沒人再相信他們是革命性的，但革命仍在進行中。

「就一個詞：腎上腺素！」

——某則徵人廣告的全部文案，係由一家矽谷公司刊登在《史丹福日報》上。

陽光谷

我在某聚會上遇到一個有著都會樵夫外貌的年輕人，他最顯眼的特徵是一星期未刮的鬍渣。他的雇主 PowerAgent 燒掉兩千五百萬的現金，結束營業，解雇全體六十位員工。他已經窩在家中「快三個星期——噢不，十五天」，他很快更正。他開始因爲覺得自己太過頹廢而失去自尊了。那天上午他到聯邦大樓的就業服務部門，辦公室空盪盪的，十五個窗口只開了兩個。心裡對就業市場現況有了個底，便轉身離去。他想他在下周會去挑個工作。這是他的用字——不是開始面試，不是有人給他工作機會，而是他要挑一個，彷彿工作機會是擺在街角書報攤的周刊，而他要做的只是在去咖啡館的路上順手挑一個起來。於是我想，他或許已有幾個工作機會了。

「噢，當然。」他回答。心有所感似的淺笑幾聲，他很清楚能活在此時此地是多麼幸運。他是商學院的畢業生，已有整整六個月的行銷經驗。儘管他的經驗是得自於一家燒掉兩千五百萬美元創投資金、而且沒能闖出局面的公司，但這似乎並未影響他的行情。

我在啤酒桶旁，遇見一位才剛投資了一家網路公司的創投金主，公司的業務是設計一種能從大型求職網站抽取履歷表資料的軟體。在我聽來，對目前這個時代，這眞是不折不扣的新創：它對一個一年前根本不存在的特定問題，提出良好的解決方案。它還是非比尋常的獨特：你眞的能靠從求職網站抽取資料來賺錢？當然可以！在矽谷，賺錢的路子多得令人咋舌，也由於聊到這點，他跟我提起了「隔板人」（Cubicle Guy）。

「不是隔板，是隔間構件系統。」當我去到他公司，才剛坐下來他就更正我的說法。「隔板人」買賣二手隔板建材。他用極低的價格從倒閉或搬走的公司買來隔板，再把它們賣給新成立或擴編的公司。他是靠流動率賺錢。一個二手的隔板單元價格兩千美元出頭一點點，只比新貨的半價略貴一些。他的生意很好。他隨身帶著呼叫器，因爲任何時刻在舊金山半島的某個地方會有人找他去估價。

「我不是唯一一個賣隔間系統的人。它就像在追救護車：第一個抵達現場的律師搶到生意。我在報紙上找裁員的消息；注意哪家的股票跌了，看看誰有可能縮編；也找做房地產的聊天。」所以矽谷的「隔板人」不只一個，而是有幾個，搶生意搶得頭破血流。演化就是這麼回事。

在這場井井有條的革命中，「隔板人」是其中的一個奇特成分。這些支援系統讓「冒險」這件事感覺上變得沒那麼危險。想挑戰現狀，你再也不需非常勇猛頑強，再也不需當造反人物，只要有個點子就行了；不過最好儘快把想法付諸實踐。因爲刺激你的大腦蹦出想法的社會趨勢，同樣也會刺激你的對手的大腦蹦出相同的想法。所以這兒有一套完整的服務網路（「隔板人」是其中一份子），來協助你快速起動。如果要我想出一句口號，來說明在這裡開公司有多麼容易，它會是「插上電源，即可使用」(plug and play)。

「隔板人」說：「我知道有個律師，他是某事務所的合夥人。他們只要跑一個巨集程式，就可以替一家新創公司做出所有法律文件。巨集會把公司名字加到正確位置。按個按鈕，印出你的公司，然後在畫線處簽名。」這個故事我聽過太多次，它已成爲都會神話。

「隔板人」帶我去看他的倉庫：一萬一千平方呎（約三百零九坪）；若考慮到隔板的尺寸，這樣的空間並不算大。他解釋：「貨進來後，很容易就可以銷掉。」他在這裡清理隔板，然後運出去。

許多運進來的隔板上仍有鑿痕與塗鴉，在外表覆布及板牆之間的縫隙裡，也常藏著小祕密。板子上仍釘著傳單及便條。這些東西現在都釘在「隔板人」庫房的一面牆上，它成了矽谷微小顛覆行動的一座私人博物館。有女友照片、加上護貝的單格漫畫、成績良好的工作考績表、一文不值的購股權合約、一張列出六點理由的「我爲何賣命工作」清單。

塞在他長褲後口袋的手機響起，「隔板人」得幹活了。「隔間材的高度是五呎還是六呎？呃—哼。褐色？是麥片的褐，還是馬尼拉紙的褐？好的。拜託幫我一個忙，麻煩看一下T形接頭，就是三片板子接合的地方。它是一體成形的T字，還是三個等長的支臂？呃—哼。它的牌子可能是Versys。……」他把手按住手機，瞧我過來。我對他點點頭，放他專心工作。

如果細究這一行，你會發現隔板高度在近來可是大事。六呎高可以保護隱私，五呎高可以讓人們做所謂的「土撥鼠式探頭」(prairie dogging)，促進團隊默契。據建築設計師普利摩・奧比拉(Primo Orpilla)表示，目前的趨勢傾向後者。奧比拉和維達・亞歷山大(Verda Alexander)合開了一家叫做O+a設計(O+a Design)的公司，他們憑藉著最近流行的「上市前外觀」(pre-IPO look)的工作空間設計，已經在市場佔有一席之地。在他們爲任何一家新公司設計辦公室前，都必須和員工開會以建立重大共識——採用何種隔板高度。亞歷山大解釋：「你必須先**收買人心**。」

O+a設計之所以如此搶手，是因爲「上市前外觀」很容易出岔錯。奧比拉說：「它是一種細膩的平衡。一方面，他們不希望看起來像是爲了辦公室燒掉太多鈔票；另一方面，一個很酷的工作場所確實有助於招募人才。」

他們仿照「舒適食品」的流行趨勢，把他們的解決方案稱爲「舒適設計」。何謂舒適設計？

角窗的位置不當副總辦公室，而是擺設沙發，設置成交誼空間。任何可以做成自由曲線或斜一個角度的牆，都好過直角相交的平板牆。建築物的內牆裝修可以剝掉，露出風管、磚牆及粗糙的木材——「員工希望看到建築物的歷史。」奧比拉如此說道。或許是爲了平衡他們公司朝生夕死的本質吧。

奧比拉坦白指出，矽谷是一片隔板的汪洋，然而隔板不是人，並非所有隔板都是生而平等的。除了傳統灰色布面的板牆，O+a 隔板可能有一面牆整個是白板，以供腦力激盪之用；另一面牆是金屬材質，上面吸了幾塊吸鐵；第三面則以軟質木板製成，可用來掛些小東西。對於那些正在挑選新世紀科技熱門趨勢的未來學家，我有個新聞要告訴各位。據亞歷山大表示：「做出一個價格上負擔得起的隔板門，有點像是空間設計界目前的聖杯。」

庫普提諾

我們很難辨別這裡的人到底介意金錢到什麼程度。他們是高成就的競逐者；他們想成功，他們想贏。對於這些競逐者，金錢是意外發生的副產品，是一種副作用——不管金錢是不是督促他們的原動力，總之還是得到手。它就像落建（Rogaine）生髮霜，一旦吸收進體內，不但可以生髮，也可讓你重振男性雄風。誰能分辨得出男人猛擦它的眞正原因？

我要說的是：矽谷的人對於錢可比其他地方更要直來直往。每個人都會覺得，該他們的，一個子兒都不能少。任誰都想打出一支飛到外野上層看台的大號全壘打，然後從此再也不必爲錢煩憂——也就是說，他們希望的狀態是不必在乎錢，但要達到這個境地，他們先得在乎。

儘管如此，錢買不到敬意。錢太泛濫了，根本唬不了人。而且這裡有太多門道，可以讓人賺到無論就才智或努力來衡量其實都不配得到的大把、大把鈔票。開法拉利無法換得任何人的敬意，唯一的例外或許是星期五晚上牛排屋減價時段時，塗著厚厚眼影、端坐吧台前，期望釣到多金凱子的女祕書。

想要獨立出衆，方法是去做出能對科技發展方向有巨大衝擊的東西。那才是夢想。但是名人堂裡剩下的空位其實不多，所以，一般的、平凡的追逐高成就的人——他們在來到矽谷之前，一向是周遭環境裡的突出人物——往往會對自己的目的感到困惑。

沒錯，這裡確實鈔票泛濫。最近幾年，所有老爸老媽突然醒悟到，比起百分之三微薄年息的存款帳戶，自一九六一年起平均報酬率百分之十二的市場指數基金，會是更佳的攢錢方式，於是都把錢轉到基金帳戶裡。而法人機構的投資人是靠著贏過股市來賺錢的，因此自然會不斷把錢丟進高風險／高報酬的投資標的，例如專門資助矽谷創業者的創投基金。

其結果是許多金錢被毫無品味地花掉，幅度之大勝過史上其他任何時期。然而，毫無品味並不表示花錢的人品味拙劣，只是表示對他們而言，錢變得多麼無足輕重。假設你一點兒也不關心星期日的美式足球賽成績，但碰巧你們公司的人在賭誰輸誰贏，而你也分到一張免費的賭票，於是你心不在焉地押注在吉祥物看起來最酷的一隊，這能代表你的判斷力很差嗎？它所顯示的，只是你根本不在乎。

於是呢，有一天，在一幢義大利風格的豪邸有一場烤肉餐會——屋主終於抽出空檔，招待親友參觀他的房子。他們用的肉料堪稱極品，是來自一隻養在池畔、只吃玉米的母牛，一隻夏天披披風、冬天罩羅紗，被款待得無微不至的牛中菁英。然而，與這隻母牛貴族的甜美肉片所搭配的餐具，卻是薄薄的紙盤、塑膠刀，以及小小的蛋糕叉。我囫圇塡飽肚子後，和一位朋友在別墅裡四處走走。我們很難不注意到，地下室唯一的一件家具是黑皮沙發，以及擺在裝牛奶的木條箱上的十七吋電視。屋主搬進來已有兩年，然而，他對於裝潢住家的興趣遠低於開發下一代的電腦動畫工具。他要不就把錢花在他覺得「有味道」的東西上，要不就根本不花。

我在沙發坐了下來，旁邊已有一個女人，她臉上的表情看來像是已準備要回家。我讚美了一下她的錶，一隻金、銀雙色的豪雅（Tag Heuer）腕錶。我曾在財經雜誌上看過這錶的廣告，價錢應在兩千美元左右。當她轉過身來，我發覺她已略有酒意。

她輕蔑地說道：「噢，去他的錶。去年，燒到公司屁股上的火是我撲滅的，我至少該得個兩萬、三萬的獎金。結果只有小幅加薪，然後他們想用這隻錶來安撫我。」公司希望她能以榮譽之心戴著這隻錶，不想它的作用卻是時時提醒她，再也不要相信公司。

所以這和生髮霜是同一回事：她要的究竟是錢，抑或是敬意？

「要不是這裡的氣候，我早回密西根了。」

山景市

有位二十六歲的女子，我們姑且稱她克勞迪亞・戈梅芝（Claudia Gomez），她的工作是和形形色色的人討論他們的需求。她在人力仲介這一行被歸類爲「郎中」，也就是擅長耍詐的人。她會用各種矇混手法，騙誘矽谷各家公司的總機說出員工的姓名與工作職掌。她把蒐集來的名單賣給研究公司，這些公司再把名單轉賣給獵頭公司。名單在此地的地下市場非常搶手，戈梅芝可以從每一個業務的名字賺得四十美元，工程師八十，女姓工程師一百二十，因爲每家公司都想改善它的人力結構。

我跟她站在她的車旁，車子停在「全國」（National）和「費爾柴」（Fairchild）兩條街的交叉口，兩條街都是得名自六〇年代創辦的元老級半導體公司。四周任何看得到的地面都鋪上柏油，經過幾個小時的陽光曝曬，烤熔的柏油弄得我鞋底黏黏的。附近的一〇一公路傳來轟隆隆的車潮聲。這一帶的建築都是預鑄房屋，許多是已由「超級基金專案」㊟清理乾淨毒性廢棄物的空廠房，若非這幾年房租價格飆漲，重新整建這些廠房並不符合經濟效益。如今，這一帶建築物的閒置率實際是零。

戈梅芝正在打手機。她撥到網景，請總機轉網站部門。接過去之後，她說：「嗨，你好，我是莎拉．凡拉迪，替搖滾音樂節的莉莉斯／女性做事。我們下星期在海岸線環形劇場有一場音樂會，想要免費贈票給女性的程式設計師。蘿莉．安德森（Laurie Anderson）想藉此機會表揚她們，請觀衆鼓掌致敬，諸如此類的。」戈梅芝停下聽了一秒鐘。即使是用電話溝通，她的雙手依然表情豐富。「是這樣的，照規定，我得把入場券直接交到她們手上……嗯哼……那麼我先登記她們的名字，然後現場取票如何？」她約好，隔天再打電話收取有意參加者的名單。

常見的矇騙手法還包括：偽裝成記者，賄賂約聘員工幫忙影印通訊錄及組織圖；偽裝成想寄研討會資料給產品經理的承辦人；假裝是掛在公司附近電線桿上的電話公司維修技師，需要驗證分機是否線路正常。她最喜歡的一個招數是打電話到公司總機說：「昨晚我打網球雙打時，和一位網景的工程師編在同一組。結束後我載他回家，可是他把網球拍忘在車上。我想不起他的名字，大衛、唐恩或什麼的。」

譯註：「超級基金專案」（Superfund）是美國聯邦政府處理遭化學污染的廢棄廠房的一項專案。「全國」和「費爾柴」都列在此專案處理乾淨的廠址，這段所指的應該就是這兩家的廠房。可參考 http://www.epa.gov/superfund/。

眞正挖到寶的時候，是在戈梅芝打給了不曾聯絡過的人而碰巧他在休假。於是語音信箱的留言提供了一大堆聯絡人：「我休假到十四日。如果是行銷方面的問題，請找蘿拉・阿巴多，分機三二八；如果是廣告問題，請找馬克茲・帕狄亞，分機三二一……」

六個月前，戈梅芝從德州的聖安東尼奧（San Antonio）來到這裡。她沒有任何科技專長，但對她而言，走這條路子依然前途大好：如果撮合成功，仲介者抽取的佣金金額是該名員工第一年「薪酬包裹」(compensation package)的三成。一般程度的仲介者每個月可以撮合一件，換句話說，比起薪水高得離譜的矽谷工蜂，能力普通的仲介者，年薪居然是他們的將近**四倍**。你何需訝異爲何人力仲介業如此發達？你又何需訝異爲何公司願意提供那麼多購股權來留住員工？

蒐集到名單之後，戈梅芝會先打電話給這些人問一些基本問題，如果能得到關於他們心目中理想工作的資訊，每個名字還可以多賣五十元。這叫做「資料建檔」(profiling)。儘管獵頭族的名聲似乎不佳，但戈梅芝宣稱她所接洽的人百分之九十九都願意交談。如今忠誠再也不是方程式的一部分。員工之所以願意堅守崗位，只是爲了等候行使購股權的規定時限，以及不願被人認爲工作沒定性。

兩年以前，若要拉攏員工，只要讓他們分享成果就夠了。讓他們分紅，擁有一些購股權，自然會有人加入。他們的想法會是：「嘿，既然這家公司募得到資金，它必定是值得待的地方。」許多新創公司除了水蒸氣什麼也沒做出來，結果居然仍能上市或被購併，待過這樣的公司，並不讓人覺得光榮。倘若貪婪是推動矽谷的唯一力量，人們當然會非常樂意一再重覆利益誘人的跳槽遊戲。

但現在光靠這是不夠的。克勞迪亞・戈梅芝成天都得問人想要什麼工作環境，根據她的說法，人們現在最想進去的，是一家能夠成功的企業。所有獵頭人都可以告訴你最近有哪家新創公司雖然通過了創投金主那一關，卻在聘請主管級人才時被挖角對象打了回票。創投金主算是行事相當審慎了，一年或許只投資十幾件案子。如今有才幹的人有太多的機會，所以有本錢在選工作時先進行優劣分析。準備跳槽的員工也開始自己做起稽核作業。他們會查看公司是否得到了獵頭族這一行最高度的背書——願意接受公司以購股權來支付佣金。小心謹慎的人，甚至會先在晚上到新公司兼差一個月，放心後才辭掉原來的工作。

高科技業創新理念的守門人一向是金融資本，然而此種模式已被另一項更為稀有的資源——人才——所顚覆了。

再沒有別處的人力市場會比矽谷更為扭曲了。在山景市的海岸線電影院，在打暗燈光之後、播放預告片之前的時間，所有交錯在電影趣味問題之間打出的幻燈廣告全都是徵人的。擺在每家咖啡店門外的亮藍色報紙架上，塞滿了厚厚的、免費贈閱的生涯雜誌：雜誌裡不登任何文章，內容百分之百是徵才廣告。如果你想擺脫老惹麻煩的同事，最好的辦法是把他的名字交給幾個仲介業者，他們就會迅速以大量的工作機會密集轟炸他，搞得他不出一個月便主動辭職。最、最變態的現象是，有的公司居然雇用人力仲介公司來**打電話給他們自己的員工**（當然沒洩露背後的雇主是誰），以便找出哪些人心懷不滿、容易被挖角。公司會開除這些問題員工嗎？更可能的反應是想辦法來安撫他們，例如加薪，或是提供二千股的購股權作爲績效獎金。

最新的現象是「收拾專家」（"closers"）——一種受雇於急需用人的公司、去向挖角對象施壓，催他儘早接受的專家。收拾專家會在周末或一大早打電話給挖角對象，或是帶他去吃義大利菜。他們的台詞往往如下：「對你而言，這是再完美不過的選擇。你覺得呢？你是我們的頭號候選人。我不想給你壓力，但這工作隨時都有可能被別人搶走。」

曼洛公園市

今天是星期天，夏季的最後一個上午，第一屆「沙丘挑戰賽」（SandHill Challenge）在此舉行，活動宗旨在於籌募遏止少年酒醉駕車的基金。這是一場肥皂箱競速比賽，大約有五十輛自製乘具等候起跑。每次兩輛出發，路程是四分之一哩長的平緩坡道。有輛乘具設計成麵包箱的造型，另一輛則像飛彈。有個人全身是整套特技演員的賽車打扮，連機車頭盔也不缺，他準備坐在一張高背、後仰的辦公椅往下滑。一切就像狄士尼電影一樣好玩，我有點期待會看到年輕版的電影明星寇特・羅素（Kurt Russell）。

這項活動是由林邊鎮（Woodside）巴氏餐廳（Buck's）的店主，傑米斯・麥克尼文（Jamis MacNiven）設計出來的。巴氏餐廳可是高科技業高層的核心人士用早餐的地方，因此參賽者大多也是來自這個階層：創投金主、律師事務所、銀行，還有一些由他們資助的公司。這場競賽可是IPO市場假性開放的極佳類比：正式而言，參賽者不限資格，只要能夠募得一千美元以上捐款即可參加，但你得有錢到能住在林邊鎮，而且在巴氏餐廳喝咖啡，才可能得知這項活動。

你可能在商學院待上一整年也看不到這麼多的縱橫捭闔。參賽者有兩隊的設計非常類似，都是使用超大型的滑板。其中一隊的乘具底部是四個滑板，另一隊則採用輪刀鞋的輪子。後者是從前一隊衍生出來的。一位選手說：「我們在設計上相持不下，大家決定各走各的，省得還要花功夫妥協。」

有位律師在最後時刻遊走全場，捐錢給看來最有希望奪標的幾輛乘具：一個是裝上自行車車輪的手推車，一輛是外覆玻璃纖維、採用合乎流體力學的雨滴造型……。「我今天採用的是微軟策略。」他邊說邊把支票簿塞進休閒褲的口袋。「我想成爲贏家的一員。爲了達到這個目的，結論很清楚：不必自己動手設計車子，一切用錢解決。」說完邪惡地大笑。

就像雪車比賽一樣，車子出發時有一段五十呎的起跑。過了這一段，就只能靠重力了。

或許在這裡他們用的是生意眼而非物理學，幾乎每個人都同意，初速度最快的（起跑時推得最快）最有可能獲勝。有兩隊在最後一刻決定併成一隊，因此自行車輪的手推車將由一位身手矯健的創投金主來推動起跑，據我得知，他在兩年前是成績優異的十項運動選手。即使是在星期日上午找樂子，這些人仍不改骨子裡的競爭性。

所有乘具都必須有剎車裝置，但沒有任何人願意用。一輛鯊魚車駛過了。一輛火星探險車才走到半路就發出刺耳的摩擦聲，然後停住不動——有隻輪子卡死了。那個特技演員裝備的人想用滑雪桿控制方向，不過才第一下就把自己推得轉圈子，一頭栽進灌木叢裡。這次活動募到了超過十萬美元的金額。

前面提到那位臨場開支票的律師說道：「這是非常、非常能夠顯露矽谷特徵的時刻。我們一再被嚴厲批評對政治漠不關心，對社會公益活動的捐助太少。但你只要把活動辦得很有競爭性，便可以哄我們捐錢。你要讓遊戲變成是一個挑戰。我記得有次（甲骨文的）拉瑞·艾利森想要捐錢出去，給誰我忘了。但他就是沒辦法平白拿出錢來。後來他和一個世界級的現代三項選手，在雙槓上比賽做雙臂屈伸（bar-dipping），拉瑞大概做了六十三下，他簡直是非人類，那大約等於五百下伏地挺身。」

大體而言，慈善行爲似乎是多餘的——他們已經每周工作七十小時，以此來創造能夠造福全世界的新科技，這還不夠嗎？然而一旦如此想，在我們潛意識裡，還是把人們的工作拿去做老掉牙的光暈測試（halo test）：你必須能夠改善社會，否則做它何益？然而並非每個人都能設計出麥金塔或是解放電子。所以長久下來，也就演變出一些用來通過測試的技巧。第一種是個人自由主義的觀點：你相信，努力不懈地追求自我利益，將可形成最有效率的資源分配，也因而確保社會整體的持續發展。第二種與前者類似，但思路上更爲扭曲，是工作狂的價值系統：好的東西得來不易，因此，倘若某項挑戰至爲艱鉅，其結果必定是好的。根據這種自我參照的邏輯，任何徹底耗蝕心力的案子，都是值得做的。由它又可得出一條推論：如果你不確定你的工作是否對社會有貢獻，你應該加倍努力工作，那麼它必定很快會有貢獻。一路想下來，或許，此地的人如此努力工作，原因之一是他們不太確定，他們這一小塊拼圖碎片所拼出的景象是否是更美好的社會。他們會自問：「如果我沒寫這個CGI程式，社會是否會變糟？」

另有一位參賽者宣稱：「我預測這項活動明年會變得非常、非常盛大。明年會有一、兩百隊參加，籌募金額會超過一百萬元。我很確定。所有激勵人的正確成分它都有。」他扳起手指，一一數算：「依序是，競爭性，機械，樂趣，人人都認同的公益目的。」

舊金山市鬧區

當約莫二十個新崛起的超級百萬富翁聚在一起，每個人都帶著至少價值五百萬的公司股票，這時，會發生什麼事？

這稱爲「交換基金」(exchange fund)，它是讓那些公司剛上市的人可以分散風險，但又不必因爲交易獲利而課稅的一種方法。試想一下，每人帶一樣菜的家常聚會，只不過你帶的不是水果沙拉，而是五百萬的 Inktomi 股票。帶來的股票匯集起來就成一個投資標的分散的基金，而每個提供者可以得到收益的二十分之一。這就成了，避險而且不必繳稅！

你可別期望能在地方報紙的財經版、或在書報攤所販賣的商業雜誌上找到關於交換基金如何操作的解釋。一般人應該是不知道這些的。若想進一步了解，請到舊金山的美國銀行大樓五十樓，與高盛的私人客戶服務小組（Private Client Services Group）接洽，然後你會見到一個帶點狡點笑容、眼神煥發光采的銀行人員。這位三十多歲的第七代夏威夷人名叫亞倫．戴蒙（Allen Damon），他又是一個只存在於矽谷的高度演化的生物。如果你有五百萬美元以上的資產，他會請你到一個有大面落地窗、可以一路看到聖荷西的南向房間坐下來，他會先向你介紹與他共事的丑角同事，然後細心解說他們公司專爲超級百萬富翁烘焙的全套財務甜點。

投資銀行可以忍受各式各樣的怪異行爲，但是有兩件事會讓你在高盛的五十樓被嘲笑，兩件眞正丟臉的蠢事。這兩件事都和繳稅有關。其一：坐讓短期虧損演變成長期虧損，因而失去了以短期資本利得彌補短期虧損的機會。其二：購買共同基金。共同基金追求的是稅前績效，而且也以此來評量它們的表現，因此基金管理人根本不會在乎會不會陷投資人於繳錢給政府的慘境。私人客戶服務的工作就是教導你如何避免被人嘲笑。

在過去那段好日子裡，超級百萬富翁可以使用一種稱爲「放空寄存股票」(short against the box) 的五鬼搬運法，自個兒玩得很高興。舉例來說，假如你擁有價值五百萬美元的雅虎股票，你可以把它押在你的營業員那裡（也就是放進他的「錢箱」）。一旦他把股票放進箱裡，因此可以放心你的帳絕對跑不掉，他就會允許你進行各式各樣的市場操作；以股票當擔保品來低利借款出來炒股票；把股票全部拿去放空；或是賣掉以那筆錢爲成交價的買入選擇權（call option)；總之，你可以靈活運用這五百萬美元來進行投資。但因爲你並未**眞的**把股票賣給營業員（只是放進他的錢箱裡），你沒有任何資本利得需要報稅。

可惜，美國國會毫不體恤超級百萬富翁，他們在一九九七年時修法堵住「放空寄存股票」的漏洞。國會的地毯式轟炸非常有效，不過威力只維持了〇．八秒；時間一過，充滿創意的高盛人員立即想出了交換基金及股票信託自動交易（TRACE, Trust Automatic Exchange for Stock)，它用到像是「玩弄項圈」（項圈指的是利率上下限）」之類的把戲。戴蒙接下來的解釋已經太複雜，超出我的理解範圍。它大概涉及了同時操作賣出（put）和買入（call）選擇權，然後把整個法式蛋奶酥端到大眾面前。我唯一聽懂的是，如果金額少於五千萬美元的話，就不值得費那麼大的勁玩 TRACE 這套把戲。這麼一來，全矽谷資格符合的大概只有八十個人。

萬一，這些新興的超級百萬富翁只想睡在電腦桌底下，根本不在乎所賺的錢，這該怎麼辦？戴蒙承認，許多人並不習慣變有錢，他們既覺得羞恥，又對錢神經質。他們同樣不放心戴蒙及他的管理費。因此之故，他們往往寧願把錢擺在戶頭裡不動。「Forte 軟體公司就有人眼睜睜看著他們的股票從八十塊錢跌到六塊錢。」還有一家戴蒙不願透露名字的公司，有人在股價四十二元時行使購股權，因此他們的股票收入就依這個價格課稅。然而股價很快就跌到十元。「爲了繳稅，他們必須賣掉手上所有股票，結果還得貼錢進去。到那時候再來跟我講他們不在乎。我們知道一大堆恐怖故事。決定什麼都不做，其實也是不折不扣的一項決定。不行動就是行動。」

在高盛私人客戶服務小組，他們的思考、呼吸、飲食，都是以五百萬美元爲單位。如果你最近剛賺到第一個兩千萬，你或許一開始會覺得有些不好意思——**我眞的配嗎？**——但是來到高盛五十樓，你很快就了解，兩千萬並不比一貧如洗多出多少。在這裡，兩千萬元根本不值得誇耀，當然也不會造成話題。你走出此處的一個房間，不會有人在你背後竊竊私語：「就一個擁有兩千萬身價的人來說，他看起來挺**平常**的嘛。」

因爲在這裡，兩千萬**就是**很平常。

「你不能拿你們公司的百分之七十五，來換我們的百分之二十五。因爲我們公司成立已經六年，而你們甚至還沒去正式登記！事情不是這麼做的！」

——我在山景市的某家印度餐聽到的對話

山景市

我和一位山景市的都市規畫師開車遊歷市區。最近五年，總部設在此地的軟、硬體公司——昇陽微系統、U.S. Robotics 數據機公司、視算科技、網景——帶動了地區的經濟繁榮，而他的工作便在於滿足由此而起的擴張需求。巴尼・柏克（Barney Burke）是一個和氣又認眞的人，每當我們的車子拐個彎，駛過某個他曾參與的施工工地，他臉上就會泛起自豪而光榮的紅暈。都市規畫師也從地方產業學到了訣竅：他們不畏懼冒險，毅然把一〇一公路以東那片原先遍布養豬場、廢車堆置場及垃圾掩埋場的北灣濱（North Bayshore）區，重整爲三百萬平方呎的高價值辦公園區。另一項與軟體產業相同的共通點是趕到最後一刻的施工進度——新建圖書館啓用典禮的邀請函都已經印妥、寄出，十天後就要舉行，但還看到工人在灌漿。

我們駛上了快速道路，柏克看到一個他先前沒注意到的小葡萄園。他貪婪地說道：「它不會存在多久的。」回到辦公室後，他會查看地主是誰，跟他們確認他們知不知道這塊地現在的價値。

山景市仍在使用的農場已所剩無幾，柏克帶我去看其中的一個。很意外的，這座農場正座落在網景總部的背後，而網景已經把附近能買、能造的所有辦公空間都被呑掉了。他一一指點附近的一些預鑄建築，嘖嘖歎道它們只蓋一樓是多麼浪費。「那棟不會存在多久的。還有那棟，一定會拆。這棟也是。」

根據柏克的說法，矽谷是新經濟的震央，而矽谷的震央——眞正推動一切的地方——正是在此，「網景之地」。

坦白說，這個震央的震央看來並不怎麼樣。它並不像站在曼哈頓的百老匯，看著 Sony 的巨型彩色螢幕。它就和站在國內任何一個辦公園區外面沒什麼兩樣。太普通了，普通得令人傷心。

幾個日本遊客站在網景的公司標誌前，爲彼此拍照，他們試著把背景的噴泉也拍進去。我們兩人開始談起在此開公司的昂貴費用及其優點，主要是大量優秀人才就在附近。我跟柏克提起我將要訪問網路巨人 Novell 的新任CEO，艾瑞克・施密特（Eric Schmidt），因爲我聽說雖然 Novell 公司總部在猶他州，他每星期仍有四天待在矽谷。最特別的是不久之前，一般都認爲在那裡，勤奮工作的人比在矽谷多。柏克並沒有對這個話題發表意見，反倒說：「噢，艾瑞克・施密特。我和他和其他幾個朋友是加州大學的同學。」他跟我提起，去年施密特辦了一場宴會，有老朋友專程從中西部飛來參加。施密特非常體貼，派了豪華轎車去機場把他們直接送到宴會現場。「他就是那種人，肯花功夫照顧老朋友。」

我們下車，向南步行約一百碼。一輛嘈雜的怪手正在剷起橫越道路的東西向鐵路。這一小段鐵路往西連接縱貫舊金山半島的鐵路主線，往東則通往莫費基地（Moffett Field）。堆高機舉起十八呎長的鐵軌，把它們裝上卡車。塵土四處飛揚。

「它以前叫做『飛彈線』。每當海軍要把一些大卡車裝不下的東西，譬如像是飛彈，送去莫費基地時，他們就會利用這條火車支線來運送。我們把它剷掉，好清出地方來開發。山景市以前幾乎完全依賴國防預算經濟而生，這些可算是那時代的最後殘留物。」

我們一邊沿著鐵路走，柏克一邊跟我描述，十年前他剛開始為市政府工作時，走進「印刷油墨」（Printer's Ink）書店的廁所，看到牆上的塗鴉寫著：「炸彈滾蛋——星戰計畫的錢給我！」莫費基地對山景市的重要性，猶如史丹福大學之於帕洛阿圖，都是帶動全市的大型機構。傳統上，山景市形同一個宿舍城，專門容納在洛克希德上班的單身航太工程師。

一九九〇年代初期，冷戰的結束重塑了矽谷的外貌。國防預算的刪減造成這些仰賴國防經費的城市經濟蕭條。提起那段日子，巴尼．柏克說道：「噢，我們這裡的人是有點緊張，大家都感受得到。甚至連都市規畫處也裁員。」五年前，當高科技逐漸吸走原本肥厚的軍事預算，不少公司都在裁員，而這些裁員也抹去了最後一股「員工必須效忠於公司」的理想。如今，員工都會先小心顧好自己，提防那些革命用語只是管理階層榨出員工更多工時的技倆。

但是忠誠依舊在。我相信矽谷的勞工對他們的產業有一種堅實的信念，一種深信他們還有很多年不必擔心沒工作的樂觀態度。他們效忠的是整個程序。他們希望看到自己的工作具有利他性、對於社會整體有貢獻；而能賦予他們這種感受的，並不是堂皇的宣傳辭令，而是潛意識下的演繹過程：這個產業很好；我在這個產業工作，所以我是好人。我們或可把這種對整個產業的心理投射稱爲「大傘」，它強化了對產業的忠誠。你的公司或許把錢燒完，或許被市場打敗；又或許解雇你時才給你七天的遣散費，只因爲財務長發現會計部門的某個獃子，把可退貨的商品出貨記成完全售出——這些你都不擔心，因爲還有別的公司會雇你。永遠都會有別的公司願意雇你。

> 我們每個人的桌子底下都有兩個裝廢紙的箱子，一個裝白紙，另一個裝有色紙張。昨天我待得很晚，於是看到清潔工拖著一輛推車過來。他把兩個箱子裡的東西都倒進那輛推車裡。我問他原因，他說紙張會有專人分類，沒有必要預先分類。他認爲我們有兩個箱子是因爲我們需要以爲自己做的事情很對，有沒有用並不重要。
>
> ——在微軟的朋友寄來的電子郵件

聖卡洛斯

B今年三十四歲，任職於一家他不願我透露名字的公司。他是一個稍顯浮躁的專案組長，如今有個計畫已在他心裡蘊釀了三個月了。他會在半夜醒來，腦海中把整個場景從頭到尾排演一番。在公司開會時，一邊聽著上級主管絮叨，一邊在隨手貼便條紙上畫著計畫的示意圖。開車回家的路上，他逐條列出把計畫付諸行動的優缺點。

B想的不是開一家新創公司。B正在籌畫的，是謀殺小組裡一個可惡的程式設計師。

「整件事看起來會像是意外。在灣區，每年有五人死在鐵軌上，他將不過是一個統計數字。我再也受不了和他一起做事。」

他帶我到行動的預定地點，加州鐵路（Caltrain）設在聖卡洛斯霍利街（Holly Street）的車站。這個地區正在施工中，沒有月台，也沒有圍籬或扶手。「我帶他到對街去吃墨西哥菜。他只要喝一點啤酒，血液裡的酒精濃度會讓事情看來像是意外。太陽在七點四十五分從那邊的山頭下去，反光會遮住車上乘客的視線。我們站在車站的北端。南下列車進站的速度約是每小時二十五哩，當它通過時，稍微推他一下，他就下去了……」B還沒有想出確保被推的人必定失足的最佳推法。這個程式設計師體重約一百八十磅（八十一公斤），就我估計，B的體重似乎在一五五磅（七十公斤）左右。

「一百六十磅。」他更正我。看到我的眉毛揚起來，他又再補充：「在吃了一客墨西哥捲餅，加上滿肚子啤酒之後。」

我想我需要把這個狀況進行一些解構。首先，B絕對、一定不會去碰那個程式設計師。他的樂趣只在想想而已——計畫此事可以紓解一些壓力。

唸大學時，B是死硬的共產主義信徒，他的榮譽論文（honors thesis）探討的是爲何團隊工作乃是人類天性的最理想表現。他心目中的英雄是性格演員歐尼斯・鮑寧（Ernest Borgnine），到今日B仍能詳述鮑寧在軍事電影中犧牲生命、拯救隊友的場景——那種撲身蓋住手榴彈的標準情節安排。因爲B把團隊動力看得太重，所以當那位頑固的程式設計師甚至連試一試B交給他的工作也不肯，B的引信就爆炸了。然而，一個好經理不能在辦公室發作脾氣，於是他就拿謀殺計畫當成心理上的紓解。

另一件需要考慮的事是，才一年前，他不願我透露名字的這家公司買下了B所開設的、販賣網路遊戲開發工具的小公司，讓他賺進數百萬美元，並且安排他當經理。這不能算是超級全壘打，但對遊戲開發工具這種小東西來說，已經是好得不能再好了。所以B已習慣新創公司裡奮力前衝的環境，而他又是這樣追求成效的人，以致無法忍受一般的辦公室政治。

所以這就是你在矽谷看到的：成功得一場糊塗的人，抱著滿袋的鈔票進銀行，卻還邊走邊抱怨。蜜月期非常短暫。

諾亞·阿曼斯（Noah Ames，並非眞名）是另一個例子。他是附近一家三十人的電話通訊軟體公司的CEO。依照他自己的說法，他的經歷足可拍成電影，或者至少寫成書。「我是軟體戰爭裡身經百戰的老兵。天啊，我眞的可以跟你講講好些個戰壕裡的故事。」然而他已筋疲力竭，只想退出。據他估算，只要再撐一年，他的公司可以値六百萬美元，但他無法再等一年，他已經待得太久了：「我已經把我該死的生命栓在這家公司上面太久了。」只要有人肯出一百萬以上，他願意立刻拿錢走人。

好了，重點在此：諾亞·阿曼斯，這位沙場老兵，今年二十八歲。他在一九九五年下半年成立公司——時間久得已難追憶當初。

大多數人並不把未來的美好遠景——革命成功後的未來——放在心上。每個人不是有申報書下周要交，就是有研發進度或是季末配額得擔心。大家強烈感覺到，現在正是那種將來他們可以講給孫兒聽的歷史性時刻，今天的狂熱正是一生難逢一次的機會。幾乎每個人都在做網路硬體或軟體，幾乎不曾花心思去注意還有沒有別的東西値得發明。大多數人都有一張一年之後的生涯藍圖——只要直接把營運計畫拿出來念就對了——但是沒人知道五年之後他會做什麼。

諾亞·阿曼斯的軟體或許會爲電話通訊帶來革命，但倘若對此抱著革命心態或信念則顯得愚蠢。他解釋：「不管有沒有我的參與，電話通訊都會有一場革命。現在的網際網路電話通訊公司不下數十家。再也沒有人是孤獨的戰士。我有一個二十四歲的朋友，他現在開的已經是他第四家新創公司。你能參加多少場革命？你就是沒辦法分清楚『猶大之人民陣線』(People's Front of Judea) 及『猶大人民之陣線』(Judean People's Front)。」

舊金山市蘇瑪區

微軟公關旋風的威力已經全面展開。《舊金山觀察家報》假日藝文版上的滿版跨頁廣告、三十秒電台廣告、市公車上的看板廣告。走到哪裡，都有廣告召喚你進入微軟的娛樂資訊網站「人行道」(SideWalk) 汲取建議，好在周末計畫中加入點個人特色。這些可不是普通的廣告，它們是微軟花費大筆銀子並精心裁量的結果：一天七百美元的廣告文案、一天一千兩百元的藝術指導，再加上每天兩千美元來抽樣測試市場反應，非要把社交技巧笨拙的微軟巨獸弄到看起來眞的很酷。値得玩味、細節周到，而且有深度。這些廣告確實不錯。非常不錯。

隔天，我接到電話。公關人員打來的。反攻已經展開。她代表一家眞正的、土生土長的、自食其力的舊金山娛樂指南，懇求我去他們辦公室一趟，親眼看看在一間翻修成抗震結構的倉庫裡上班的一、二十位員工，他們每根指頭都碰觸到這座繁囂城市的眞正脈動——他們仍因爲昨夜的酒吧巡禮而宿醉未醒，他們仍因爲社區權益促進會上的竭力發言而聲音沙啞。誰不想站在小人物這邊？噢，這位公關很有技巧地誘我上勾，連心都給勾去了，因爲，微軟會不會搞文化，一向是我極感興趣的問題。我聽到從微軟總部傳來的小道消息說，麥可・金斯利（Michael Kinsley）㊟在那兒極突兀地適應不良：說他在微軟園區走路時，連手該擺在哪兒都拿不定主意：是要揷到口袋呢，還是讓它們自然擺動？這位公關給了我地址和拜訪時段，於是當天下午三點，我去了那裡瞧瞧。

以下是我所發現關於CitySearch（所謂的小人物）的二三事：它的股東包括高盛、AT&T、康柏電腦（Compaq Computer），以及多家報業集團。它與視算科技、寶藍（Borland）及Infomix有策略結盟關係。它在遍布全美的二十多個大都會區設有分公司及網站。

以往，在社區紮根的過程有點像是釀酒：先得用一點時間發酵，接著是數年的窖藏。但是CitySearch採用一種他們稱爲「特勤攻堅小組」的方法，把漫長的蘊釀過程壓縮成短短數月的蒸餾。它積極雇用本地人來拜訪本地商家，說服商家花錢在CitySearch的網站上刊登廣告。它可以根據精心研擬的時程表及業績配額，準時製造出草根外貌。當鹽湖城的網站在廣播電

譯註：金斯利原爲美國東岸的文化界名人，曾任《新共和》（*New Republic*）雜誌資深編輯，以及CNN政治節目《交火》（Crossfire）主持人。一九九五年，當微軟準備進軍網路時，聘請他開辦線上雜誌《石板》（*Slate*，一九九六年推出）。由於微軟的企業作風一向被視爲與東岸傳統智識環境互爲極端，所以金斯利在微軟的一舉一動，都備受資訊界及媒體界矚目。

台試播的商家證實了廣告成效良好，他們立即在全國各地推出同類型廣告。舊金山分公司的總經理史考特·嘉瑞爾（Scott Garell），之前四年在Clorox學到了品牌行銷，他把他的所有招數都在這裡用上。千萬別誤會，我並非對CitySearch的手法感到不屑——它的「社區」姿態沒有一絲一毫的僞裝，只不過它把麥當勞經營連鎖店的科學在高科技的小本創業上面運用得太好了。我問嘉瑞爾：公司的哪些事情最令他擔憂，會讓他睡不安穩、半夜驚醒？他回答：「你眞是問得太巧了。我們下星期要在洛杉磯的帕薩迪那（Pasadena）開全國性的銷售業務會議，我擔任主持人的那場討論會，題目正是『哪些事會令你半夜驚醒』。」

就連「營造熱情洋溢的辦公室文化」之類的激勵士氣策略，也是在每個城市測試，撰寫成果的摘要報告，逐級向上呈報，最後選出最成功的方法，再推廣到全國實施。所以，每家分公司都以員工投票的方式選出「本月的最高成就者」，得獎者可得到購股權的獎賞，因爲這種方式似乎比「本月最佳員工」可獲得滑雪周末假期來得有效。倘若經過測試，發現插上骷髏旗的成效良好，他們也會在每家分公司插上一枝。

聽著看著，我不斷想起電影《巴頓·芬克》（Barton Fink）中的一景——製片公司老闆傑克·利普尼克（Jack Lipnick）斥責芬克：「你以爲你是唯一能給我巴頓·芬克感覺的作家？我合約下至少有二十個作家，可以教他們給我生出這種芬克型的東西。」

所以，這就是今日的矽谷。我們不需要桀驁不馴的革命者；我們有一大群用購股權引誘來的X世代，可以大量生產革命型的東西。我們不需要你爲了公司營運，憂心得徹夜難眠；我們會召集一群憂慮專家開會，替你處理這件事情。

「Best Buy 家具」

——聖拉斐爾市，電影導演喬治・盧卡斯的ＩＬＭ公司外面的僞裝招牌，用來擋掉求職者。

東帕洛阿圖

請注意：如果你對矽谷的印象形成於一九八〇年代，現在是該昇級的時候了。

矽谷的歷史源於比爾・惠列特（Bill Hewlett）與大衛・普卡德（David Packard）兩人，在普卡德家的車庫創辦了惠普（Hewlett-Packard）。那已是舊模式，屬於製造商品的創業經典故事。他們發明產品，製造產品，銷售產品。公司從未曾改名，也從未曾讓售，而且惠列特與普卡德一輩子都待在他們的公司。

短短兩、三年前，矽谷創業的原型是一個叫戴夫・撒母耳（Dave Samuel）的傢伙。他在麻省理工時，接受甲骨文招待，從東岸飛來參觀公司，由於對此地的陽光深深著迷，畢業後就直接進入甲骨文。但待了不到一年，就覺得這個軟體巨人的內部非常僵化。一九九六年一月十一日，撒母耳想出一個點子：把音樂放到網路上。四天之後，他離開甲骨文，和另外兩個朋友做起了 TheDJPlayer，地點就在他們合租的房子（位於聖卡洛斯一座山頂上）的地下室。到目前爲止，還不脫傳統情節。

但一等到他們的網站在六月間推出，情勢就變得「非線性」起來。TheDJ.com 只有一百名收聽者，而且還沒賺進一毛錢，但他們立刻接到四家公司的收購提議。撒母耳這麼描述他的公司：「我們甚至還沒站起來呢」。如果半年就可以做成這種地步，再多一年的話，他們可以闖出多大的局面？如果這麼快就賣掉公司，他們恐怕很難維持他們的自尊心。更何況他們還有崇高的原則需要捍衛：通訊法的改革大幅放寬市場限制，現在廣播電台集團可以在同一地區擁有多家電台，這也意謂著電台的多樣性將隨之降低。所以他們所做的事至爲重要。他們是在爲根本無法跟瑪麗亞・凱莉（Mariah Carey）對抗的音樂建立收聽群。

於是他們做了一件愈來愈難做的事——拒絕收購提議。

之後不久，到了聘雇第五名員工的時候。撒母耳說：「一年下來我們就四個人，全都是室友。於是我們雇用獵頭專家，開始與陌生人面談。最要緊的是工作氣氛。一定要是能合作的人。」

不到一個星期，他們不但找到合適的人，還順便買下他的公司。賈許・費瑟（Josh Felser）同樣也在做網路電台，而且開發了幾項撒母耳頗欣賞的功能。於是 TheDJ.com 買下費瑟的公司 RadioCo，兩人並且共同一間辦公室。公司名稱也跟著改成 Spinner.com。撒母耳說：「我從想買下我們的那些公司身上學到了一點東西。」這位二十五歲的CEO已經抓到這一行的竅門：「趁他們還沒站起來之前，先買下來。」

所以，就這麼回事：要不就吃掉別人，要不就被人吃掉。即使是小人物，做著既酷且重要東西的渺小人物——開在自家地下室的四人公司——也玩起購併遊戲來。

那是一九九七年底。到了現在，遊戲又起了革命性的變化。忘了非線性（販賣甚至還沒出測試版的產品），我們現在談的是**平行創業**。如果創投金主可以把風險分散到六、七家公司，以確保至少可以挖到一個金礦，那麼創業者何不有樣學樣呢？

我找到葛瑞格．史雷頓（Greg Slayton）的時候，他是在公司的廁所裡，才剛小完便，在水槽前彎下身洗手——同時對著手機講話！我猜，上廁所大概不能當作停下工作的藉口。他是我在矽谷所見到的少數幾個非業務人員還穿西裝的人，而且無時無刻不戴著棒球帽。史雷頓是一家七十人的公司 MySoftware 的CEO，多虧他的魔力，他們公司的股票名列一九九八年度表現最佳的前幾名。這傢伙把苦幹精神提昇到全新的境界。

在來到矽谷之前，史雷頓從事第三世界國家的經濟開發工作，曾在馬來西亞待過兩年，在塞內加爾待過三年。聽好了，這是他的工作壓力：「如果我們決策錯誤，是會死人的。如果我們選錯城鎮投送糧食，糧食可能會被遊擊隊劫走，人們會餓死。」他還在馬尼拉主持過一年的孤兒院。「我想我大概是矽谷創業者當中，唯一曾經駕駛水上飛機和騎駱駝上班的。」

矽谷如今可以吸引到像史雷頓這樣的人，此一事實多少告訴我們矽谷起了什麼變化：它再也不是那些反正沒什麼生活樂趣的人專屬的地方。他們來此可不是爲了陽光。

剛來的前幾年，史雷頓也曾有過染上了創業熱的黃金歲月：他和人共同開了一家叫做Worlds Inc.的三D網站開發工具公司。他募集了一千七百萬美元並擔任財務長，把公司推昇到八千五百萬的身價。他每天工作十四小時，老婆生日當天晚上還在公司加班，他把全副心力全給了公司。然後，在和CEO發生一場爭執後，他被開除了。

「那是我的孩子。它對我的影響眞的很大。」他說，沒有經歷過失敗的人很容易發展出超人情結——如果屋外下雨，他們會想：「是我叫天空下雨的。」

自此之後，他用來避開類似情形的對策是分散風險。雖然他把百分之九十的時間放在MySoftware，他仍自問：「何必把全副心力都放在同一個籃子裡？」所以他同時與人共同創辦了幾家公司。要想起每家公司的名字，還花了他一點時間。有一家是高科技管理顧問公司，Synesis。有一家是創投集團。他把一家他有參與、名爲Test Design的公司，賣給上市公司InTest，現在還擔任InTest的董事。在此期間裡，他又把一家他經營的公司，Paragraph，以五千三百萬美元賣給視算科技。這樣你懂了吧？他在城裡各處都揷上一手。倘若不是他在今年讓MySoftware股東的財富增加五倍的證明他確實在經營公司，你恐怕會以爲他是新創公司的皮條客。

這傢伙的幹勁強得讓人睜不開眼睛，就像打亮了幹勁的強力光束。有時候，面對他那種「讓我們快點打成一片」的衝勁，你會想打燈號回去，告訴他：「老兄，慢點慢點。」

然後，過了幾分鐘，他在翻動行事曆時，掉出了一張天使基金「史雷頓資本」(Slayton Capital) 的名片，光是這個基金本身，就又讓他和數家新公司扯上關係。

「噢，差點忘了還有這個。」

帕洛阿圖

Edgar 威脅要改變一切。Edgar 要求一切都要百分之百電腦化。對於帕洛阿圖的唐納利財務的員工，Edgar 即將實施的要求等於是職棒大聯盟的球隊重新分區、北美自由貿易協定(NAFTA)，以及火星人入侵三者相加的總和。不管是在空調冷卻塔旁抽菸或在洗手間補粧時的閒聊，Edgar 成了人人談論的話題。

Edgar 是美國證交會在兩年前上網的「電子資料蒐集、分析暨擷取」(Electronic Data Gathering, Analysis, and Retrieval) 申報系統。在此之前，矽谷的律師、承銷商和股票發行者得在唐納利的豪華辦公室見面，對 S1 或 10Q 申報書進行最後修改，然後列印出來，用裝訂膠帶黏好，送上飛往紐約的夜班飛機，好在第二天上午送進證交會申報。有了 Edgar 之後，任何一個有電腦的人都可以申報證券，而發行者似乎也沒有理由再來拜訪唐納利的辦公室。

但他們還是照來。

瑞吉·阿蒙斯（Reggie Ammons）是牽著他們的手走過全程的人，他解釋道：「他們需要到中立地區談判。」即使來到加州已經十年，自小在德州的昂利長大的阿蒙斯，說起話來鄉音絲毫未變。他的口音像是混了多種成分的雞尾酒：三分是口嚼菸草、辛苦幹活的牛仔，一分是坐在搖椅上講故事的老爺爺，還有兩分是老實工人的熱忱與友善。他的鄉音中蘊含了眞誠與歷史——跟他一起辦股票上市作業，你會覺得像是在做一樁偉大事業。他是直立的汽車，是具有高度教養的村夫鄉民，他的禮貌濃得彷彿只要跟他講話，就會黏到你的牙齒。他是柯林頓好的那些面，而且年輕二十歲，還有，他落脚在矽谷。

根據阿蒙斯的說法，律師希望公開說明書能夠非常保守，免得帶給投資人過高期待，而承銷商則希望它能促銷股票。再加上任何錯誤的法律責任都很龐大，他們在遣辭用句上的爭執會變得相當緊繃。任何一方都不願到對方的辦公室去，因爲那會讓主人佔了上風（這可能是他們讀《孫子兵法》學來的），所以，每天他們都來到加州大道這幢單層的倣西班牙式建築，盤據撰稿室及電話室，讓阿蒙斯替他們打點一切庶務。他們咬著鉛筆，在走廊來回踱步。這裡設有撞球桌、大螢幕電視和淋浴設備，而在通常延續兩天的過程中，倘若有人身體太差或太疲倦，撐不過慣有的通宵熬夜，這裡還有摺疊床。

每到了中午十二點半左右，這些人便開始緊張起來。他們必須在東岸時間五點半以前，把S1、S4或13G送進證交會，剩下的時間不到兩個鐘頭，所以阿蒙斯會禮貌地敲敲會議室的門，跟裡面的人說：「各位，時候到了。如果還沒做完，你們會趕不上期限。」截止期限事關重大，因爲承銷商希望在非常明確的機會窗口內，把上市案送進去——不要在公布就業人數的當周，不要在聯準會開會當天，或者是季末的最後幾天——如果錯過期限，可能就得把案子延到下周，甚至次月。在此期間內，任何狀況都可能發生。

照理，Edgar應該會淘汰這一切，但是情況恰巧相反，因爲沒有任何一家律師事務所或承銷銀行願意獨自擔下責任，確定申報文件已完全遵照證交會的規定加密送出。於是瘋狂狀態仍在原地，改到下午兩點左右發生：鼻孔噴火的律師和頭冒蒸氣的創投金主，全都圍在電腦四周，看著電子郵件寄送出去。他們邊祈禱、邊冒汗，還試著講笑話，只盼那些該死的電子檔可以順利橫越大陸。他們緊盯著螢幕，彷彿在觀看四九人隊進入驟死延長賽。

整件事的啓示有點反諷：實體的鄰近與否，其重要性更甚以往。即使對於這個發明遠程通訊科技、讓實際距離變得無足輕重的產業，它仍然事關重大。

「他們是很討人厭沒錯，但我喜歡那種自己也親身參與了職場生態循環的感覺。」

——我問一位朋友：爲什麼她不想換工作還跟獵頭人一起去吃早餐？她這樣回答。

聖荷西

當艾瑞克·施密特答應網路軟體公司 Novell 的邀請，接下ＣＥＯ的位子時，他很明白表示，儘管 Novell 公司是在猶他州的普洛佛（Provo），但他不願離開矽谷。儘管在兩地均設辦事處是可以兩全其美的方案，但他認爲，身爲ＣＥＯ的他必須留在矽谷。這裡是合約成交的地方，這裡是業界媒體的所在地，這裡也是衝突的發生地——而他需要站在衝突現場，而不是隔絕開來。爲了這個目的，他主持 Novell 聖荷西總部新廈的破土典禮，將來該公司分散在矽谷各地的一千名員工都會集中在這裡上班。這是鄰近性的又一例證：即使對於發明企業網路的公司而言，拉近與人的實際距離依然重要。

施密特的談吐優雅而熱切，並具說服力。當我跟不上他思路的時候，他會問自己下一個相關的問題，然後回答，接著又再自問另一個問題，如此一路下去。他的補充說明可以持續一分鐘之久，然後在補充說明裡還有補充說明，然而他永遠不會忘了回到原題，把一個一個註解完滿結尾。他的聲音有著凌晨時段ＢＢＣ播報員那種平順的權威感。這位原任昇陽微系統科技長的資深科技人，經常自稱爲「ＣＥＯ新鮮人」，而且說他曾向許多人請益；不過說起「擔任公司在媒體面前的代表人物」這項ＣＥＯ的首要職責，他可不需任何教導。

顯然，網路科技將是未來五年裡，出現許多最重大創新的地方，而 Novell 是發明企業網路的公司。施密特的挑戰是在普洛佛向來穩定、專注的企業文化中，注入一股矽谷積極、冒險風格的新鮮氣息。

「我最早在 Novell 開的幾次會裡，有一次的主題是未來的作業系統科技。有位重要的工程主管站起來發問：『可否容我表現出熱情？』我還以爲他在開玩笑，我眞的笑了。我以爲他很有趣。但他們眞的需要知道這是允許的。」

他又移到下一個思路：「怎樣才是適當的企業文化？它必須是良好的工作場所，但未必是和善的工作場所。『良好的工作場所』是夢想可以實現、有趣的事可以發生的地方。『和善』則可能被用來掩飾缺乏熱情。Novell 的人都太有禮貌了。

「我必須給予每個人信念。爲何 Novell 仍然舉足輕重？當人們覺得自己的工作很重要、關係到大局，他們就可以做出驚人的東西。」

施密特堅信，革命心態在矽谷依然普遍。「爲何我在這個產業工作？是因爲我相信，透過科技，一小撮人可以改變全世界。這種信念出奇地誘人。

「爲什麼那些在個人、在企業、在財務方面都獲得難以想像的成功的人，卻還這麼努力工作呢？任何理性的分析都會勸他們，是該退休、好好花錢的時刻了。那是因爲他們都被改變世界的想法驅策著。驅動我們熱情的，正是這個共同信念；它也是驅動我的信念。不管任何一天，只要我無法在這些目標上有所進展，我會覺得我失敗了。

「我在這一行待得夠久，應該有資格給些建議。我想建議的是：找出一條你能改變世界的路，努力去走。其他一切——不管是個人的成就、功名或財富——自然會伴隨而來。」

我告訴他我聽到的一些故事——失望與挫折的故事，人們似乎無法享受自我成就的故事，人們似乎再也不信改變世界那一套的故事。他會作何解釋？

他給的答案頗饒興味。他說，站在CEO的立場，他會善用這些不滿情緒，讓它們變成促成良性發展的動力。「沒錯，人會抱怨。持續不斷的摩擦力是這一行的職業病。但我反倒不願見到無人發出怨言。我想看到他們希望能得到更多。看看矽谷四周，你不太容易見到快樂的人。他們承受的壓力出奇得大。爲何如此？並不是我這個老闆太嚴厲，而是因爲他們天生就會給自己壓力。他們想追求高成就。在這一行，適度地對工作成果感到不滿意，是成功的關鍵前提。」

他相信，高科技業的美，在於它每五年會發生一次典範轉移，讓人們可以有全新的理由來感到興奮。這也發生在他身上。「我在昇陽待了十年，開始覺得無聊。事情很悶。然後Mosaic瀏覽器激起我的興趣，全球資訊網出現了，我又整個人興奮起來，興奮得差點要隨便找家新創公司跳槽。這在其他產業根本不可能發生。在其他產業，你大概一輩子只能碰到一次全盤改觀。」

施密特對理想企業文化的分析，似乎也適用於整個矽谷：它是一個極佳的工作場所，但絕非和善的工作場所。

施密特說：「矽谷是一種模式。它是全盤投入的工作模式。它是二進位的，不是全有、就是全無，沒有中間地帶。」

南方公園

隆恩・詹森（Ron Johnson）身穿運動褲和T恤，他是一個渾身肌肉的健壯男性。艾莉森・邱珊（Alison Chozen）是個才色兼備的女子，她的身材足可當女性內衣的模特兒。他們喜歡把對方的句子接過來講完。聽這一組接力賽隊伍講話，你會以爲他們是高科技業的創業者：

「有時候我們熬得很晚，努力想出一些點子。怎樣能比去年更好？我們必須保持競爭力——」

「——任何事都會有可能性。別被你的想法關在籠子裡，放它自由。如果你給它養分，讓它成長，你會訝異你能想出的點子——」

「——很快你會發現，我們答應了客戶太多東西，把自己陷到進退不得的處境：我們根本不知道有沒有希望可以搞定！」

他們倆答應客戶的並不是軟體昇級之類的，而是更會讓人眼睛一亮的事，譬如像駱駝。

「我們答應一個客戶要給他兩隻駱駝，而突然間，時間只剩一個星期。我們必須到處找駱駝——」

「——結果我們發現，只要捐贈五千元給舊金山動物園，他們就願意在晚上借給你任何動物。」

詹森和邱珊是馬賽克活動管理（Mosaic Event Management）的宴會規劃專員，他們經辦的宴會活動對高科技族群有股特別的吸引力，因此在矽谷一帶頗具名聲。邱珊說：「和爲其他產業辦的絕對不同。」

詹森把話接過去：「在高科技的聚會活動裡，人們往往彼此不認識，而且通常都很害羞。所以我們需要提供可以互動的東西，以遊戲來營造氣氛。」

然而你不會在馬賽克的活動裡看到跳舞比賽。高科技族群中，熱衷跳舞的人通常不會太多，而且也沒那麼多女伴來配對。同樣你也不會看到賭場之夜。倘若在四年前，用這招可能就夠了，但是追求創新的無情壓力不但影響到積體電路，也影響到活動籌畫。邱珊說：「目前趨勢是強烈偏向運動方面。」所以他們會安排一座全長百碼的人工草皮美式足球場，一切合乎標準，連球門柱也不缺，每位參加者都獲得一件兩面可穿的球衣。而當活動在球場上舉行時，突然有架直昇機降落下來，從裡面跳出由明星四分衛轉任主持人的布默・以賽亞森（Boomer Esiason），由他傳球給一列接球員。雜耍演員（如保險套人或呼拉圈皇后）在人群間遊走。再來是必定有一堆人排隊要當眞人飛鏢。

要當眞人飛鏢，你先得穿上一件從頭到脚都是魔術氈的連身服，然後蹲進一個當作發射工具的大桶裡，桶子兩邊都連上手腕粗的巨型橡皮筋。你的隊友使勁把你往後拉，直到橡皮筋完全張緊，然後鬆開，於是你就直直飛出去，飛到你撞上二十五呎（約七點六公尺）遠的一堵泡綿牆。牆上當然也全是魔術氈，因此你就黏在上面。你當然無法自己下來，得靠隊友慢慢把你從牆上撕下來。

詹森說：「我們百分之九十的業務都是來自老客戶。」邱珊替他把話說完：「因爲我們了解他們的來賓，而且我們知道他們要的是什麼。」他們的要是攀岩、跳床、高空彈跳。籃球直徑四呎、球框尺寸更大的趣味籃球賽。你還可以把得了白化症的十呎長蟒蛇（黃色蛇皮、紅寶石眼睛）纏在身上拍照。

在食物和飲料方面，也愈來愈難趕上趨勢。「光在水果冰砂裡摻銀杏是不夠的。眞要強化腦力，你必需要有含氧雞尾酒。」儘管舒適食品是目前風行全國的趨勢，高科技界仍然走在最尖端。

詹森說：「我們可以提供蒜泥馬鈴薯——」

「——不過是盛在馬汀尼酒杯裡。」邱珊把話接完。

「我們也做義大利麵——」

「——但是會用墨魚汁整個染黑。」

提供駱駝是因爲有場活動的主題是「貝都因綠洲的子夜」。還有一次他們答應給兩隻美洲虎，動物還專程從加拿大的多倫多運來。

「我們的的確確依循我們客戶的價值體系——」

「——我們採用他們的哲學。」

「也就是，不去問我們是否**能夠**做到——」

「——而是問我們**將要**如何去做。」

紅杉市

我有一個祕魯籍的足球球友，以下稱他爲路易（Luis）。他是非常平凡的公司資訊人員：寫C++程式，做技術支援。他從沒發明任何特別的東西，但是工作一直很穩定。最近兩年他待在一家民營健保機構，替業務人員提供全天候的電話技術支援。

一個半月前，路易用比賣主索價更高的金額，買下史戴福公園（Stafford Park）附近一棟上下兩戶的倣傳統式二層樓房，總價約五十五萬美元左右，每個月的貸款是三千八百四十五美元。路易和他太太住樓下，他父母及姐弟住樓上。兩位老人家的收入來源是菲薄的社福救助金，他姐姐在墨西哥餐廳做捲餅，他弟弟三個月前才來美國，目前的工作是搬運辦公家具；他們的收入加起來還不夠繳財產稅。當路易告訴我這件事時，我非常訝異——它像是一種徵候；在景氣正熱、房價高漲之時，一個怎麼看都不像的人居然做這麼冒險的事，它遂變得像是對當前經濟投下信任票。祕魯是一個被腐敗的體制搞得形同癱瘓的國家，政局混亂，民生凋蔽；我想，路易很清楚事情多麼容易就一切走樣，迅速掉入惡性循環。

搬家那天，我過去幫忙。路易的弟弟叫了披薩。透過路易的翻譯，我得知他父親，一個和藹可親的矮胖老人的故事。他父親原本是律師，十八年前曾替共黨叛軍「光明之路」（Shining Path）經手一些錢。在他還沒搞清楚幫這些忙的事情輕重之前，他已經變成名列榜上的頭號要犯之一，只好跟著光明之路到亞馬遜叢林中躲了一年。

我對路易說：「這太奇妙了。短短二十年之內，你們家出了兩個革命者。你父親是共黨革命分子，而你則加入了電腦革命。」

路易那張圓餅臉皺了起來，眉毛擠在一塊兒。「你說的電腦革命是什麼？」

「你知道的，電腦改變了全世界。」

「那叫革命？」

我解釋，矽谷向來有一種心態，認爲這裡的每個人都負有改造社會的使命，不只是用個人電腦（最有力的全民工具），而是藉由在創造去中心化（decentralization）的工作環境模式，以及建立奠基於自我啓蒙（有別於教規、教義）的新宗教。我們想要撼動整個世界。我們把這個稱爲革命。十年、十五年以前，人們聽到召喚。我告訴他蘋果電腦在研發麥金塔時在屋頂上升起海盜旗的故事。

這段話引起路易一陣大笑。他用西班牙向父親和弟弟轉述，他們也跟著笑了。接著他又跑去告訴他母親和太太，他們的反應沒那麼熱烈，於是他拉著我再重講一遍，好讓他翻譯給兩個女人聽。她們倆並排站著，穿著同樣型式、印著公雞圖案的圍裙，兩手背在身後，很有禮貌地站著聆聽，知道在這種場合該怎麼表現，該笑的時候都適時笑出聲來。

過了一個星期，踢完足球後，路易告訴我一個驚人的新發展：「我辭職了。我要當自由工作者。」

「但你才剛買房子！」

他點頭表示完全同意，兀自品味這股甜美的渺茫希望。「我知道，我知道，你要說我瘋了。」

「怎麼回事呢？你已經沒有積蓄了。你才剛把錢全拿來付訂金！」

「我會找到差事的。」

我眞的無法相信，於是再逼問他：「爲什麼？」

他聳聳肩。「如果不把空出來的臥房拿來當工作室，我表弟就會搬進來。我老婆和我想要擁有完整的一戶空間，所以，要不就是辭職，要不就是生孩子。」

我想了想他的理由，忍不住大笑。「可是你怎麼找工作呢？」他窩在健保機構裡，和外面隔絕了兩年，認識的同行並不多。「他們怎會知道要來雇你？」

他非常放心地說：「噢，消息會傳出去的。」他的頭就像裝在彈簧上的玩具小丑似地點個不停。就這麼回事。

我正想找一個小故事來說明矽谷最近景氣有多好，就跑出個路易的例子，遠勝那些荒謬財富的故事（「我的另一項交通工具是飛機」之類的）。因為荒謬財富的事情已經發生過，例子也所在多有：公司股票上市，於是你賺了兩千萬，那又怎樣？此外，我認為要對遙遠的將來充滿信心也很容易。在某個研究單位工作，每個月薪水準時入帳，那麼要你相信到了二〇一〇年，汽車可以飛在天空，電腦可以穿在身上，這有什麼難的？最困難的，是要對近期的未來充滿信心，是要相信未來十八個月——或者就路易來說，是要相信未來三十天。

在足球場上，路易踢的是中場。他並沒有很強的爆發力，速度也不特別快，但他眼光很準。球過來時，他只要瞥一下全場，就可以對即將發生的狀況心裡有數，清楚知道看似隨意分布的二十二人在下一刻會站到哪個位置。他可以把球踢到防守球員身後的定點，或是踢往防守有漏洞的地方，讓隊友可以跑去接應。路易具備了看清近期未來的能力。

如果說，路易願意買房子是對經濟景氣的證言，那麼他的願意把交付貸款的能力寄託在矽谷的人際網路自然會幫他忙、寄託在「消息會傳出去的」之類的抽象期待：這又是多具有分量的證言。但在矽谷近來運作流暢的混沌狀態中，生意也就是這麼做的：你認識哪些人依然很重要，但你通常只需要打幾通電話就能聯絡到你該認識的人。一切頂多只隔三層遠；每個人都認識一些人，然後他們又再認識一些人……。而且，說眞的，消息的確傳出去了。

聖塔克拉拉

當我身在矽谷往南眺望，問題依然尚未解答：我所看到的，是不是另一個像匹茲堡那樣的「鋼鐵城」，一個供應某種高價值科技給全世界的產業心臟地帶？或者，我所看到的，就是世界本身的未來寫照——當全世界都開始採用在矽谷創造出來的科技，他們是否也會跟著採用矽谷的工作習性、辦公園區設計，以及組織原則？究竟新創公司、股票上市及「完全投入」的模式，只是促進新科技更快發展的方法，抑或是全盤翻新整個產業（乃至學校、城市、國家）體制的藍圖？假設（只是假設而已）我再進一步思索比前面所提更爲高蹈的大哉問，我的腦子是否會爆炸？

別搞錯：矽谷之所以成爲矽谷，正是由於它的地域不大。「人人彼此認識」這件事是很重要的。這是無法在全國的層次複製的。沒錯，來到這兒的人愈來愈多，但誰在此地待得久，他的名片匣就愈大。他們佔有優勢。

我認識一個在聖塔克拉拉的房地產商，她帶我去看一戶三房的牧場式住家，賣價準備訂在五十萬美元左右。

我驚呼：「這樣誰還買得起房子？」

然後她告訴我，過去一年來，房價大約每星期上漲一千美元，而且至今仍無和緩的跡象。

她說：「照這樣，誰還敢不立刻買房子？」

對於矽谷，這是非常恰當的整體評估。它在最近五年起了劇烈的變化，到了這麼晚才要加入，困難度似乎相當高。然而，眼看著如此快速的演變速率，你還敢不加入嗎？

尾聲

「你究竟是想賣成藥，還是推出一種可以改變國際權力均勢的新產品？」

——一個創投金主的説辭，他試圖説服某個史丹福的學生別去那家跟他搶人的線上藥局。

「希望它和寵物無關。寵物太過四月了。」

——我在一個網站成立發表會上，聽到的群衆對話。

我去參加沙丘路上一家創投公司所辦的聚會。在過度修剪的草地上玩了幾趟草地滾球(bocce)，又從生蠔吧台上拿了幾樣黏黏的餐點吃過之後，我踱步到屋後的露台看著橙黃的落日隱到山丘之後。從沙丘路二二〇〇號到三四〇〇號，這半哩長的地段，如今是美國全國最昂貴的辦公空間。我有一種感覺，一種隱隱的、心神不定的憂傷感覺——我們這些來參加聚會的人似乎沾染了新貴族的氣息，彷彿是注定了要繼承未來。是的，我很沮喪。如果「未來」是一個仍待攫取的東西，那麼一切會更有樂趣、也更有意義。

此地的許多創業家都迷上了混沌理論；這項理論宣稱，最活潑的系統都僅存在於所謂的「混沌邊緣」。站在露台上，我想，你可以說，我擔心我們正從眞正活潑的時刻，慢慢滑落到秩序的桎梏之中。

露台上可以俯瞰停車場。許多人都不理會代客停車服務，若非他們討厭被照顧，就是不願讓任何人碰他們的車子。一輛「奇特」的銀色跑車輕聲駛入一個車位；之所以稱它「奇特」，是因爲看不出它的身分定位。它是一輛格外生猛、花俏的車子，遠遠比佔滿了大半個停車場的BMW和奧迪特別多了。在我右邊的幾個人你一言我一語的，倒幫我解答了一些疑惑。

「瞧那輛法拉利。」

「法拉利Spider。」

「那是什麼？一九九六年的車型嗎？」

「是的。可能是在九五年十月買的，也或許是十一月。」

「一九九五！那是網際網路之前的時代！」

「那可是舊錢囉！」

「哈！舊錢！」

「那這傢伙最近在幹嘛！」

「開著他的屌車四處晃，想提醒我們他還是重要人物。」

「或許是怕大家忘了他是誰。」

開車的人很快就走出車外，他們沒有一個認識他。

目睹這件小事，我的信心又恢復了。混沌仍然主宰大局。矽谷的地位象徵是圍繞在最稀有的事物四周，而錢並非稀有之物。地位象徵，圍繞著低員工數、創辦人股權，以及搶手的交易。如果只想坐擁桂冠，你等著被消滅吧。

當然囉，或許在聚會的某個角落也正好有人說：「你瞧，待在露台的布朗森。他的書出版都已好幾個月了，他最近在幹嘛？」

矽谷絕對夠大也夠分歧多樣，任何一個作家都能找到他想挖掘的題材。我就喜歡它這點。倘若能夠輕易給它一個標籤，那就太無趣了。你想證明它是英雄式的，而且**棒得一場糊塗**？你可以找到支持的證據。你想證明它完全被少數幾個極有權勢的億萬富翁所控制，任何新公司只要和他們沾點邊，就能保證成功？你同樣也找得到證據。

作者所報導的故事猶如一面鏡子，它不但照出矽谷，也照出作者本人。我的哲學是，不管是五千萬先生抑或五毛錢先生，每一個人的矽谷經驗都是等值的。有個問題我覺得非常重要，不過，雖然經過一再測試，迄今卻尚無定論：一般人在這裡還能找到機會嗎？還是說，這些追求「美國夢」的人們終將落得一場空？

矽谷近來流行的辭彙中，有一個我最喜歡的是**黑暗物質**（dark matter）。黑暗物質是我們看不到、但物理學家推論必定存在的物質，否則我們看得到的物質少得離譜，根本無法撐起整個宇宙。拿來做比喻的時候，黑暗物質指的是我們難得注意、但知道它確實存在的東西；套用到網路上，黑暗物質可用來指數以億計的一般使用者——那些做出數千萬個人網頁的人，在美國線上討論刺繡的人，在eBay上來回交易老式餅乾罐的人。在網路上，前十大網站的交通流量，只佔了整體流量的百分之十五；相對而言，前十大電視頻道卻佔了百分之八十五的收視率。這個新經濟所獎賞的，是願意傾聽黑暗物質的創業者，而不是那些強把自己的願景塞給大衆的創業者。

曾經有次，一組丹麥電視台的工作人員跟著我跑了一天。因爲高科技產業對環境的衝擊很低，且需仰賴高教育水準的勞工（這在北歐供給過剩），所以北歐國家著了迷似的研究我們的經濟引擎。我發現，歐洲人接受矽谷文化裡「工作即娛樂」的成分毫無困難，但他們對於到處灑錢、投資在粗糙點子之類的情事頗爲疑懼。他們根本無法理解狂飆的股價；這種價位，意謂著投資人對於這些尚未建立商譽的公司有著出奇荒謬的樂觀期待。他們問我：爲何美國的投資人能夠這麼有信心？尤其是經營這些公司的人如此年輕，經歷如此稚嫩？

我說：「好的，我們來看別的例子。你們丹麥有學生貸款嗎？」

他們說丹麥沒有。在丹麥，教育是重要大事，因此學校都有全額補助。教育是免費的。

「在美國，我們有一種似乎很奇怪的投資現象。我們可以接受一個只有下列條件的普通高中畢業生：

「1，沒有工作經驗；

「2，尚未證明將來賺的錢能超過法定的最低工資；

「3，沒有資產可抵押；

「4，因爲才要進大學，所以四年內不會還任何一毛錢。

「然而我們願意相信，貸給他幾萬美元會是一項不錯的投資。非但如此，因爲這項投資實在太好了，我們甚至不要求股份，我們的投資是採取低順位貸款的形式。這聽來像是瘋了，但數百萬的美國年輕人靠它來開創人生。看來似乎蠻有效的。」

我之所以對美國的經濟前景深具信心，是基於一項基本原因：我相信我們已經修正了美國經濟在一九八〇年代所犯下的大錯。榮譽都照錯地方了。在那些年裡，大衆媒體不斷教導大學畢業生：「去加入新行業——當個分析資訊的人。當律師，當顧問，當銀行家，當會計師。以替人出主意或籌錢爲職業。」他們保證每天都會有新客戶上門，所以我們永遠不會厭倦，或者擔心沒生意。製造財富的是這些行業，我們最聰明的畢業生也都跟著錢走。但我們究竟要給誰建議，替誰籌錢呢？我想這裡面有點蹊蹺。它就好像把最有天分的球員帶離足球場，教他們改行當教練。因爲最優秀的人都在教人如何增加價值，而非親自去做，經濟遂受到嚴重影響。那個年代的偉大發明是圾垃債券、融資收購（LBO, leveraged buyout）、電話行銷，以及仰賴百分之三回覆率牟利的直銷郵件。

榮譽，現在是落在願意親身冒險的人身上。光當一個諮詢者已經不夠酷了；擁有安全、穩定的六位數收入再也不酷了。如今，「被投資」比「投資別人」更酷；製造新聞比分析新聞更酷；完全投入其中，比光當投入者的顧問更酷。人才又回流到眞正的賽局。要創造具有眞實價值的發明，現在所走的**才是**正確的道路。

譯者後記

誠如布朗森在第八章所說的，矽谷的變遷實在太快，以致「書尚未完成，已是開始修訂的時候」。正當我們埋首翻譯之際，外面的世界並未等待，仍持續發生目不暇給的變化。關於書中某些人與事的後續發展，在此謹就我們所知，作一些補充說明。

新人們的下落

《晚班裸男》原書是在一九九九年下半年出版。出版之前，《連線》(*Wired*) 雜誌在那年的七月號，把本書第一章的內容略加修改後，以封面故事的形式刊載。四位以眞名發表的主角以及作者本人，也都登上該期的封面。雖然未能親見親聞本書在當時所引起的迴響，但想必也造成了一番騷動。除了書籍本身被數家報紙評選爲年度最佳著作之外，作者布朗森也被《時人》(*People*) 雜誌選爲「年度最性感作家」。（略遜李察．基爾一籌，未能奪得「年度最性感男人」的頭銜！）

當時的幾位封面人物並未被完全遺忘。今年（二〇〇一年）三月，《洛杉磯時報》刊出胡勃勒 (Shawn Hubler) 撰寫的專文〈矽谷到底有多綠〉("How Green Was the Valley"，綠色亦有「錢景」之意）報導他們的近況。以下主要依據該文，簡述李維、布勞斯坦、克勞斯及班・邱四人的近況。

□

據說提瑞・李維的朋友給他取了「駱駝」的綽號，因爲他就像隻不喝水也能在沙漠活下去的駱駝。就他的際遇來看，他確實需要這種毅力。

幾經波折，他的Quiz Studio仍未脫手，但依然活著。Quiz Studio很不幸地處在一個不夠酷的產品區位裡，雖然網路的當紅產品不斷變換，他的公司卻始終未能博得市場青睞。眼看著一些莫名其妙的網站意氣風發，對他而言更是痛苦的折磨。他在接受《洛杉磯時報》的訪問時說：「我會在『第零回合』看到這些電子商務的傢伙，吹噓他們有多聰明，他們募到了多少錢，而他們又準備怎樣襲捲全世界。」一九九九年九月，資金又將告罄的李維，只得把公司科技的部分權利以低價賣出，再多換取一些時間來尋求轉機。等到二〇〇〇年的股市崩盤，他知道Quiz Studio不可能找得到創投金主了。唯一的好處是他不必在「第零回合」上看到某些傢伙的猖狂嘴臉。先前的刻苦經歷，使得他比一般人更能熬過這段慘淡時期。據說目前已有幾家電子教學訓練的公司在和他洽談，或許數個月內就會有結果。

Quiz Studio: <http://www.quizstudio.com/>

□

嚴格來說，茱莉·布勞斯坦想進雅虎的夢想最後還是沒實現。雅虎雖然買下她工作的公司GeoCities，但在收購之後的人事整併中，她被裁員了。幸好是在拿到股票之後。茱莉休息了一陣子，直到二〇〇〇年三月才又開始工作，替一家新創公司推銷搜尋引擎。二〇〇〇年三月正是美國股市盛極而衰，開始崩盤的起點。她雖然找到一些頗有意願的買家，但等到年底產品成熟時，時機已經過去。目前她正準備GMAT考試，打算先回學校念書，然後再來思考下一步的人生規劃。

□

至於那位彷彿出自青少年叢林故事的史考特·克勞斯，那位無可救藥的樂觀者，這一兩年來，他的遭遇似乎還更加離奇，然而他的樂觀態度似乎改變不大。書中的故事，只講到他在Infoseek爲止。接下來，Infoseek被迪士尼收購，而他的購股權讓他賺進了數十萬美元。日子似乎好得不能再好。他把賺來的錢全都押在剛上市不久、前景大好的公司身上，他本人則辭掉Infoseek的工作，加入一家「眞正會造成某些改變」的新公司。

他投資的公司叫Webvan，是一家日用品購物、配送網站，雖然曾經是股市寵兒，現在卻在生存邊緣掙扎。他加入的公司叫Napster，一個讓網友交換MP3音樂檔的網站，它讓使用者直接交換電腦資料的設計，曾被譽爲帶來眞正的平民革命，但現在被唱片公司的侵權官司打得無力招架。（別太把「革命」二字當眞，否則請記得革命是殺頭的志業，不是發財的生意。）

這些情勢發展確實在他身上留下痕跡，至少他目前盡量不去想歷史意義之類的事，但假如你認爲他已學到「教訓」，不妨聽聽他對《洛杉磯時報》記者說的話：「科技將會永遠存在。而當現在人們當數年前《財星》之類的雜誌宣稱網際網路將會改變全世界時，那是過度誇大。而當現在人們說這整個經濟正在崩潰，這也是過度誇大。誰敢說明年情況不會變得更好？」

□

與前面幾個人相較，班．邱的行蹤顯得神祕得多。一九九九年底，在把KillerApp賣給C／NET之後數個月，他決定另開公司，然後就消失了。《洛杉磯時報》的記者努力許久才輾轉聯絡到他。現在他在香港，正在忙一家未便公開的新公司，每周七天、每天十二小時地辛勤工作著——和當初在矽谷時的每天十八小時，投注「百分之三百的心力」相比，你得承認，情況已算是有所改善。他也仍過著簡樸的生活，「我看著那些我買得起的昂貴玩具（譬如法拉利），然後心想不買它們，我就省下了多少錢。」而他那一身工程師的穿著，也頗令香港的商店店員瞧他不起。

在把公司賣掉之後，他在舊金山灣區買了一幢牧場式住家，把父母接過來住。在去香港之前，父母是他在矽谷唯一的朋友，「我媽媽經常煮好飯菜後，帶午餐來公司給我。因爲她知道我太忙，沒空出去吃飯。」

雖然物質方面的改變並不大，在精神上他則變得比較「迷信」。舉凡西洋的星座、中國的生肖，還有風水和算命，他都涉獵。他自己解釋，因爲能夠失去的東西變多了，所以運勢之事也就變得重要起來。

賣掉公司所換得的C／NET股票，他大半都還留著，因此價值也隨著股市變化而大幅縮水。他也投資了一些創投基金和各類科技股，免不了受傷慘重，其中一家私人公司已經破產。不過他仍不改對網路的迷戀。

上市案

在美國這幾年的股市熱潮中，科技股上市案有三座里程碑。我們在本書中已略微瞥見前二次的身影。這裡再做更詳細的說明。

第一座里程碑是在一九九八年七月十七日，和鋒芒同一天上市的電視、電台廣播網站Broadcast.com（見第二章）。

Broadcast.com的承銷價是每股十八元，盤中最高曾漲到七十四元，最後以六二．七五元收盤，漲幅達二四九％。這家一九九七年的年度營業額六百九十萬美元、淨損六百五十萬美元的公司，一夕之間獲得十億美元以上的市值。

Broadcast.com的財富並未停留在這個價位。一九九九年四月，雅虎宣布以換股方式收購

Broadcast.com，將股價換算成現金，收購金額將高達六〇・八億。到了七月完成收購時，股價已略有下跌，實際金額是五〇・四億美元。

文中提到Broadcast.com的兩個創辦人，「一人值六個尼可・尼倫柏格，另一人值十個」。值六個的叫做塔德・華格納（Todd Wagner），值十個的叫馬克・庫班（Mark Cuban）。如果想看看青年億萬富翁是怎麼揮霍的，那就非提庫班不可。他首先在達拉斯買了幢豪邸，但是只用得到其中幾個房間，其他的大部分沒裝璜。接著以四千一百萬美元買了一架頂級的私人噴射客機（他送給自己的耶誕禮物），由於是透過網路下單，迄今爲止仍保持最貴的單筆線上交易的紀錄。二〇〇〇年三月，他以二億八千萬美元買下了美國職籃的達拉斯小牛隊。目前他的事業重心是督導長久積弱不振的小牛隊爭取更佳成績。

□

第二座里程碑是一九九八年十一月十三日上市的TheGlobe.com。它的承銷價是每股九元，盤中最高曾達九十七元，最後收在六十三・五元，漲幅六〇六％。

關於TheGlobe.com的上市表現，最離奇的不是它的股價高低，而是沒有任何專家能事先預見、事後解釋它爲何能創此紀錄（最合理的解釋：當天是十三號星期五）。TheGlobe.com是一個線上社群網站，收入來源只有廣告，跟當令最久的電子商務毫無關係，營業額也少得可憐。即使單就社群網站而論，它的規模也只能算中型。它在一九九八年七月申報上市，因爲市場情況不佳而且投資人反應冷淡，一度還曾取消上市計畫，十一月十三日是它的二度嘗試。

不過上市當天也是它最風光的一天，九十七元是它的歷史最高價，從此以後，它的股價只有往下走，再也沒能回到這個價位。今年四月，TheGlobe.com因爲股價已低於在那斯達克掛牌的下限（每股一美元），而被勒令從那斯達克下市。目前在店頭行情表（OTC Bulletin Board）交易，股價多半在一、兩角徘徊。

□

第三座里程碑是一九九九年十二月九日，銷售Linux電腦的VA Linux上市案。它的承銷價是每股三十元，盤中一度曾高達三二〇元，最後收在二三九．六五元，漲幅六九八％。這個價位並不是對公司本身的背書，只是反應當時股市的熱潮又轉移到Linux作業系統上。它的股價很快也開始逐步下跌。到了隔年，美國股市進入爲期一年有餘的崩跌。媒體並沒有太多時間來渲染VA Linux的上市傳奇，因此人們最熟悉的，還是前兩個上市案。

程式設計師

看了這一章的恐怖故事，你或許會以爲巨網的前途岌岌可危。放心，沒那麼可怕。也別以爲他們的研發過程匪疑所思，一般的軟體研發沒那麼戲劇性，但忙亂緊張的氣氛則大體相似。

剛開始翻譯本書時，我曾到TheGlobe.com玩過他們的Java遊戲。就實際操作的印象而言，下載既快，跑得也很順暢。除了玩牌和下棋外，還有玩法和Tetris近似的簡單益智遊戲，整體給人的感覺不錯。

□

巨網則於一九九九年六月時，以換股的方式，賣給了綜合娛樂網站eUniverse，並於九月完成收購手續。收購價格依當時股價計算，約值一千七百萬美元。謝勒斯和韓克也到eUniverse擔任高級主管。(eUniverse: http://www.euniverse.com/)

最近幾個月再查對時，TheGlobe.com已見不到巨網遊戲的蹤跡，巨網的網址www.bignetwork.com也連不上。看來，最近情況似乎又有了相當大的變化。

□

凱文．赫斯特和馬克．麥克斯漢（麥克斯）似乎沒還到「北方某處」建立他們的「高手村」，退而求其次，他們設了一個網站<http://www.geeksville.com/>。(直覺上，我懷疑「北方某處」典出電影《銀翼殺手》(Blade Runner) 及其小說原著。故事中，主角逃避塵世的化外之地在北方某處。）

兩人在網站上各寫了一份「勘誤表」，與其說是勘誤，其實倒比較近於釐清細節和補充說明。其中有兩點特別值得一提：

一、關於麥克斯和「二軍」的過節以及後來的決裂。麥克斯說他後悔當初說了許多難聽的話，那是在進度壓力太大之下的情緒失控，不是針對個人。事後他也坦誠地向亞歷・葛洛斯曼道歉，此後兩人相處愉快。

二、那塊讓人搞不懂的「乳酪」。麥克斯解釋，「一塊乳酪」的說法是從傑森・托比亞斯那兒學來的。傑森大學時有個好友是東歐移民，一度爲了入籍美國的考試，努力猛K美語以及美國文化。考完試回家當天，傑森問他情況如何，他得意洋洋地回答："a piece of cheese."

希利斯與萬年鐘的進度

關於萬年鐘的進度：讀過第七章、熟悉他們做事的態度後，你該不會還認爲萬年鐘眞能在今年一月一日準時啓用吧？「漫長此刻基金會」已在一九九九年底，根據希利斯的設計，做出第一具（也是目前唯一的一具）可實際走動、準確報時的原型鐘。鐘高八呎，重一千磅（四百五十四公斤），主要材質爲銅鎳合金。這具原型鐘目前放在英國倫敦的國立科學博物館，作爲「現代世界的形成」(Making the Modern World)主題展的展品。

萬年鐘的興建地點也已擇定。同樣在一九九九年，基金會購買了內華達州東部沙漠地區裡的一處石灰岩山地。基地廣達一八〇英畝，原先爲礦區。他們計畫在山嶺內部挖鑿深穴來容納萬年鐘。

關於萬年鐘的圖片及詳細資料，可以查閱「漫長此刻基金會」的網站(www.longnow.org)。

乍見之下，這個網站似乎已經沉寂許久，仔細搜尋之後，還是可以發現有人出入的跡象。當把時間向度拉長到萬年之久，我們就很難看出移動緩慢與停滯不前之間的差別。你懂這道理的，對不？

第七章曾提到希利斯正在撰寫一本書。該書的書名是*The Pattern on the Stone*（石上的圖樣），中譯《電腦如何思考》。本章所提到的一些電腦基本概念，如玩圈叉遊戲的電腦、平行運算、安達爾定律等，書中都有較詳細的說明。

□

最後，有一事得請讀者見諒。第一章的主要人物之一，在台灣出生、多倫多長大的班．邱（Ben Chiu），我們理應對他的身分和行蹤有所交代。但直到編輯作業的最後階段，我們仍未能找到他。當求助於作者布朗森時，他也不清楚班目前的下落，自從班移居香港後，他就和班失去聯絡。布朗森告訴我們《洛杉磯時報》的那篇文章，他說該文或許會提到班目前所在的公司——結果沒有，因爲他的公司仍處於「隱形模式」。

所以，我們雖然多知道了一些他的消息，但仍未能聯絡到他本人，未能查得他的中文姓名，也不知道他對他的故事以中文問世有何感想。到最後，我們只好仍保留英文原文的用法，仍然叫他班．邱。

國家圖書館出版品預行編目資料

晚班裸男／Po Bronson著；趙學信譯.-- 初版-- 臺北市：大塊文化，2001 [民 90]
面；　公分.（Mark 25）
譯自：The Nudist on the Late Shift
ISBN 957-0316-74-8 (平裝)

1.電腦資訊業 － 美國
2.科技業 － 美國

484.67　　　　　　　90008426

105 台北市南京東路四段25號11樓

廣 告 回 信
台灣北區郵政管理局登記證
北台字第10227號

大塊文化出版股份有限公司　收

地址：□□□______市／縣______鄉／鎮／市／區
______路／街______段____巷_____弄_____號_____樓
姓名：

請沿虛線撕下後對折裝訂寄回，謝謝！

大塊
LOCUS
文化

編號：MA025　書名：晚班裸男

大塊 LOCUS 文化

讀者回函卡

謝謝您購買這本書，爲了加強對您的服務，請您詳細塡寫本卡各欄，寄回大塊出版（免附回郵）即可不定期收到本公司最新的出版資訊。

姓名：________________ **身分證字號**：________________

住址：□□□________________________________

聯絡電話：(O)________________ (H)________________

出生日期：______年______月______日 E-mail: ________________

學歷：1.□高中及高中以下 2.□專科與大學 3.□研究所以上

職業：1.□學生 2.□資訊業 3.□工 4.□商 5.□服務業 6.□軍警公教 7.□自由業及專業 8.□其他________

從何處得知本書：1.□逛書店 2.□報紙廣告 3.□雜誌廣告 4.□新聞報導 5.□親友介紹 6.□公車廣告 7.□廣播節目8.□書訊 9.□廣告信函 10.□其他____________

您購買過我們那些系列的書：

1.□Touch系列 2.□Mark系列 3.□Smile系列 4.□Catch系列 5.□PC Pink系列 6□tomorrow系列 7□sense系列

閱讀嗜好：

1.□財經 2.□企管 3.□心理 4.□勵志 5.□社會人文 6.□自然科學 7.□傳記 8.□音樂藝術 9.□文學 10.□保健 11.□漫畫 12.□其他_____

對我們的建議：________________________________

____

____

LOCUS

LOCUS

LOCUS

LOCUS